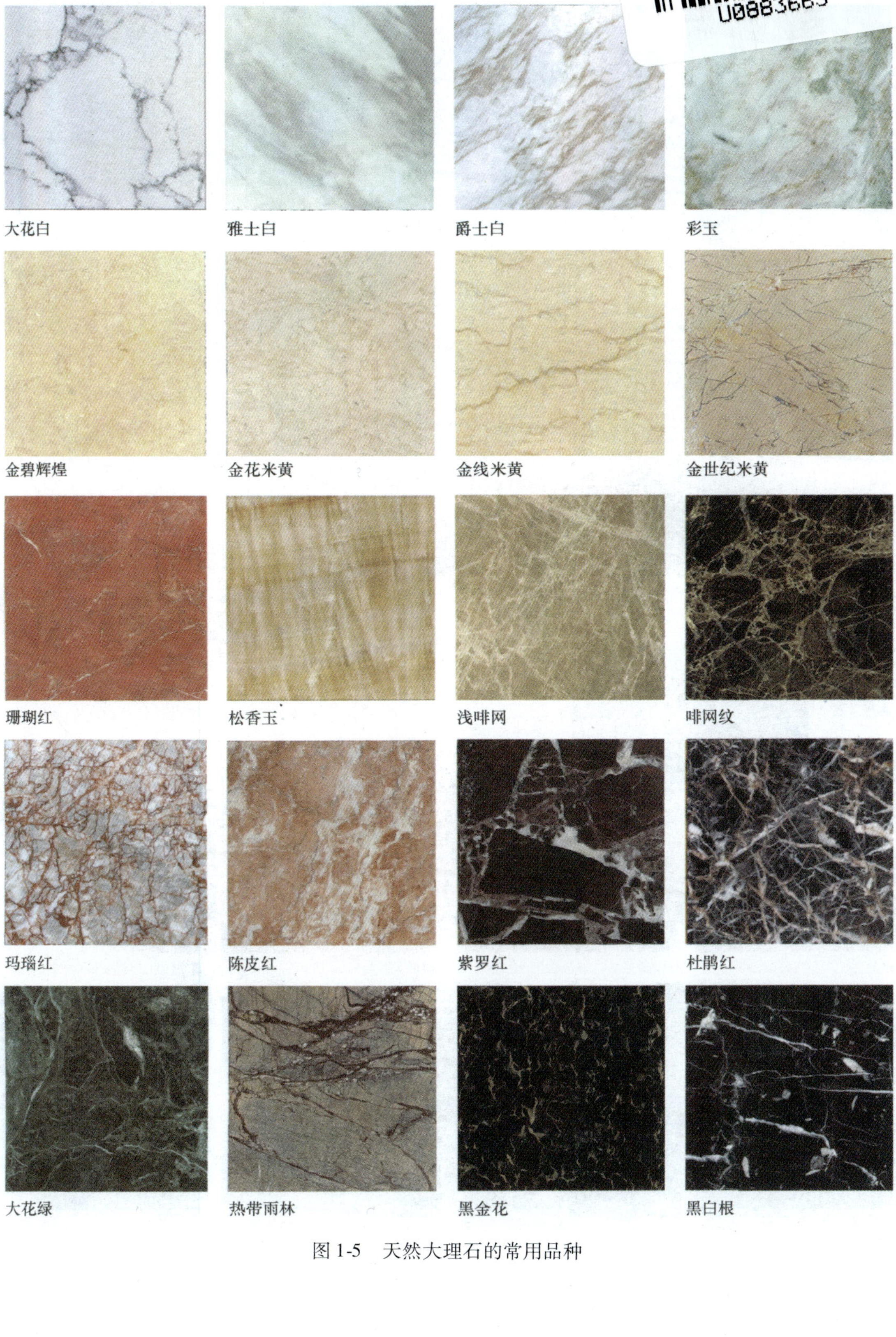

图 1-5　天然大理石的常用品种

水晶白
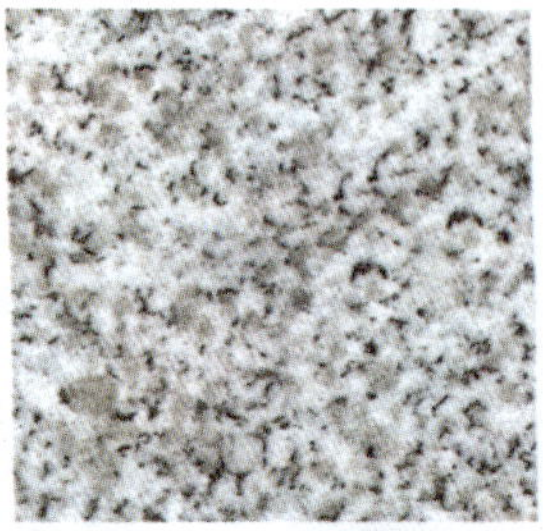
白麻

美国白麻

海浪花

芝麻灰

幻彩麻

黄金麻

黄金钻

黄锈石

虎皮黄

桃花红
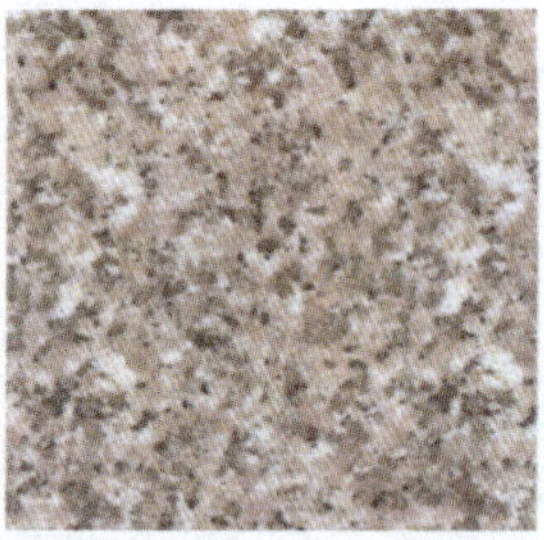
樱花红

将军红

幻彩红

枫叶红

印度红

大啡珠
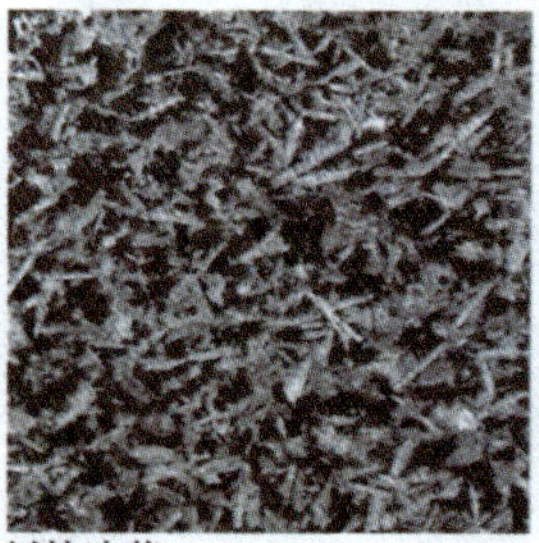
树挂冰花

黑金砂

蒙古黑

图 1-6　天然花岗岩的常用品种

图 1-7　不同的石材表面处理

图 1-8　陶瓷锦砖

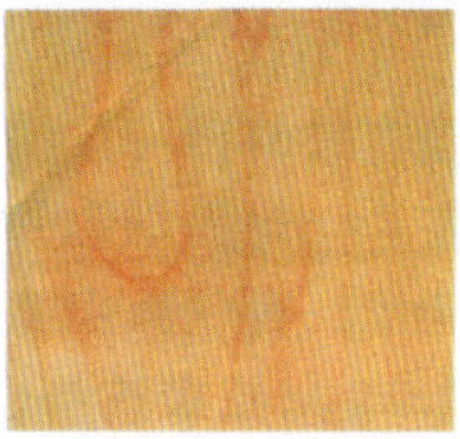
赤扬

白光腊木

白杨木

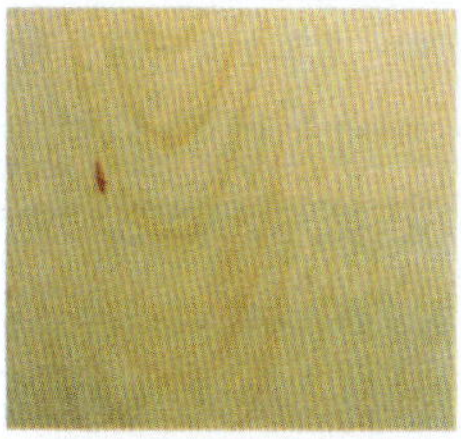
椴木

山毛榉木

白桦木

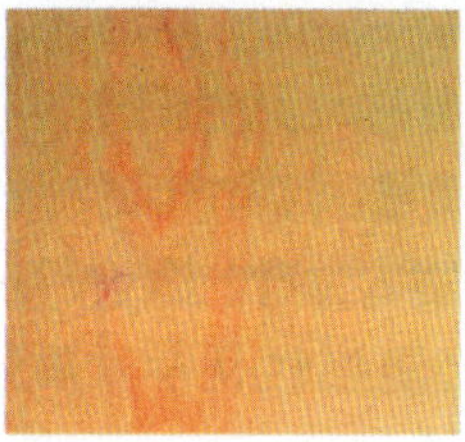
黄桦木

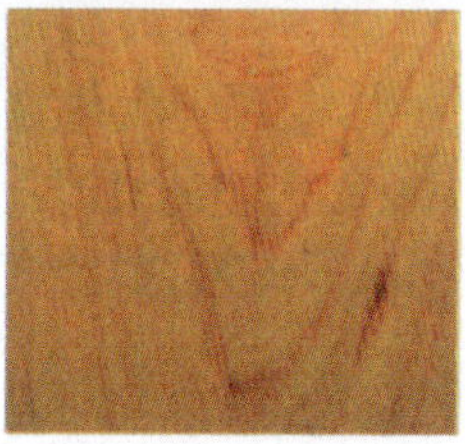
樱桃木

三角叶杨木

榆木

白枫木

红枫木

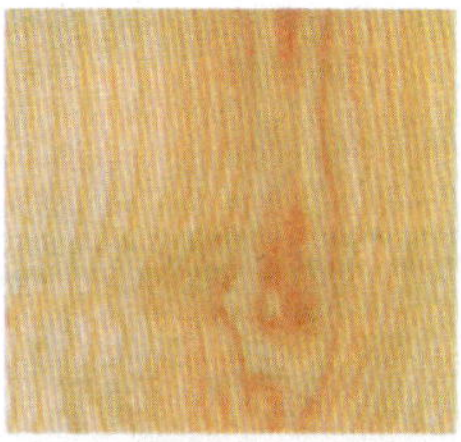
朴木

山核桃木

硬槭木

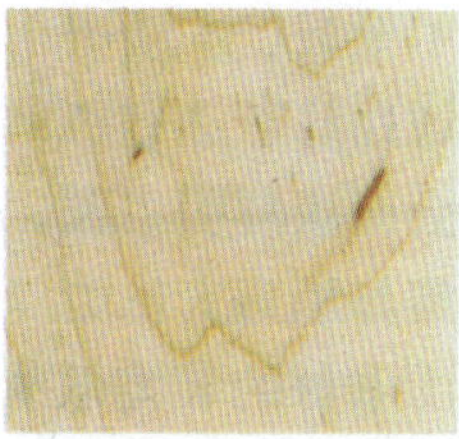
软槭木

红栎木

白栎木

金黄榆木

梧桐木

图 1-37　贴面装饰薄木材种

图 1-37　贴面装饰薄木材种(续)

高等职业教育园林工程技术专业系列教材

园林工程材料识别与应用

主　编　易　军

副主编　许彩霞　周文婷

参　编　苏同向　符德军　郭美锋

主　审　汤庚国

机 械 工 业 出 版 社

本书主要内容包括园林工程基本建筑材料和园林假山与石景工程、园路工程、园林建筑工程、园林水景工程、园林给排水与喷灌工程、园林供电工程常用工程材料的基本性能、识别要点、综合应用等。

本书可作为高职高专院校园林、环境艺术、建筑等专业的教材，也可作为园林、景观专业的工程设计、工程造价及工程管理人员的参考用书。

图书在版编目（CIP）数据

园林工程材料识别与应用/易军主编．—北京：机械工业出版社，2009.7（2025.9重印）

高等职业教育园林工程技术专业系列教材

ISBN 978-7-111-27530-5

Ⅰ．园…　Ⅱ．易…　Ⅲ．园林建筑—建筑材料—高等学校：技术学校—教材　Ⅳ．TU986.3

中国版本图书馆CIP数据核字（2009）第116821号

机械工业出版社（北京市百万庄大街22号　邮政编码100037）

策划编辑：李俊玲　责任编辑：王靖辉　版式设计：张世琴

责任校对：陈延翔　封面设计：王伟光　责任印制：张　博

固安县铭成印刷有限公司印刷

2025年9月第1版第21次印刷

184mm×260mm · 10.5印张 · 4插页 · 267千字

标准书号：ISBN 978-7-111-27530-5

定价：35.00元

电话服务

客服电话：010-88361066

010-88379833

010-68326294

网络服务

机　工　官　网：www.cmpbook.com

机　工　官　博：weibo.com/cmp1952

金　书　网：www.golden-book.com

机工教育服务网：www.cmpedu.com

封底无防伪标均为盗版

前　言

随着我国经济持续快速的发展，人们对环境的要求越来越高，园林建设队伍随之迅速壮大，社会对园林人才的需求也越来越大。

园林工程材料是园林工程技术专业的主干课程之一，掌握工程材料知识是从事园林工程设计、工程造价、工程管理等职业岗位的基本要求。本书主要内容包括园林工程基本建筑材料和园林假山与石景工程、园路与场地工程、园林建筑工程、园林水景工程、园林给排水与喷灌工程、园林供电工程常用工程材料的基本性能、识别要点、综合应用等。

本书结构严谨、内容充实，配套大量图片资料，直观生动。本书配套建设了《园林工程材料识别与应用》教材网站，网站对教材进行了全面的介绍。同时，为方便教师授课，我们制作了与本书配套的电子课件，可登录 www. cmpedu. com 注册下载。

本书由宁波城市职业技术学院易军任主编，宁波鄞州区建设局许彩霞和上海同设设计院周文婷任副主编，具体编写分工为：易军编写第 1 章、第 2 章；许彩霞编写第 4 章的4. 2 节、第 6 章；周文婷编写第 5 章；南京林业大学苏同向编写第 3 章；宁波城市职业技术学院符德军编写第 4 章的4. 1 节；江西财经大学郭美锋编写第 7 章。本书教材网站与电子课件由易军制作。

本书由南京林业大学汤庚国教授主审。在编写过程中编者参阅了大量著作、论文等图文资料，谨此表示衷心感谢。

由于时间仓促，编者水平所限，书中难免有不妥之处，敬请广大读者给予批评指正。

编　者

目　　录

第1章

园林工程基本建筑材料的识别与应用

学习目标

通过本章的学习，掌握建筑材料的基本性质；掌握砖石、建筑陶瓷与玻璃、金属、木材、气硬性胶凝材料、水泥、混凝土、砂浆、建筑防水材料、建筑涂料与塑料等基本建筑材料常用种类的识别，熟悉基本建筑材料的应用，了解各类材料的主要性能。

1.1 园林工程基本建筑材料的定义及分类

园林工程基本建筑材料是指构成园林建筑物或构筑物的基础、梁、板、柱、墙体、屋面、地面以及室内外景观装饰工程所用的材料。

基本建筑材料通常按照化学成分的不同进行分类，可分为无机材料、有机材料和复合材料，见表1-1。建筑有机材料如图1-1所示，建筑无机材料与复合材料如图1-2所示。

表1-1 建筑材料按化学成分分类

分类			举例
无机材料	金属材料		铁、钢、不锈钢、铝和铜及其合金
	非金属材料	天然石材	砂、石子、砌筑石材、装饰石材
		烧土制品	砖、瓦、陶瓷、琉璃制品
		玻璃及熔融制品	玻璃、玻璃纤维、矿棉、岩棉
		胶凝材料	石灰、石膏、水泥
		混凝土及硅酸盐制品	混凝土、硅酸盐制品
有机材料	植物材料		竹材、木材、植物纤维及其制品
	沥青材料		石油沥青、煤沥青、沥青制品
	合成高分子材料		塑料、涂料、胶粘剂、合成高分子防水材料
复合材料	无机非金属材料与有机材料复合		玻璃纤维增强塑料、聚合物混凝土、沥青混凝土
	金属材料与无机非金属材料复合		钢筋混凝土、钢纤维增强混凝土
	金属材料与有机材料复合		彩色夹芯复合钢板、塑钢门窗材料

图 1-1　建筑有机材料

图 1-2　建筑无机材料与复合材料

1.2　建筑材料的基本性能

由于不同的建筑材料所处环境及建(构)筑物部位的不同，在使用中对材料的技术性能要求也就不同。如结构材料应具有一定的力学性能；屋面材料应具有一定的防水、保温、隔热等性能；地面材料应具有较高的强度、耐磨、防滑等性能；墙体材料应具有一定的强度、保温、隔热等性能。掌握建筑材料的基本性能是正确选择与合理使用建筑材料的基础。

1.2.1　建筑材料的物理性质

建筑材料的物理性质包括与质量有关的性质，如密度、表观密度、堆密度、密实度、空隙率、填充率、孔隙率等；与水有关的性质，如亲水性、吸水性、耐水性、抗渗性、抗冻性等；与热有关的性质，如导热性、热容量、比热、温度变形性等。

1. 材料的密度、表观密度与堆密度

(1) 密度　密度是指材料在绝对密实状态下单位体积的质量，按下式计算：

$$\rho = \frac{m}{V} \tag{1-1}$$

式中　ρ——材料的密度(g/cm^3 或 kg/m^3)；

m——材料在干燥状态下的质量(g 或 kg)；

V——材料在绝对密实状态下的体积(cm^3 或 m^3)。

绝对密实状态下的体积是指不包括孔隙在内的体积。除了钢材、玻璃等少数接近于绝对密实的材料外，绝大多数材料都有一些孔隙，如砖、石材等块状材料。在测定有孔隙的材料密度时，应把材料磨成细粉以排除其内部孔隙，经干燥至恒重后，用密度瓶(李氏瓶)测定其实际体积，该体积即可视为材料绝对密实状态下的体积。材料磨得愈细，测定的密度值愈精确。

(2) 表观密度　表观密度也称为体积密度。表观密度是指材料在自然状态下单位体积的质量，按下式计算：

$$\rho_0 = \frac{m}{V_0} \tag{1-2}$$

式中　ρ_0——表观密度(g/cm^3 或 kg/m^3)；

m——材料的质量(g 或 kg)；

V_0——材料在自然状态下的体积(cm^3 或 m^3)。

材料在自然状态下的体积是指材料的实体积与材料内所含全部孔隙体积之和。外形规则的材料，其测定很简便，只要测得材料的重量和体积，即可算得表观密度。不规则材料的体积要采用排水法求得，但材料表面应预先涂上蜡，以防水分渗入材料内部而影响测定值。

（3）堆密度　堆密度是指散粒材料在自然堆积状态下单位体积的质量，按下式计算：

$$\rho_0' = \frac{m}{V_0'} \tag{1-3}$$

式中 ρ_0'——堆密度(g/cm^3 或 kg/m^3)；

m——材料的质量(g 或 kg)；

V_0'——材料的堆积体积(cm^3 或 m^3)。

散粒材料在自然状态下的体积，是指既包含颗粒内部的孔隙，又包含颗粒之间空隙在内的总体积。测定散粒材料的堆密度时，材料的质量是指在一定容积的容器内的材料质量，其堆积体积是指所用容器的容积。若以捣实体积计算时，则称为紧密堆密度。

常用建筑材料的密度、表观密度、堆密度及孔隙率见表1-2。

表1-2　常用建筑材料的密度、表观密度、堆密度及孔隙率

材料名称	密度/(g/cm^3)	表观密度/(kg/m^3)	堆密度/(kg/m^3)	孔隙率(%)
钢材	7.8～7.9	7850	—	0
花岗岩	2.7～3.0	2500～2900	—	0.5～3.0
石灰岩	2.4～2.6	1800～2600	1400～1700(碎石)	—
砂	2.5～2.6	—	1500～1700	—
黏土	2.5～2.7	—	1600～1800	—
烧结普通砖	2.6～2.7	1600～1900	—	20～40
烧结空心砖	2.5～2.7	1000～1480	—	—
红松木	1.55～1.60	400～600	—	55～75

2. 材料的密实度、孔隙率、空隙率

（1）密实度 D　密实度是指材料的固体物质部分的体积占总体积的比例，说明材料体积内被固体物质所充填的程度，反映了材料的致密程度，按下式计算：

$$D = \frac{V}{V_0} \times 100\% = \frac{\rho_0}{\rho} \times 100\% \tag{1-4}$$

（2）孔隙率 P　孔隙率是指材料体积内孔隙体积(V_p)占材料总体积(V_0)的百分率，按下式计算：

$$P = \frac{V_p}{V_0} \times 100\% = \frac{V_0 - V}{V_0} \times 100\% = \left(1 - \frac{\rho_0}{\rho}\right) \times 100\% \tag{1-5}$$

按孔隙的特征，材料的孔隙可分为开口孔隙和闭口孔隙两种，二者孔隙率之和等于材料的总孔隙率。不同的孔隙对材料的性能影响各不相同。一般而言，孔隙率较小，且连通孔较少的材料，其吸水性较小，强度较高，抗冻性和抗渗性较好。工程中对需要保温隔热的建筑物或部位，要求其所用材料的孔隙率要较大。相反，对要求高强或不透水的建筑物或部位，则其所用的材料孔隙率应很小。

孔隙率与密实度的关系为：

$$P + D = 1 \tag{1-6}$$

（3）空隙率 P'　空隙率是指散粒材料在某容器的堆积体积中，颗粒之间的空隙体积（V_a）占堆积体积的百分率，以 P'表示，按下式计算：

$$P' = \frac{V_a}{V'_0} \times 100\% = \frac{V'_0 - V_0}{V'_0} \times 100\% = \left(1 - \frac{\rho'_0}{\rho_0}\right) \times 100\% \tag{1-7}$$

3. 材料的亲水性与憎水性

亲水性是指材料能被水润湿的性质。材料产生亲水性的原因是因其与水接触时，材料与水分子之间的亲和力大于水分子之间的内聚力所致。当材料与水接触，材料与水分子之间的亲和力小于水分子之间的内聚力时，材料则表现为憎水性。

材料被水湿润的情况可用润湿边角 θ 来表示。当材料与水接触时，在材料、水、空气三相的交界点，沿水滴表面做切线，此切线与材料和水接触面的夹角 θ 称为润湿边角。

θ 角愈小，表明材料愈易被水润湿。当 $\theta < 90°$时，如图 1-3a 所示，材料表面吸附水，材料能被水润湿而表现出亲水性，这种材料称为亲水性材料；当 $\theta > 90°$时，如图 1-3b 所示，材料表面不吸附水，这种材料称为憎水性材料；当 $\theta = 0°$时，表明材料完全被水润湿。

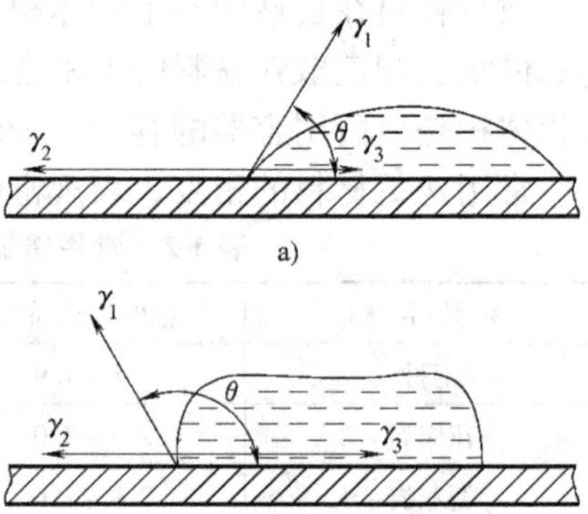

图 1-3　材料的润湿示意图

a）亲水性材料　b）憎水性材料

4. 材料的吸水性与吸湿性

（1）吸水性　材料在水中能吸收水分的性质称为吸水性。材料的吸水性用吸水率表示，有质量吸水率与体积吸水率两种表示方法。

质量吸水率是指材料在吸水饱和时，内部所吸水分的质量占材料干燥质量的百分率，按下式计算：

$$W_{质} = \frac{m_{湿} - m_{干}}{m_{干}} \times 100\% \tag{1-8}$$

式中　$W_{质}$——材料的质量吸水率(%)；

$m_{湿}$——材料在吸水饱和状态下的质量(g)；

$m_{干}$——材料在干燥状态下的质量(g)。

体积吸水率是指材料在吸水饱和时，内部所吸水分的体积占干燥材料自然体积的百分率，按下式计算：

$$W_{体} = \frac{m_{吸} - m_{干}}{V_{干}} \cdot \frac{1}{\rho_W} \times 100\% \tag{1-9}$$

式中　$W_{体}$——材料的体积吸水率(%)；

$m_{吸}$——材料在吸水饱和后的质量(g)；

$m_{干}$——材料在干燥状态下的质量(g)；

$V_{干}$——干燥材料在自然状态下的体积(cm^3)；

ρ_W——水的密度(g/cm³)。

(2) 吸湿性　材料在潮湿空气中吸收水分的性质称为吸湿性。材料的吸湿性用含水率表示。含水率是指材料内部所含水的质量占材料干燥质量的百分率，按下式计算：

$$W_{含} = \frac{m_{含} - m_{干}}{m_{干}} \times 100\% \tag{1-10}$$

式中　$W_{含}$——材料的含水率(%)；

$m_{含}$——材料含水时的质量(g)；

$m_{干}$——材料干燥至恒重时的质量(g)。

5. 材料的耐水性

材料长期在水作用下不破坏，强度也不显著降低的性质称为耐水性。材料的耐水性用软化系数表示，按下式计算：

$$K_{软} = \frac{f_{饱}}{f_{干}} \tag{1-11}$$

式中　$K_{软}$——材料的软化系数；

$f_{饱}$——材料在饱水状态下的抗压强度(MPa)；

$f_{干}$——材料在干燥状态下的抗压强度(MPa)。

软化系数大于0.80的材料，通常认为是耐水材料。

6. 材料的抗渗性

材料抵抗压力水渗透的性质称为抗渗性。材料的抗渗性通常用渗透系数 K 表示。渗透系数的物理意义是：一定厚度的材料，在一定水压力下，在单位时间内透过单位面积的水量。按下式计算：

$$K = \frac{Wd}{Ath} \tag{1-12}$$

式中　K——渗透系数(cm/h)；

W——透过材料试件的水量(cm³)；

t——透水时间(h)；

A——透水面积(cm²)；

h——静水压力水头(cm)；

d——试件厚度(cm)。

K 值愈大，表示材料渗透的水量愈多，即抗渗性愈差。

材料的抗渗性通常用抗渗等级表示。抗渗等级是以规定的试件，在标准试验方法下所能承受的最大静水压力来确定，以符号 Pn 表示，其中 n 为该材料所能承受的最大水压力的10倍的MPa数，如 $P4$、$P6$、$P8$、$P10$、$P12$ 等，分别表示材料能承受0.4MPa、0.6MPa、0.8MPa、1.0MPa、1.2MPa的水压而不渗水。材料的抗渗性与其孔隙率和孔隙特征有关。

7. 材料的抗冻性

材料在吸水饱和状态下，能经受多次冻融循环作用而不破坏，也不严重降低强度的性质称为材料的抗冻性。

材料的抗冻性用抗冻等级表示。抗冻等级是以规定的试件，在规定试验条件下，测得其强度降低不超过25%，且质量损失不超过5%时所能承受的最多的循环次数来表示。抗冻等

级用符号 Fn 表示，其中 n 即为最大冻融循环次数，如 F25、F50 等。材料抗冻标号的选择，是根据结构物的种类、使用条件、气候条件等决定的。

8. 导热性

当材料两侧存在温度差时，热量从材料的一侧传递至材料另一侧的性质称为材料的导热性。导热性大小可以用导热系数 λ 表示，其计算式为：

$$\lambda = \frac{Qd}{At(T_1 - T_2)} \tag{1-13}$$

式中 λ——导热系数[W/(m·K)]；

Q——传导的热量(J)；

d——材料的厚度(m)；

A——传热面积(m^2)；

$T_1 - T_2$——材料两侧的温度差(K)；

t——传热时间(s)。

导热系数是评定建筑材料保温隔热性能的重要指标，导热系数愈小，材料的保温隔热性能愈好。通常把 $\lambda < 0.23$W/(m·K)的材料称为绝热材料。一般非金属材料的绝热性优于金属材料；材料的表观密度小、孔隙率大、闭口孔多、孔分布均匀、孔尺寸小、材料含水率小时，则表现出导热性差、绝热性好。通常所说的材料导热系数是指干燥状态下的导热系数。当材料吸水或受潮时，导热系数会显著增大，绝热性明显变差。

1.2.2 建筑材料的力学性质

1. 材料的强度

(1) 材料强度　材料在外力作用下抵抗破坏的能力称为材料的强度。

根据外力作用形式的不同，材料的强度有抗压强度、抗拉强度、抗弯强度及抗剪强度等，均以材料受外力破坏时单位面积上所承受的力的大小来表示。材料的这些强度是通过静力试验来测定的，故总称为静力强度。材料的静力强度是通过标准试件的破坏试验而测得，必须严格按照国家规定的试验方法进行。材料的强度是大多数材料划分等级的依据。表 1-3 列出了材料的抗压、抗拉、抗剪和抗弯强度的计算公式。

表 1-3　材料的抗压、抗拉、抗剪、抗弯强度计算公式

强度类别	受力作用示意图	强度计算式	附注
抗压强度 f_c/MPa	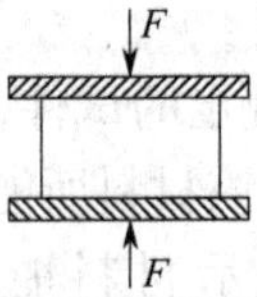	$f_c = \frac{F}{A}$	F——破坏荷载(N) A——受荷面积(mm^2) l——跨度(mm) b——断面宽度(mm) h——断面高度(mm)
抗拉强度 f_t/MPa	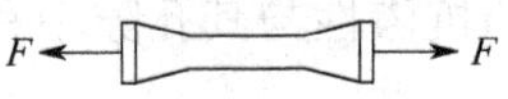	$f_t = \frac{F}{A}$	
抗剪强度 f_v/MPa	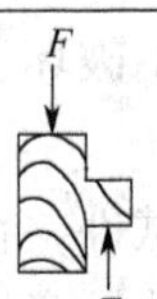	$f_v = \frac{F}{A}$	

（续）

强度类别	受力作用示意图	强度计算式	附　注
抗弯强度 f_{tm}/MPa	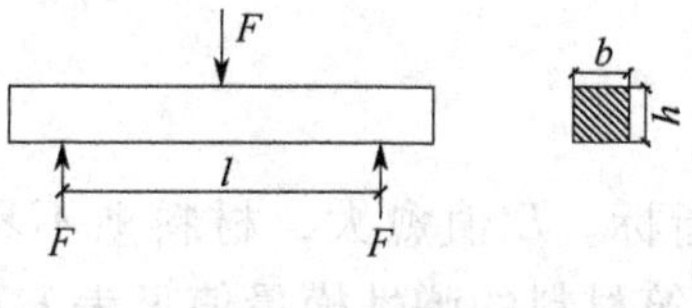	$f_{tm}=\dfrac{3Fl}{2bh^2}$	F——破坏荷载(N) A——受荷面积(mm^2) l——跨度(mm) b——断面宽度(mm) h——断面高度(mm)

（2）材料的等级　大部分建筑材料根据其极限强度的大小，可划分为若干不同的强度等级。如烧结普通砖按抗压强度分为 6 个等级：MU30、MU25、MU20、MU15、MU10、MU7.5；硅酸盐水泥按抗压和抗拉强度分为 4 个等级：32.5 级、42.5 级、52.5 级、62.5 级；混凝土按其抗压强度分为 12 个等级：C7.5、C10、C15、C20、C25、C30、C35、C40、C45、C50、C55、C60；碳素结构钢按其抗拉强度分为 5 个等级，Q195、Q215、Q235、Q255、Q275。常用建筑材料的强度见表 1-4。

表 1-4　常用建筑材料的强度　（单位：MPa）

材　料	抗压强度	抗拉强度	抗弯强度
花岗岩	100～250	5～8	10～14
烧结普通砖	7.5～30	—	1.8～4.0
普通混凝土	7.5～60	1～4	—
松木(顺纹)	30～50	80～120	60～100
建筑钢材	235～1600	235～1600	—

（3）材料的比强度　比强度是按单位质量计算的材料强度，其值等于材料强度与其表观密度之比。对于不同强度的材料进行比较，可采用比强度这个指标。比强度是衡量材料轻质高强性能的重要指标。优质的结构材料，必须具有较高的比强度。几种主要材料的比强度见表 1-5。由表 1-5 可知，玻璃钢和木材是轻质高强的高效能材料，而普通混凝土为质量大而强度较低的材料。

表 1-5　钢材、木材和混凝土的强度比较

材　料	表观密度 ρ_0/(kg/m^3)	抗压强度 f_c/MPa	比强度 f_c/ρ_0
低碳钢	7860	415	0.053
松木	500	34.3(顺纹)	0.069
普通混凝土	2400	29.4	0.012

2. 材料的弹性与塑性

（1）弹性　材料在外力作用下产生变形，当外力取消后，材料变形即可消失并能完全恢复原来形状的性质称为弹性。材料的这种当外力取消后瞬间内即可完全消失的变形称为弹性变形。弹性变形属于可逆变形，其数值大小与外力成正比，其比例系数 E 称为材料的弹性模量。材料在弹性变形范围内，弹性模量 E 为常数，其值等于应力 σ 与应变 ε 的比值，即

$$E = \frac{\sigma}{\varepsilon} \tag{1-14}$$

式中 σ——材料的应力(MPa);

ε——材料的应变;

E——材料的弹性模量(MPa)。

弹性模量是衡量材料抵抗变形能力的一个指标。E 值愈大，材料愈不易变形，即刚度好。弹性模量是结构设计时的重要参数。常用建筑材料的弹性模量值见表1-6。

表1-6 常用建筑材料的弹性模量值

材 料	低碳钢	普通混凝土	烧结普通砖	木材	花岗石	石灰石	玄武石
弹性模量/($\times 10^4$)MPa	21	1.45~360	0.6~1.2	0.6~1.2	200~600	600~1000	100~800

(2) 塑性 材料在外力作用下产生变形，如果取消外力，仍保持变形后的形状尺寸，并且不产生裂缝的性质称为塑性。这种不能恢复的变形称为塑性变形。塑性变形为不可逆变形，是永久变形。

实际上，纯弹性变形的材料是没有的，通常一些材料在受力不大时，仅产生弹性变形；受力超过一定极限后，即产生塑性变形。有些材料在受力时，如建筑钢材，当所受外力小于弹性极限时，仅产生弹性变形；而外力大于弹性极限后，则除了弹性变形外，还产生塑性变形。有些材料在受力后，弹性变形和塑性变形同时产生，当外力取消后，弹性变形会恢复，而塑性变形不能消失，如混凝土。

3. 材料的脆性和韧性

(1) 脆性 脆性是指材料在外力达到一定程度时，突然发生破坏，并无明显塑性变形的性质。具有这种性质的材料称为脆性材料。大部分无机非金属材料均属于脆性材料，如天然石材、烧结普通砖、陶瓷、普通混凝土等。脆性材料抵抗变形或冲击振动荷载的能力差，所以仅用于承受静压力作用的结构或构件，如柱子等。

(2) 韧性 韧性是指材料在冲击或动力荷载作用下，能吸收较大能量而不破坏的性质。低碳钢、低合金钢、木材、钢筋混凝土、橡胶、玻璃钢等都属于韧性材料。在工程中，对于要求承受冲击和振动荷载作用的结构，如桥梁、路面及有抗震要求的结构，要求所用材料具有较高的冲击韧性。

4. 材料的硬度和耐磨性

(1) 硬度 硬度是指材料表面的坚硬程度，是材料抵抗其他物体刻划、压入其表面的能力。硬度通常用刻痕法和压痕法来测定和表示。通常硬度大的材料耐磨性较强，不易加工。

(2) 耐磨性 耐磨性是指材料表面抵抗磨损的能力，通常用磨损率表示。磨损率表示一定尺寸的试件，在一定压力作用下，在磨损实验机上磨一定次数后，试件每单位面积上的质量损失。

1.2.3 建筑材料的耐久性

(1) 耐久性的概念 材料的耐久性是指材料长期抵抗各种内外破坏、腐蚀介质的作用，保持其原有性质的能力。耐久性是材料的一种综合性质，一般包括耐水性、抗渗性、抗冻性、抗风化性、抗老化性、耐腐蚀性、耐磨性等。

（2）影响材料耐久性的主要因素

1）内部因素是影响材料耐久性的根本原因。内部因素主要包括材料的组成、结构与性质。

2）外部因素是影响材料耐久性的主要因素，主要有：

① 物理作用，包括材料的干湿变化、温度变化及冻融变化等。

② 化学作用，包括酸、碱、盐等物质的水溶液及气体对材料产生的侵蚀作用。侵蚀作用会使材料产生质的变化而破坏。

③ 机械作用，包括冲击、疲劳荷载，各种气体、液体及固体引起的磨损与磨耗等。

④ 生物作用，是指昆虫、菌类等对材料所产生的蛀蚀、腐朽等破坏作用。

钢材易受氧化而锈蚀。无机金属材料常因氧化、风化、碳化、溶蚀、冻融、热应力、干湿交替作用而破坏。有机材料因腐烂、虫蛀、老化而变质。

1.3 砖石材料

砖石材料指砌墙砖、天然石材和人造石材。砖石材料主要用于砌筑墙体、基础以及进行面层装饰等。

1.3.1 砌墙砖的识别与应用

凡是以黏土、工业废渣和地方性材料为主要原料，以不同的生产工艺制成的，在建筑中用于砌筑墙体的砖统称为砌墙砖。

砌墙砖按照生产工艺分为烧结砖和非烧结砖。经焙烧制成的砖为烧结砖；经碳化或蒸汽(压)养护硬化而成的砖属于非烧结砖。按照孔洞率的大小，砌墙砖分为实心砖(没有孔洞或孔洞率小于15%)、多孔砖(孔洞率等于或大于15%,孔洞的尺寸小而数量多)和空心砖(孔洞率等于或大于15%,孔洞的尺寸大而数量少)。

1. 烧结普通砖

（1）定义与分类　烧结普通砖是指以黏土、页岩、煤矸石或粉煤灰为主要原料，经焙烧而成的普通实心砖，根据所用原材料不同，可分为烧结黏土砖(N)、烧结页岩砖(Y)、烧结煤矸石砖(M)、烧结粉煤灰砖(F)等。

1）烧结黏土砖：以黏土为原料经配料、制坯、干燥、焙烧而制成的砖称为烧结黏土砖。烧结黏土砖有红砖和青砖之分。青砖比红砖的耐碱性及耐久性好。

2）烧结煤矸石砖：将采煤和洗煤时剔除的废石，经破碎、磨细、配料、制坯、干燥、烧结而成。这种砖可以不用黏土，本身含有一些未燃煤，可以节省燃料。其抗压强度为10～20MPa，吸水率为15.5%左右，表观密度约为1500kg/m^3。在一般的工业与民用建筑中，烧结煤矸石砖完全能代替黏土砖使用。

3）烧结粉煤灰砖：以粉煤灰为原料，掺入适量黏土，经配料、成形、干燥、烧结而成。由于粉煤灰中含有可燃物，可以节省燃料。其颜色在淡红至深红之间，表观密度约为1400kg/m^3，抗压强度为10.15MPa，吸水率为20%。烧结粉煤灰砖可替代黏土砖用于一般工业与民用建筑中。

（2）烧结普通砖的技术性能指标　烧结普通砖的标准尺寸为240mm×115mm×53mm（图1-4）。加上砌筑灰缝厚度10mm，则4块砖的长度、8块砖的宽度和16块砖的厚度均为1m，$1m^3$的砖砌体用砖数为512块。表观密度因原材料及生产方式不同而异，一般为1600～1800kg/m^3。吸水率与砖的烧结程度有关，一般为8%～16%。根据抗压强度，烧结砖分为MU30、MU25、MU20、MU15、MU10五个强度等级（表1-7）。

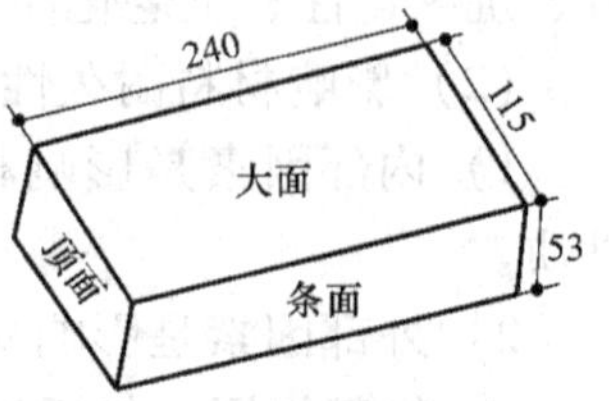

图1-4　砖的尺寸及平面名称

表1-7　烧结普通砖的强度等级

强度等级	MU30	MU25	MU20	MU15	MU10
抗压强度平均值 f/MPa≥	30.0	25.0	20.0	15.0	10.0

（3）烧结普通砖的优缺点及应用　烧结普通砖具有强度较高、耐久性好、隔热、隔声、价格低廉等优点，主要用来砌筑建筑物的内外墙、柱、拱、窑炉、烟囱、沟道及基础等。其缺点是自重大、尺寸小、施工效率低、抗震性能差及生产能耗高等，所以我国正在实施的墙体材料改革，是以轻质、大尺寸、多功能的地方性材料及工业废渣制成的砌块和板材来取代烧结普通砖。

2. 烧结多孔砖

以黏土、页岩、煤矸石、粉煤灰为主要原料，经焙烧而成的孔洞率大于等于15%，孔的尺寸小而数量多的砖。烧结多孔砖为直角六面体，尺寸有两种：190mm×190mm×90mm和240mm×115mm×90mm。烧结多孔砖的孔洞垂直于大面，砌筑时要求孔洞方向垂直于承压面。主要用于六层以下建筑物的承重部位。根据抗压强度分为MU30、MU25、MU20、MU15、MU10五个强度等级。

3. 烧结空心砖

以黏土、页岩、煤矸石、粉煤灰为主要原料，经焙烧而成的孔洞率大于等于15%，孔的尺寸大而数量少的砖。烧结空心砖的孔洞垂直于顶面，砌筑时要求孔洞方向平行于承压面。因为孔洞大、强度低，主要用于砌筑非承重墙体或框架结构的填充墙。其外形为直角六体面，尺寸有290mm×190mm×90mm和240mm×180mm×115mm两种。根据抗压强度分为MU10、MU7.5、MU5、MU3.5、MU2.5五个强度等级。

烧结多孔砖和烧结空心砖与烧结普通砖相比，具有自重减轻1/3左右，节约黏土20%～30%，节约燃料10%～20%，烧成率高，造价降低20%，绝热和隔声性能提高等优点。

1.3.2　天然石材的识别与应用

1. 天然石材的定义与分类

天然石材是采自天然岩石，未经加工或经加工的石材总称。

岩石根据生成条件，按地质分类法可分为火成岩、沉积岩和变质岩三大类。火成岩又称为岩浆岩，是由地壳内部熔融岩浆上升冷却而成的岩石，如花岗岩；沉积岩是地表岩石经长期风化后，成为碎屑颗粒状，经风或水的搬运，通过沉积和再造作用而形成的岩石，如页岩、砂岩、砾岩、石灰岩；变质岩是在高温和高压作用下变质的火成岩或沉积岩，如大理石。

天然石材根据用途可分为砌筑用石材和饰面石材。

2. 砌筑用石材

用于砌筑工程的石材，主要有毛石、料石等。

（1）毛石　毛石为形状不规则的天然石块。建筑用毛石一般要求中部厚度不小于150mm，长度为300～400mm，质量为20～30kg，抗压强度应在10MPa以上，软化系数应大于0.80。其主要用于砌筑基础、勒脚、墙身、挡土墙、堤岸及护坡等。

（2）料石　料石为经加工形状比较规则的六面体石材。按表面加工的平整度分为毛料石(叠砌面凹凸深度不大于25mm)、粗料石(凹凸深度不大于20mm)、半细料石(凹凸深度不大于15mm)、细料石(凹凸深度不大于10mm)。其主要用于砌筑基础、石拱、台阶、勒脚、墙体等。

3. 饰面石材

天然饰面石材是指从天然岩体中开采出来，并经加工形成的块状或板状，用于建筑表面装饰和保护作用的石材，主要有大理石和花岗岩。

（1）天然大理石　大理石是指变质或沉积的碳酸盐类的岩石，属于硬石材。我国的大理石资源极为丰富，储量大、品种多，花色品种有300多种。

天然大理石颜色绚丽、纹理多姿，硬度中等，耐磨性次于花岗岩。其耐酸性差，酸性介质会使大理石表面受到腐蚀，容易打磨抛光，耐久性次于花岗岩，质地较密实，抗压强度高。

一般情况下，天然大理石的技术指标为：表观密度2500～2700kg/m^3，抗压强度50～190MPa，抗弯强度7.8～1.6MPa，吸水率小于1%，耐用年限150年。

天然大理石的常用品种如图1-5(见文前彩页)所示。

天然大理石板材分为两类：一类是普通型板材(代号N)，即正方形或长方形的板材；一类是异型板材(代号S)，即其他形状的板材。按照板材的规格尺寸允许偏差、平面度允许极限公差、角度允许极限公差、外观质量、镜面光泽度分为优等品(A)、一等品(B)、合格品(C)三个等级。

天然大理石板材常用规格为：300mm×150mm、300mm×300mm、400mm×200mm、400mm×400mm、600mm×300mm、600mm×600mm、900mm×600mm、1070mm×750mm、1200mm×600mm、1200mm×900mm等，厚度20mm。

天然大理石可制成高级装饰工程的饰面板，适用于纪念性建筑、大型公共建筑(如宾馆、展览馆、影剧院、商场、图书馆、机场、车站等)的室内墙面、柱面、地面、楼梯踏步等，有时也可作为楼梯栏杆、服务台、门脸、墙裙、窗台板、踢脚板等，是理想的高级室内装饰材料。此外，还可用于制作大理石壁画、大理石生活用品等。天然大理石板材的光泽易被酸雨侵蚀，故不宜用作室外装饰，只有少数质地纯正的汉白玉、艾叶青可用于外墙饰面。

大理石装饰板在运输过程中应防潮，严禁滚摔、碰撞。板材应在室内储存，室外储存时应加遮盖。板材应按品种、规格、等级或工程部位分别存放。板材直立码放时，应光面相对，倾斜度不大于15°，层间加垫，垛高不得超过1.5m；板材平放时，应光面相对，地面必须平整，垛高不得超过1.2m，包装箱码放高度不得超过2m。

（2）天然花岗岩　花岗岩为典型的深成岩，其矿物组成为长石、石英及少量暗色矿物和云母或角闪石、辉石等；花岗岩的化学成分主要是SiO_2(其质量分数为65%～70%)。所以花岗岩为含硅较多的重酸性深成岩。

花岗岩装饰性好，其花纹为均粒状斑纹及发光云母微粒；坚硬密实，耐磨性好；耐久性好。花岗岩孔隙率小，吸水率小；耐风化；具有高抗酸腐蚀性。其耐火性差，花岗岩中的石英在573℃和870℃会发生晶体转变，产生体积膨胀，火灾发生时引起花岗岩开裂破坏。

一般情况下，天然花岗岩的技术指标为：表观密度2800～3000kg/m^3，抗压强度100～280MPa，抗弯强度1.3～1.9MPa，孔隙率及吸水率小于1%，抗冻性能为100～200次冻融循环，耐酸性能良好，耐用年限200年左右。

天然花岗岩的常用品种如图1-6(见文前彩页)所示。

花岗岩板材按表面加工的方式分为粗磨板(表面经过粗磨,光滑而无光泽)、磨光板(经打磨后表面光亮、色泽鲜明、晶体裸露,再经刨光处理,即为镜面花岗岩板材)、剁斧板(表面粗糙,具有规则的条状斧纹)、机刨板(用刨石机刨成较为平整的表面,表面呈相互平行的刨纹)等。

天然花岗岩板材按照规格尺寸允许偏差、角度允许极限公差、外观质量分为优等品(A)、一等品(B)、合格品(C)三个等级。

天然花岗岩剁斧板和机刨板按图样要求加工。粗磨板和磨光板材常用尺寸为300mm×300mm、305mm×305mm、400mm×400mm、600mm×300mm、600mm×600mm、900mm×600mm、1070mm×750mm等，厚度20mm。

花岗岩属高档建筑结构材料和装饰材料，多用于室内外墙、地面、柱面、台阶、基座、铭牌、踏步、檐口等处，许多纪念性的建筑都选用了花岗岩，如北京人民英雄纪念碑、人民大会堂等。

4. 天然石材的表面加工处理

石材表面通过不同的加工处理可以形成不同的效果如图1-7(见文前彩页)所示，石材表面的加工方法常有以下类型：

(1) 抛光　将从大块石料上锯切下的板材通过粗磨、细磨、抛光等工序使板材具有良好的光滑度及较高的反射光线能力。抛光后的石材，其固有的颜色、花纹得以充分显示，装饰效果更佳。

(2) 亚光　将石材表面研磨，使其具有良好的光滑度，有细微光泽但反射光线较少。

(3) 烧毛　用火焰喷射器灼烧锯切下的板材表面，利用组成石材的不同矿物颗粒热膨胀系数的差异，使其表面一定厚度的表皮脱落，形成整体平整但局部轻微凸凹起伏的表面。烧毛石材反射光线少，视觉柔和，与抛光石材相比明度提高、色度下降。

(4) 机刨纹理　通过专用刨石机器将板面加工成特定凸凹纹理状的方法。

(5) 剁斧　剁斧是传统的加工方法，常用斧头錾凿石材表面形成特殊的纹理。现代剁斧石概念的外延大大延伸了，常指人工制造出的不规则纹理状的石材。剁斧石一般用手工工具加工，如花锤、斧子、錾子、凿子等，通过锤打、凿打、劈剁、整修、打磨等办法将毛坯加工出所需的特殊质感，其表面可以是网纹面、锤纹面、岩礁面、隆凸面等多种形式。现在，有些加工过程可以使用劈石机、自动锤凿机、自动喷砂机等完成。

(6) 喷砂　用砂和水的高压射流将砂子喷到石材上，形成有光泽但不光滑的表面。

(7) 其他特殊加工　现代的机械技术为石板的加工提供了更多的可能性，除了上述基本方法外，还有一些根据设计意图产生的特殊加工方法，如在抛光石材上局部烧毛作出光面毛面相接的效果，在石材上钻孔产生类似于穿孔铝板似透非透的特殊效果等。

对于砂岩及板岩，由于其表面的天然纹理，一般外露面为自然劈开或磨平，显示出自然本色而无需再加工，背面则可直接锯平，也可采用自然劈开状态；大理石具有优美的纹理，一般均采用抛光、亚光的表面处理以显示出其花纹，而不会采用烧毛工艺隐藏其优点；而花岗岩因为大部分品种均无美丽的花纹则可采用上述所有方法。

5. 园林景观装饰石材

该类石材主要用于园林广场场地铺装、路面，假山，水景水池、驳岸和护坡，园林建筑装饰小品(栏杆、石雕、石像、石凳、石灯、石柱)等。其主要有天然大理石荒料、天然花岗岩荒料、石板、条石、方石、卵石等。石材要求具有较高的强度和耐磨性，良好的抗冻和抗冲击性能。

1.3.3　人造石材的识别与应用

1. 人造石材的定义及特点

人造石材主要是人造大理石和人造花岗岩的总称，属于水泥混凝土或聚酯混凝土的范畴。人造石材是以大理石碎料、石英砂、石粉等骨料，拌和树脂、聚酯等聚合物或水泥粘结剂，经过真空强力拌和振动、加压成形、打磨抛光以及切割等工序制成的板材。

人造石材的特点：花纹图案可以人为控制，且质量轻、强度高、耐腐蚀、耐污染、厚度薄、易粘结、施工方便。高质量的人造石板的物理力学性能超过天然大理石，但在色泽和纹理方面不及天然石材自然、美丽、柔和。

2. 人造石材的分类

（1）按表面纹理及质感不同分类

1）人造大理石：有类似大理石的质感和花纹，具有更好的机械性能、良好的抗水解性能。

2）人造花岗岩：有类似花岗石的花色和质感，其性能同人造大理石。

3）人造玛瑙石：有类似玛瑙花纹的质感，具有半透明性，填料有很高的细度和纯度。

4）人造玉石：有类似玉石的色泽，呈半透明状，填料有很高的细度和纯度。

（2）按所用材料不同分类

1）树脂型人造石材：以有机树脂为胶结剂，与天然碎石、石粉及颜料等配制拌成的混合料。

2）水泥型人造石材：以白水泥、普通水泥为胶结材料，与大理石碎石和石粉及颜料等配制拌成混合料，经浇捣成形、养护制成。

3）复合型人造石材：用无机胶凝材料(如水泥)和有机高分子材料(树脂)作为胶结料，制作时先用无机胶结材料将碎石、石粉等集料胶结成形并硬化，再将硬化体浸渍于有机单体中，使其在一定条件下集合而成。

4）烧结型人造石材：生产方法与陶瓷工艺相似，它是将长石、石英、辉绿石、方解石等粉料和赤铁矿粉，以及一定量的高岭土共同混合，然后用混浆法制备坯料，用半干压法成形，再在窑炉中以1000℃高温焙烧而成。

水泥型人造石材便宜，质地一般；复合型人造石材性能较好，通常其底层用廉价而性能稳定的无机材料制成，面层采用聚酯和大理石粉制作；烧结型人造石材工艺要求高，能耗大，成品率低，价高；应用最多的是树脂型人造石材。

3. 人造石材常用品种及应用

（1）聚酯型人造石材　聚酯型人造石材是以不饱和聚酯树脂为胶结料而生产的聚酯合成石，属于树脂型人造石材。聚酯合成石通常可以制作成饰面用的人造大理石板材、人造花岗岩板材和人造玉石板材，人造玛瑙石卫生洁具（浴缸、洗脸盆、坐便器等）和墙地砖，还可制作人造大理石壁画等工艺品。

（2）仿花岗岩水磨石砖　仿花岗岩水磨石砖属于水泥型人造石材，是使用颗粒较小的碎石米，加入各种颜色的色料，采用压制、粗磨、打蜡、磨光等生产工艺制成。其砖面的颜色、纹理和天然花岗岩十分相似，光泽度较高，装饰效果好，多用于宾馆、饭店、办公楼、住宅等的内外墙和地面装饰。

（3）仿黑色大理石　仿黑色大理石属于烧结型人造石材，主要以钢渣和废玻璃为原料，加入水玻璃、外加剂、水混合成形，烧结而成。它具有利用废料、节电降耗、工艺简单的特点，多用于内外墙、地面装饰铺贴，也可用于台面等。

（4）透光大理石　透光大理石属于复合型人造石材，是将加工成5mm以下具有透光性的薄型石材和玻璃相复合，芯层为丁醛膜，在140～150℃热压30min而成。它具有可以使光线变柔和的特点，多用于制作采光天棚，以及外墙装饰。

1.4　建筑陶瓷与玻璃

1.4.1　建筑陶瓷的识别与应用

陶瓷是陶器和瓷器的总称。以陶土、河沙等为主要原料，经低温烧制而成的制品称为陶器；以磨细的岩石粉（如瓷土、长石粉、石英粉）为主要原料，经高温烧制而成的制品称为瓷器。

用陶瓷材料可以制成各种形式的砖瓦、装饰板和浅浮雕装饰。现代建筑工程中的陶瓷制品主要包括陶瓷墙地砖、园林陶瓷、琉璃陶瓷、卫生陶瓷等，其中以陶瓷墙地砖用量最大。

1. 陶瓷的分类

陶瓷制品根据结构特点可分为陶质、瓷质和炻质三大类。

（1）陶质制品　陶质制品为多孔结构，吸水率较大，断面粗糙无光，敲击时声音粗哑，有无釉（釉是指附着于陶瓷坯体表面的连续玻璃质层，具有与玻璃相类似的某些物理与化学性质）和施釉两种。陶质品根据原料土杂质的含量不同，分为粗陶和精陶。粗陶不施釉，建筑上常用的烧结黏土砖就是最普通的粗陶制品。精陶一般经素烧和釉烧两次烧成，通常呈白色或象牙色，吸水率为9%～22%，建筑饰面用的釉面砖以及卫生陶瓷和彩陶属于此类。

（2）瓷质制品　瓷质制品结构致密，基本上不吸水，色洁白，具有半透明性，其表面通常均施有釉层。瓷质制品按其原料化学成分和制作工艺的不同，分为粗瓷和细瓷。瓷质制品多为日用餐具、茶具，陈设瓷，电瓷及美术用品等。

（3）炻质制品　炻质制品介于陶瓷制品和瓷质品之间，也称半瓷。其构造比陶质致密，吸水率较小，但不如瓷器那么洁白，其坯体带有颜色，且无半透明性。炻器有粗炻器和细炻器两种。粗炻器吸水率为4%～8%，细炻器吸水率小于2%。建筑饰面用的外墙砖、地砖和陶瓷锦砖均属于粗炻器。细炻器如日用器皿、化工及电器工业用陶瓷等。

建筑工程中所用的陶瓷制品，一般都为精陶至粗炻器范畴的产品。

2. 常用建筑陶瓷制品

建筑陶瓷制品包括釉面内墙砖、陶瓷墙地砖、陶瓷锦砖。

（1）釉面内墙砖　釉面内墙砖是用于建筑物内墙具有保护及装饰作用的有釉精陶质釉面砖，又称为釉面砖。其装饰效果主要取决于颜色图案和质感。其特点为热稳定性好，防火、防湿、耐酸碱，表面光滑易清洗，美观耐用。釉面内墙砖主要用于室内墙面、台面的饰面材料。

通常釉面砖不宜用于室外，因其为多孔精陶坯体，吸水率较大，吸水后将产生湿胀，而其表面釉层的湿胀性很小，若用于室外，经常受到大气湿度影响及日晒雨淋作用，当砖坯体产生的湿胀应力超过了釉层本身的抗拉强度时，就会导致釉层发生裂纹或剥落，严重影响建筑物的饰面效果。釉面内墙砖常用的规格尺寸见表 1-8。

表 1-8　釉面内墙砖常用的规格尺寸　（单位：mm）

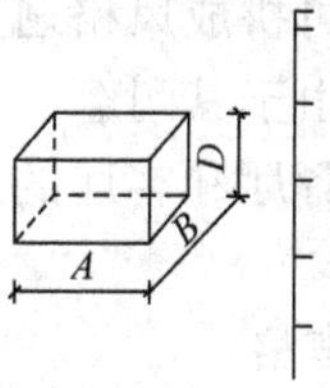

模数化

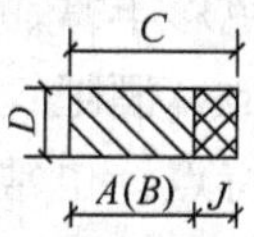

C = A 或 B + J

J 为接缝尺寸

非模数化

模数化			非模数化	
装配尺寸	产品尺寸 A×B	厚度 D	产品尺寸 A×B	厚度 D
300×250	297×247	生产厂自定	300×200	生产厂自定
300×200	297×197		200×200	
200×200	197×197		200×150	
200×150	197×148	5	152×152	5
150×150	148×148	5	152×75	5
150×75	148×73	5	108×108	5
100×100	98×98	5		

注：考虑到灰缝间隔后的装配尺寸要符合模数，便于与建筑模数相匹配，因此产品实际尺寸小于装配尺寸。产品尺寸 A×B 指产品的长×宽。

（2）陶瓷墙地砖　陶瓷墙地砖是用于建筑物外墙面和室内外地面的炻质饰面砖的总称。陶瓷墙地砖是以优质陶土原料加入其他材料配成生料，经半干压成形后用 1100℃左右焙烧而成。与釉面内墙砖相比，它增加了坯体的厚度和强度，降低了吸水率。

陶瓷墙地砖的表面质感多种多样，通过配料和改变制作工艺，可制成平面、麻面、毛面、刨光面、磨光面、纹点面、仿花岗岩石表面、压花浮雕表面、无光釉面、金属光泽面、防滑面、耐磨面等，以及丝网印刷、套花图案、单色、多色等多种制品。陶瓷墙地砖主要用于建筑物外墙贴面和室内外地面装饰铺贴用砖。用于外墙面的陶瓷墙地砖的常用规格为 150mm×75mm、200mm×100mm 等，用于地面的常用规格有 300mm×300mm、400mm×400mm，其厚度在 8～12mm 之间。按产品表面质量和变形允许偏差分为优等品、一级品和合格品三个等级。

陶瓷墙地砖的常用品种有麻面砖(仿人工修凿过的天然岩石面,吸水率小,防滑耐磨,适用于广场、停车场、人行道等地面铺设)、通体砖(表面不上釉的陶瓷砖,正反两面材质和色泽一致,适用于地面防滑铺设)、抛光砖(通体砖的一种,通体坯体表面打磨而成)、玻化砖(高温烧制,表面不上釉,坯体属于高度致密的瓷质,高档装饰材料)、金属光泽釉面砖等。

(3) 陶瓷锦砖　陶瓷锦砖俗称“马赛克”，如图 1-8(见文前彩页)所示是以彩色石子或玻璃等小块材料镶嵌呈一定图案的细工艺品。陶瓷锦砖是由边长不大于 40mm、具有多种色彩和不同形状的小块砖，镶拼组成各种花色图案的陶瓷制品。陶瓷锦砖采用优质瓷土烧制成方形、长方形、六角形等薄片状小块瓷砖后，再通过铺贴盒将其按设计图案反贴在牛皮纸上，称作一联，每联 305.5mm^2，每 40 联为一箱，每箱 3.7m^2。成联后的锦砖具有色泽明净、图案美观、质地坚实、抗压强度高、耐污染、耐腐蚀、耐水、抗火、抗冻、不吸水、不滑、易清洗等特点，并且坚固耐用，造价低。

陶瓷锦砖的基本形状和规格见表 1-9，拼花图案见表 1-10。

陶瓷锦砖色彩丰富、图案美观，单块元素小巧玲珑，可拼成风格迥异的图案。因此适用于喷泉、游泳池、酒吧、体育馆和公园等处的装饰。同时由于其耐磨、吸水率小、抗压强度高、易清洗等特点，也常用于室内卫生间、浴池、阳台、餐厅和客厅的地面装饰。此外，陶瓷锦砖也用于大型公共活动场馆的陶瓷壁画。

表 1-9　陶瓷锦砖的基本形状和规格　(单位:mm)

基本形状		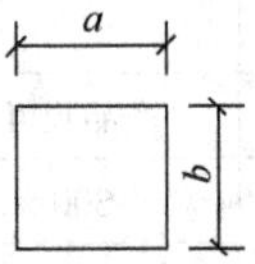				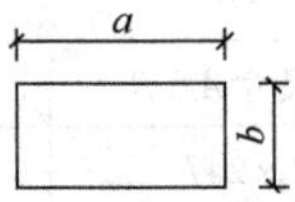	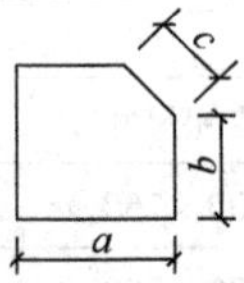	
名称		正方				长方(长条)	对角	
		大方	中大方	中方	小方		大对角	小对角
规格	a	39	23.6	18.5	15.2	39	39	32.1
	b	39	23.6	18.5	15.2	18.5	19.2	15.9
	c	—	—	—	—	—	27.9	22.8
	厚度	5	5	5	5	5	5	5

基本形状		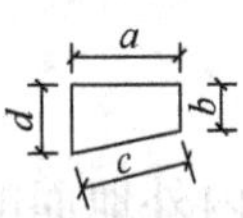	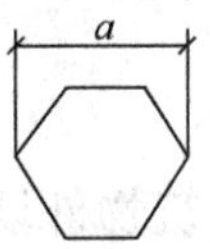	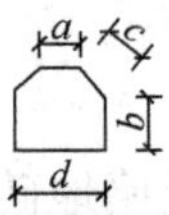	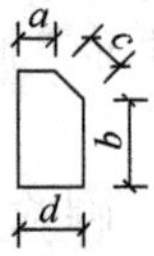
名称		斜长条	六角	半八角	长条对角
规格	a	36.4	25	15	7.5
	b	11.96	—	15	15
	c	37.9	—	18	18
	d	22.7	—	40	20
	厚度	5	5	5	5

表 1-10　陶瓷锦砖的几种拼花图案

拼花编号	拼花说明	拼花图案
拼-1	正方形相拼	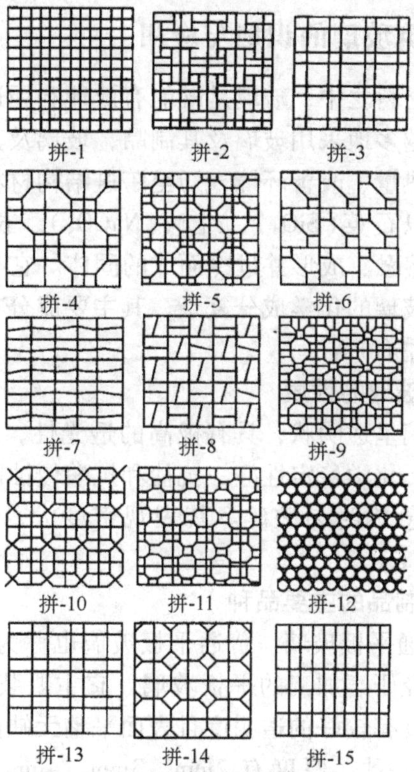
拼-2	正方与长条相拼	
拼-3	大方、中方及长条相拼	
拼-4	中方及大对角相拼	
拼-5	小方及小对角相拼	
拼-6	中方及大对角相拼 小方及小对角相拼	
拼-7	斜长条相拼	
拼-8	斜长条相拼	
拼-9	长条对角与小方相拼	
拼-10	正方与五角相拼	
拼-11	半八角与正方相拼	
拼-12	六角相拼	
拼-13	大方、中方、长条相拼	
拼-14	小对角、中大方相拼	
拼-15	长条相拼	

3. 建筑琉璃制品

琉璃制品是我国陶瓷宝库中的古老珍品，它是以难熔黏土做原料，经配料、成形、干燥、素烧，表面涂以琉璃釉料后，再经烧制而成。

琉璃制品常见的颜色有金、黄、蓝、青等。琉璃制品表明光滑、色彩绚丽、造型古朴、坚实耐用，富有民族特色。其主要产品有琉璃瓦(图 1-9)、琉璃砖、琉璃兽、琉璃花窗及栏杆等装饰制品，还有琉璃桌、绣墩、鱼缸、花盆、花瓶等陈设工艺品。琉璃制品主要用于建筑屋面材料，如板瓦、筒瓦、滴水、勾头以及飞禽走兽等用作檐头和屋脊的装饰物(图1-10)。

图 1-9　琉璃瓦

图 1-10　屋脊装饰物

琉璃瓦因价格贵、自重大，主要用于具有民族色彩的宫殿式房屋及少数纪念性建筑物上，此外，还常用于建造园林中的亭、台、楼、阁、围墙，以增加园林的景色。

1.4.2 建筑玻璃的识别与应用

在各种材料之中，玻璃是既能有效地利用透光性，又能调节、分隔空间的唯一材料。近代建筑越来越多地采用玻璃及其制品，玻璃及其制品由原来的装饰及采光，发展到用以控制光线、调节热量、改善环境，乃至跨进结构材料的行列。

玻璃是以石英（SiO_2）、纯碱（$NaCO_3$）、长石、石灰石（$CaCO_3$）等主要原料经1500～1650℃高温熔融、成形并过冷而成的固体。它与其他陶瓷不同，是无定形非结晶体的均质同向性材料。玻璃的化学成分复杂，其主要成分有SiO_2（含72%左右）、Na_2O（含15%左右）和CaO（含9%左右）等。

1. 普通玻璃的性质

普通玻璃呈透明状，具有极高的透光性，普通的清洁玻璃的透光率在82%以上。其具有电绝缘性，化学稳定性好，抗盐和抗酸侵蚀能力强。但在冲击力作用下易破碎，其热稳定性差，急冷急热时易破碎。其表观密度大，约为2450～2550kg/m^3，导热系数较大，为0.75W/（m·K）。

2. 玻璃制品的主要品种

（1）普通平板玻璃　普通平板玻璃也称为单光玻璃、净片玻璃，简称玻璃，属于钠玻璃类，是未经研磨加工的平板玻璃。它主要装配于门窗，起透光、挡风和保温作用。使用中，要求其具有较好的透明度且表面平整无缺陷。普通平板玻璃是建筑玻璃中生产量最大、使用最多的一种，厚度有2mm、3mm、4mm、5mm、6mm、8mm、10mm、12mm、15mm、19mm十种规格。

（2）装饰平板玻璃

1）磨光玻璃。磨光玻璃又称为镜面玻璃，是用平板玻璃经过机械研磨和抛光后的玻璃，分单面磨光和双面磨光两种。它具有表面平整光滑且有光泽，物像透过玻璃不变形的优点，其透光率大于84%。双面磨光玻璃还要求两面平行，厚度一般为5～6mm。磨光玻璃常用来安装大型高级门窗、橱窗或制镜子。磨光玻璃加工费时、不经济，出现浮法玻璃后，磨光玻璃用量大为减少。

2）彩色玻璃。彩色玻璃又称为有色玻璃或颜色玻璃。它分透明和不透明两种。透明彩色玻璃是在原料中加入一定的金属氧化物使玻璃带色。不透明彩色玻璃是在一定形状的平板玻璃一面，喷以色釉，经过烘烤而成。它具有耐腐蚀、抗冲刷、易清洗并可拼成图案、花纹等优点，适用于门窗及对光有特殊要求的采光部位和外墙面装饰。

3）磨砂玻璃。磨砂玻璃又称为毛玻璃。磨砂玻璃是用机械喷砂、手工研磨或氢氟酸溶蚀等方法将普通平板玻璃表面处理成均匀毛面。其表面粗糙，使光线产生漫射，只有透光性而不能透视，并能使室内光线柔和而不刺目。

4）花纹玻璃。花纹玻璃根据加工方法的不同，可分为压花玻璃和喷花玻璃两种。

压花玻璃又称为滚花玻璃，是在玻璃硬化前，经过刻有花纹的滚筒，在玻璃单面或双面压上深浅不同的各种花纹图案。由于花纹凹凸不平使光线漫射而失去透视性，因而它透光不透视，可同时起到窗帘的作用。压花玻璃兼具使用功能和装饰效果，因而广泛应用于宾馆、大厦、办公楼等现代建筑的装修工程中。压花玻璃的厚度常为2~6mm。

喷花玻璃又称为胶花玻璃，是在平板玻璃表面上贴以花纹图案，抹以护面层，经喷砂处理而成。其适合门窗装饰、采光之用。

5）镭射玻璃。镭射玻璃又称为光栅玻璃，是以玻璃为基材，经特殊工艺处理，玻璃表面出现全息或者其他光栅。镭射玻璃在光源的照射下能产生物理衍射的七彩光。镭射玻璃的各种花型产品宽度一般不超过500mm，长度一般不超过1800mm。所有图案产品宽度不超过1100mm，长度一般不超过1800mm。圆柱产品每块弧长不超过1500mm，长度不超过1700mm。镭射玻璃的主要特点是具有优良的抗老化性能，适用于酒店、宾馆及各种商业、文化、娱乐设施装饰。

6）冰花玻璃。冰花玻璃是将原片玻璃进行特殊处理，在玻璃表面形成酷似自然冰花的纹理。冰花玻璃的冰花纹理对光线有漫反射作用，因而冰花玻璃透光不透视，可避免强光引起的眩目，光线柔和，适用于建筑门窗、隔断、屏风等。

7）玻璃马赛克。玻璃马赛克(图1-11)是指以玻璃为基料并含有未熔解的微小晶体(主要是石英)的乳浊制品，其颜色有红、黄、蓝、白、黑等几十种。玻璃马赛克是一种小规格的彩色釉面玻璃，一般尺寸为20mm×20mm、30mm×30mm、40mm×40mm，厚4~6mm。该类玻璃一般包括透明、半透明、不透明三类，还有带金色、银色斑点或条纹的。玻璃马赛克具有色调柔和、朴实典雅、美观大方、化学稳定性好、冷热稳定性好等特点。它一面光滑，另一面带有槽纹，与水泥砂浆粘结好，施工方便，适用于宾馆、医院、办公楼、礼堂、住宅等建筑的外墙饰面。

（3）安全玻璃　安全玻璃包括物理钢化玻璃、夹丝玻璃、夹层玻璃。其主要特点是力学强度较高，抗冲击能力较好。被击碎时，碎块不会飞溅伤人，并有防火的功能。

1）物理钢化玻璃。物理钢化玻璃是安全玻璃，它是将普通平板玻璃在加热炉中加热到接近软化点温度(650℃左右)，使之通过本身的形变来消除内部应力，然后移出加热炉，立即用多用喷嘴向玻璃两面喷吹冷空气，使之迅速且均匀地冷却，当冷却到室温后，形成了高强度的钢化玻璃。钢化玻璃的特点为强度高，抗冲击性好，热稳定性高，安全性高。钢化玻璃的安全性主要是指整块玻璃具有很高的预应力，一旦破碎，呈现网状裂纹，碎片小且无尖锐棱角，不易伤人(图1-12)。钢化玻璃在建筑上主要用作高层的门窗、隔墙与幕墙(图1-13)。

图1-11　玻璃马赛克

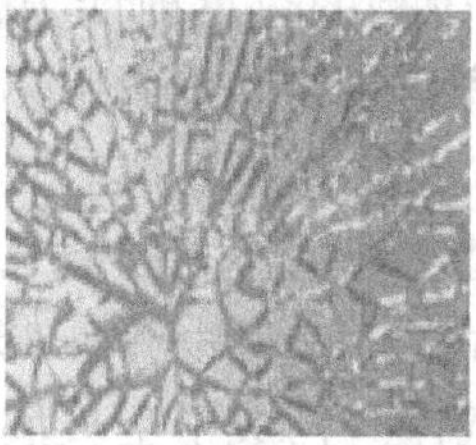
图1-12　破碎的安全玻璃

图1-13　玻璃幕墙

2）夹丝玻璃。夹丝玻璃(图1-14)是将预先编织好的钢丝网压入已软化的红热玻璃中制成的。其抗折强度高、防火性能好，破碎时即使有许多裂缝，其碎片仍能附着在钢丝上，不致四处飞溅而伤人。夹丝玻璃主要用于厂房天窗、各种采光屋顶和防火门窗等。

3）夹层玻璃。夹层玻璃是两片或多片平板玻璃之间嵌夹透明塑料（聚乙烯醇缩丁醛）薄衬片，经加热、加压、粘合而成的平面或曲面的复合玻璃制品，如图 1-15、图 1-16 所示。夹层玻璃抗冲击性和抗穿透性好，玻璃破碎时不裂成分离的碎片，只有辐射状的裂纹和少量玻璃碎屑，碎片仍粘贴在膜片上，不致伤人。夹层玻璃在建筑上主要用于有特殊安全要求的门窗、隔墙、工业厂房的天窗等。

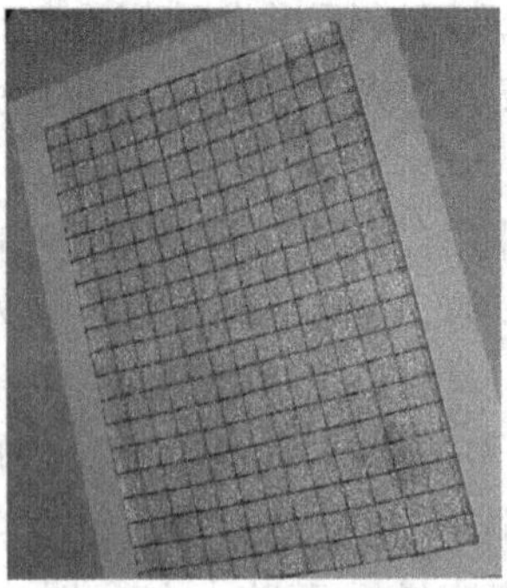

图 1-14　夹丝玻璃

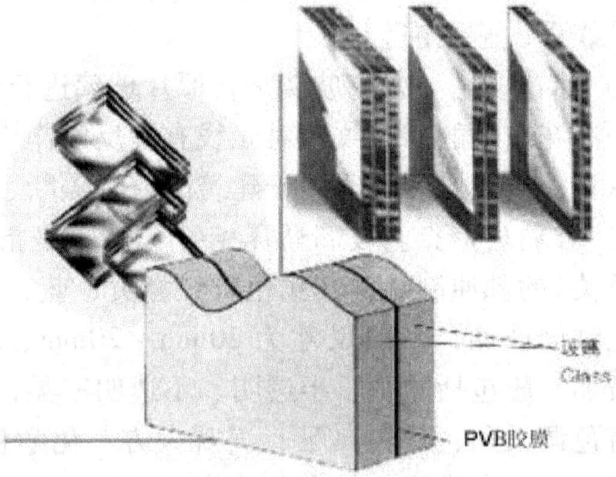

图 1-15　夹层玻璃构造

（4）保温绝热玻璃　保温绝热玻璃包括吸热玻璃、热反射玻璃、中空玻璃、玻璃空心砖等。它们在建筑上主要起装饰作用，并具有良好的保温绝热功能。保温绝热玻璃除用于一般门窗外，常用作幕墙玻璃。

1）吸热玻璃。吸热玻璃既能吸收大量红外线辐射，又能保持良好的透光率。根据玻璃生产的方法分为本体着色法和表面喷涂法（镀膜法）两种。吸热玻璃有灰色、茶色、蓝色、绿色等颜色。主要用于建筑外墙的门窗、车船的风挡玻璃等。

图 1-16　夹层玻璃

2）热反射玻璃。热反射玻璃既具有较高的热反射能力，又能保持良好的透光性能，又被称为镀膜玻璃或镜面玻璃。热反射玻璃是在玻璃表面用热解、蒸发、化学处理等方法喷涂金、银、铜、镍、铬、铁等金属或金属氧化物薄膜而成。热反射玻璃反射率高达 30% 以上，装饰性好，具有单向透像作用，被越来越多地用作高层建筑的幕墙。

3）中空玻璃。中空玻璃（图 1-17）由两片或多片平板玻璃构成，用边框隔开，四周边缘部分用密封胶密封，玻璃层间充有干燥气体。构成中空玻璃的玻璃采用平板原片，有普通玻璃、吸热玻璃、热反射玻璃等。中空玻璃的特性是保温绝热，节能性好，隔声性优良，并能有效地防止结露。中空玻璃主要用于需要采暖、空调，防止噪声、结露及需求无直接光和特殊光线的建筑上，如住宅、饭店、宾馆、办公楼、学校、医院、商店等。

4）玻璃空心砖。玻璃空心砖（图 1-18）一般是由两块压铸成凹形的玻璃经熔接或胶接成整块的空心砖。砖面可为光滑平面，也可在内外压铸多种花纹。砖内腔可为空气，也可填充玻璃棉等。玻璃空心砖绝热、隔声，光线柔和优美，可用来砌筑透光墙壁、隔断、门厅、通道等。

图1-17　中空玻璃

图1-18　玻璃空心砖

1.5　金属材料

金属材料通常分为黑色金属和有色金属两大类。黑色金属主要指铁、铁合金、铬和锰，有色金属指除铁、铁合金、铬、锰以外的金属，如铝、铜、锌及其合金。

1.5.1　建筑钢材的识别与应用

钢是由生铁冶炼而成。理论上凡含碳量为2%以下，有害杂质较少的铁碳合金称为钢。生铁也是一种铁碳合金，其中碳的含量为2.06%~6.67%。生铁硬而脆，无塑性和韧性，不能进行焊接、锻造、轧制等加工。钢材材质均匀，抗拉、抗压、抗弯、抗剪强度都很高，具有一定的塑性和韧性，常温下能承受较大的冲击和振动荷载，具有良好的加工性，可以锻造、锻压、焊接、铆接或螺栓连接，便于装配，但其易锈蚀、维修费用大、耐火性差。

园林工程中所用的钢材包括各种型钢、钢板和钢筋混凝土中的各种钢筋与钢丝。工程上一般将直径为6~10mm的称为钢筋，将直径为2.5~5mm的称为钢丝。

1. 钢的分类

钢按照脱氧程度不同可分为沸腾钢、镇静钢和半镇静钢。沸腾钢脱氧不完全，钢组织不够致密，气泡多，成分不均匀，质量差，但成品率高，成本低。镇静钢脱氧彻底，组织致密，化学成分均匀，机械性好，质量较好，但成本较高。半镇静钢脱氧程度介于前面两者之间。

钢按照化学成分分为碳素钢和合金钢两大类。其中碳素钢有低碳钢（含碳量<0.25%）、中碳钢（含碳量0.25%~0.60%）、高碳钢（含碳量>0.60%）三类；合金钢有低合金钢（合金元素含量<5%）、中合金钢（合金元素含量5%~10%）、高合金钢（合金元素含量>10%）三类。

2. 常用建筑钢材

（1）碳素结构钢　碳素结构钢是普通碳素结构钢的简称。其在各类钢中产量最大，用途最广，多轧制成钢板、钢带、型钢等。普通碳素结构钢的牌号由代表屈服点的字母 Q、屈服点数值（有 195MPa、215MPa、235MPa、255MPa 和 275MPa 五种）、质量等级符号（有 A、B、C、D 四个等级）、脱氧方法（F 表示沸腾钢、b 表示半镇静钢、Z 表示镇静钢、TZ 表示特殊镇静钢）四部分组成，如 Q215-A · F 表示屈服点为 215MPa 的 A 级沸腾钢。

钢材屈服点数值越大，含碳越高，强度、硬度越高，塑性、韧性越低。Q195、Q215 钢的塑性高，容易冷弯和焊接，但强度较低，多用于受荷载较小的焊接结构中，以及制作铆钉、地脚螺栓等。Q235 钢既有较高的强度，又有良好的塑性和韧性，易于焊接，焊接力学性能稳定，由于有良好的综合性能，有利于冷弯加工，所以被广泛应用于建筑结构中，作为钢结构屋架、闸门、管道、桥梁及钢筋混凝土结构中的钢筋等。Q255、Q275 钢屈服强度较高，但塑性、韧性和可焊性较差，可用于钢筋混凝土结构中配筋和钢结构构件，以及制作螺栓等。

（2）低合金结构钢　低合金结构钢是在碳素结构钢的基础上，添加少量的一种或几种合金元素（总量小于 5%）的结构钢。在满足钢的塑性、韧性和工艺性能要求的条件下，使钢具有更高的强度和耐腐蚀、耐磨损等优良性质。低合金结构钢有五个牌号，其牌号表示方法由屈服点字母、屈服点数值（有 295MPa、345MPa、390MPa、420MPa 和 460MPa 五种）、质量等级符号（有 A、B、C、D、E 五个等级）三部分组成。低合金结构钢广泛用于大跨度、高荷载的预应力钢筋混凝土结构中。

（3）热轧钢筋　热轧钢筋是指经热轧成形并自然冷却的钢筋，主要有光圆钢筋和带肋钢筋两类。规定热轧直条光圆钢筋的牌号为 HPB235；热轧带肋钢筋的牌号由 HRB 和屈服点最小值表示。热轧带肋钢筋有 HRB335、HRB400、HRB500 三个牌号。带肋钢筋通常表面有两条纵肋和沿长度方向均匀分布的横肋。按横肋的纵截面形状分为月牙肋钢筋和等高肋钢筋，如图 1-19 所示。HRB335、HRB400 广泛用作大、中型钢筋混凝土结构的受力钢筋。热轧钢筋按力学性质可分为Ⅰ级、Ⅱ级、Ⅲ级、Ⅳ级（表 1-11）。Ⅰ级是用 Q235 钢轧制而成，为低强度钢筋，塑性好、焊接性好；Ⅱ级、Ⅲ级钢筋是用普通低合金镇静钢或半镇静钢轧制而成；Ⅳ级钢筋是用中碳低合金镇静钢轧制而成，强度高，综合性能好。带肋钢筋如图 1-20 所示。

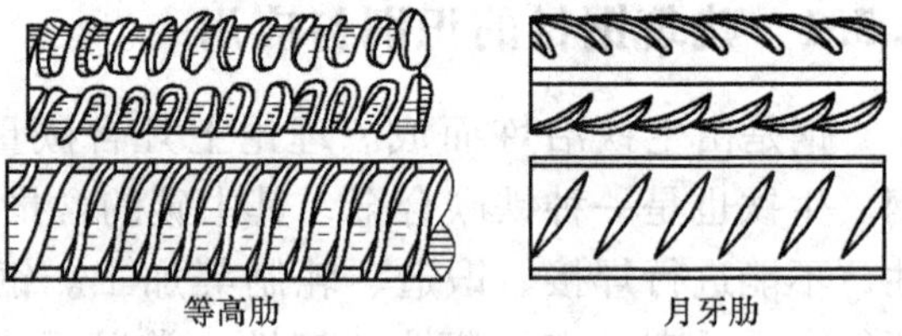

图 1-19　热轧带肋钢筋的外形

表 1-11　热轧钢筋类型

表面形状	钢筋级别		强度等级代号	公称直径/mm
光圆	Ⅰ级		R235	8～20
月牙肋	Ⅱ级		RL335	8～25/28～40
	Ⅲ级	热轧	RL400	8～25/28～40
		余热处理	KL400	8～25/28～41
等高肋	Ⅳ级		RL540	10～25/28～32

注：K 表示余热处理带肋钢筋（热轧后立即穿水进行表面控制冷却）。

（4）低碳热轧圆盘条　低碳热轧圆盘条是由屈服强度较低的碳素结构钢热轧制成的盘条，又称线材(图1-21)，是目前用量最大、使用最广的线材。按用途分为供拉丝用盘条(代号L)、建筑和其他一般用盘条(代号J)两种。盘条公称直径有5.5mm、6.0mm、6.5mm、7.0mm、8.0mm、9.0mm、10.0mm、11.0mm、12.0mm、13.0mm、14.0mm等。

图1-20　带肋钢筋

图1-21　线材(盘条)

（5）冷拉钢筋　钢筋在经冷拉并产生一定的塑性变形后，其屈服强度、硬度提高，而塑性、韧性有所降低，这种现象称为冷加工强化。在常温下对热轧钢筋进行强力拉伸，使之超过屈服强度，然后卸去荷载的加工方法，称为钢筋冷拉。冷拉钢筋的强度、硬度和脆性会随放置时间而增加，这种现象称为冷加工时效。冷拉Ⅰ级钢筋适用于普通钢筋混凝土结构中的受力钢筋；冷拉Ⅱ、Ⅲ、Ⅳ级钢筋可用作预应力钢筋混凝土结构的预应力钢筋。对承受冲击和振动荷载的结构不允许使用冷拉钢筋。

（6）钢丝

1）冷拔低碳钢丝。冷拔低碳钢丝是用直径6～10mm的钢筋，在拔丝机上以强力拉拔的方式通过一定孔径的拔丝模孔，将原钢筋冷拔成比原直径小的钢丝。经过冷拔后的钢丝强度大幅提高，而塑性显著降低，不显屈服阶段，属于硬钢类钢丝。其用于中小型预应力构件、焊接骨架、焊接网、箍筋和构造钢筋等。

2）碳素钢丝。碳素钢丝是高强度钢丝，按加工状态分为冷拉钢丝(代号L)、矫直回火钢丝(代号J)两种。矫直回火钢丝是拉拔后的钢丝经过矫直回火处理，消除冷拔过程中产生的应力，提高其屈服强度和弹性，按外形可分为光圆钢丝和刻痕钢丝。

（7）钢绞线　钢绞线由冷拉光圆钢丝制成，如图1-22所示。一般是用7根钢丝在绞线机上以一根钢丝为中心，其余6根围绕进行螺旋绞合，再经低温回火制成。常见有7ϕ4、7ϕ3、7ϕ5钢绞线。钢绞线具有强度高，与混凝土黏结好，断面面积大，使用根数少，在结构中排列方便，易于锚固等优点，主要用于大跨度、大荷载的预应力物件、薄腹梁等构件，还可用于岩土锚固。

图1-22　钢绞线

（8）型钢　型钢是由钢锭在加热条件下加工而成的不同截面的钢材，有圆钢、方钢、扁钢、六角钢、角钢、槽钢、工字钢等，如图1-23、图1-24所示。钢结构构件一般应直接选用各种型钢，构件之间可直接连接或附以连接钢板进行连接，连接方式有铆接、螺栓接和焊接。

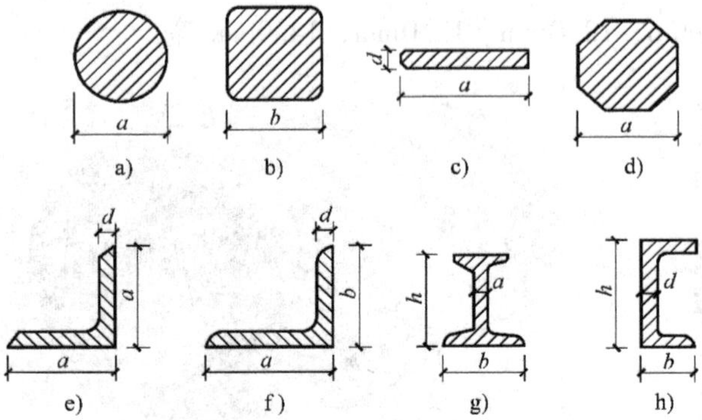

图 1-23　型钢的断面形状

a）圆钢　b）方钢　c）扁钢　d）六角钢　e）等边角钢　f）不等边角钢　g）工字钢　h）槽钢

图 1-24　型钢

1.5.2　建筑钢材制品的识别与应用

建筑工程中常用的钢材制品主要有不锈钢钢板、彩色不锈钢板、彩色涂层钢板、彩色压型钢板、轻钢龙骨等。

1. 不锈钢钢板

当钢中含有铬(Cr)元素时，钢材的耐腐蚀性大大提高，这就是所谓的不锈钢。铬含量越高，钢的抗腐蚀性越好。装饰用不锈钢板主要是厚度小于4mm的薄板，用量最多的是厚度小于2mm的板材。常用的是平面钢板和凹凸钢板两类，前者通常是经研磨、抛光等工序制成，后者是在正常的研磨、抛光之后再经压、雕刻、特殊研磨等工序制成。平面钢板分为镜面板(板面反射率 >90%)，有光板(板面反射率 >70%)，亚光板(板面反射率 <50%)三类。凹凸钢板分为浮雕板、浅浮雕花纹板和网纹板三类。不锈钢薄板可用作内外强饰面、幕墙、隔墙、屋面等面层。

2. 彩色不锈钢板

彩色不锈钢板是指在不锈钢钢板上再进行技术和艺术加工，使其成为各种色彩绚丽的装饰板。其颜色有蓝、灰、紫、红、青、绿、金黄、茶色等(图 1-25)。彩色不锈钢板不仅具有良好的抗腐蚀性，耐磨、耐高温等特点，而且其彩色面层经久不褪，常用作厅堂墙板、顶棚、电梯厢板、外墙饰面等。

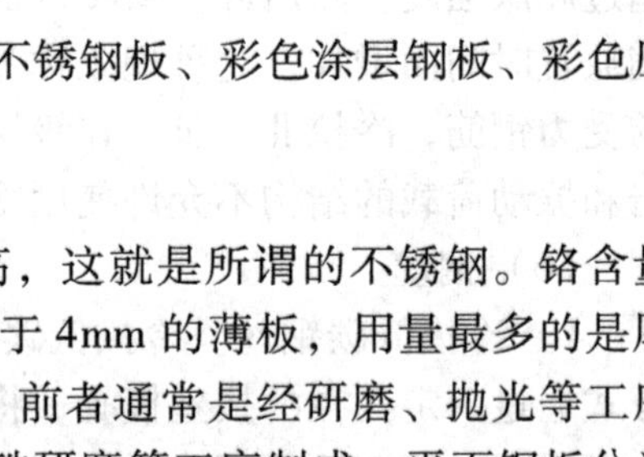

图 1-25　彩色不锈钢板

3. 彩色涂层钢板

彩色涂层钢板的涂层分为有机、无机和复合涂层三大类。其中有机涂层钢板可以制成不同的颜色和花纹，称为彩色涂层钢板(图 1-26)。这种钢板的原板为热轧钢板和镀锌钢板，常用有机涂层为聚氯乙烯、聚丙烯酸酯、环氧树脂、醇酸树脂等。彩色涂层钢板具有耐污染性强、洗涤后表面光泽、色差不变、热稳定性好、装饰效果好、易加工、耐久性好等优点，可用作外墙板、壁板、屋面板等。

4. 彩色压型钢板

彩色压型钢板是以镀锌钢板为基材，经成形轧制，并敷以各种耐腐蚀涂层与彩色烤漆而成的装饰板材(图1-27)。其性能和用途与彩色涂层钢板相同。

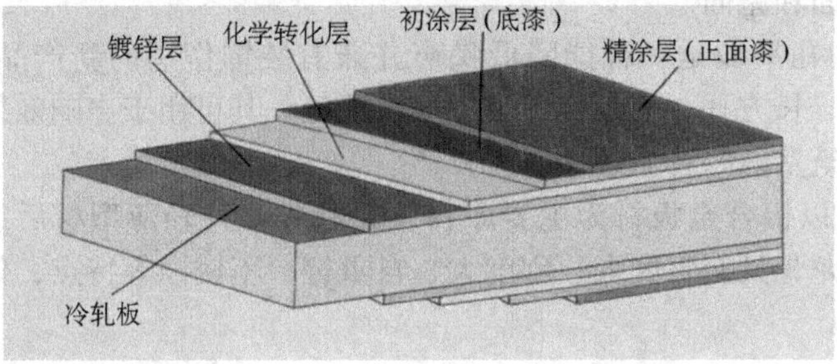

图1-26 彩色涂层钢板

图1-27 彩色压型钢板

5. 轻钢龙骨

轻钢龙骨是用冷轧钢板、镀锌钢板或彩色涂层钢板经轧制而成的薄壁型钢。其用于装配各类型的石膏板、吸声板等，用作室内隔墙和吊顶的龙骨支架(图1-28、图1-29)。其具有强度高、防火、耐潮、便于施工等特点。

图1-28 室内吊顶轻钢龙骨

图1-29 室内隔墙轻钢龙骨

1.5.3 铝材的识别与应用

1. 铝及铝合金的性质

铝属于有色金属中的轻金属，银白色，密度为2.7g/cm^3，熔点为660℃(图1-30)。铝导电性能良好，化学性质活泼，耐腐蚀性强，便于铸造加工，可染色。铝极有韧性，无磁性，有很好的传导性，对热和光反射良好，有防氧化作用。在铝中加入镁、铜、锰、锌等元素可组成铝合金。铝合金既提高了铝的强度和硬度，同时又保持了铝的轻质、耐腐蚀、易加工等优良性能。

图1-30 铝

2. 建筑铝合金制品

(1) 铝合金花纹板 铝合金花纹板采用防锈铝合金坯料，用特殊的花纹轧制而成。其花纹美观大方，筋高适中，不易磨损，防滑性好，防腐蚀性能强，便于冲洗，通过表面处理可得到各种色彩。其广泛应用于现代建筑的墙面装饰以及楼梯踏板等处。

（2）铝合金波纹板　铝合金波纹板有银白色等多种颜色，有很强的反光能力，防火、防潮、防腐，在大气中可使用20年以上。其主要用于建筑墙面、屋面。

（3）铝合金压型板　铝合金压型板质量轻、外形美、耐腐蚀、经久耐用，经表面处理可得各种优美的色彩。其主要用作墙面和屋面。

（4）铝合金冲孔平板　铝合金冲孔平板是一种能降低噪声并兼有装饰作用的新产品，孔形根据需要有圆孔、方孔、长圆孔、长方孔、三角孔、大小组合孔等。其可用于声响效果比较大的公共建筑的顶棚，以改善建筑室内的音质条件。

（5）铝合金龙骨　铝合金龙骨是以铝合金板材为主要原料，轧制成各种轻薄型材后组合安装而成的一种金属骨架。铝合金龙骨具有强度大、刚度大、自重轻、不锈蚀等特点，使用于外露龙骨的吊顶。

1.5.4　铜材的识别与应用

铜材(图1-31)表面光滑，光泽中等，有很好的导电、传热性能，经磨光处理后表面可制成亮度很高的镜面铜。园林工程中常被用于铜雕塑(图1-32)和浮雕、铜栏杆、灯具等。铜材长时间可产生绿锈，故应注意保养。常用的铜材种类有纯铜、黄铜(铜与亚铝的合金)、青铜(铜与锡的合金)、白铜(铜与镍的合金)、红铜(铜与金的合金)。

图1-31　铜材

图1-32　青铜雕塑

1.6　木材

1.6.1　木材的结构

从外观看，树木主要分为三部分：树干、树冠和树根。树干是由树皮、形成层、木质部和髓心四个部分组成。木质部是树干最主要的部分，也是木材主要使用的部分。髓心是位于树干中心的柔软薄壁组织，其松软、强度低、易干裂和腐朽。

（1）心材和边材　木质部靠近髓心部分颜色较深，称为心材，靠近外围部分颜色较浅，称为边材，边材含水高于心材容易翘曲，如图1-33所示。

（2）年轮、春材和夏材　从横切面上看到深浅相同的同心圆，称为年轮。年轮内侧颜色较浅部分是春天生长的木质，组织疏松，材质较软，称为春材（早材）。年轮外侧颜色较深部分是夏、秋两季生长的，组织致密，材质较硬，称为夏材（晚材）。树木的年轮越均匀、密实，材质越好。夏材所占比例越多，木材强度越高。

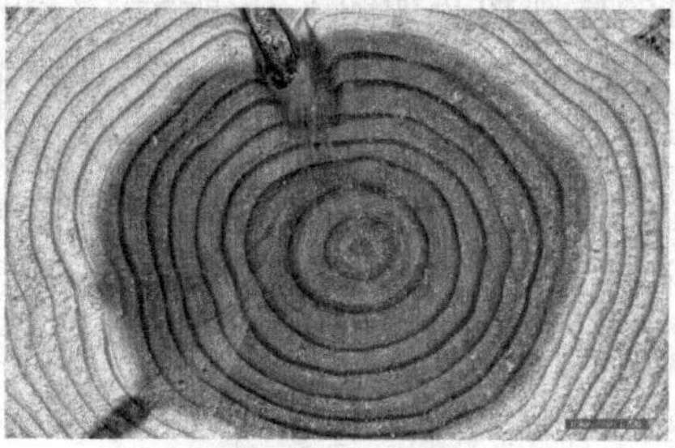
图1-33　木材的构造

1.6.2　木材的性质

木材具有轻质高强，弹性、韧性好，耐冲击、振动，保温性好，易着色和油漆，装饰性好，易加工等优点。但其存在内部构造不均匀，易吸水、吸湿，易腐朽、虫蛀，易燃烧，天然瑕疵多，生长缓慢等缺点。

（1）密度和表观密度　木材的密度一般为 1.48 ~ 1.56g/cm^3，表观密度一般在 400 ~ 600kg/m^3 之间。木材的表观密度越大，其湿胀干缩变化也越大。

（2）含水率　木材细胞壁内充满吸附水，达到饱和状态，而细胞腔和细胞间隙中没有自由水时的含水量，称为纤维饱和点，一般介于25%~35%。它是木材物理力学性质变化的转折点。

（3）湿胀与干缩　当木材含水率在纤维饱和点以上变化时，木材的体积不发生变化；当木材的含水率在纤维饱和点以下时，随着干燥，体积收缩；反之，干燥木材吸湿后，体积将发生膨胀，直到含水率达到纤维饱和点为止。一般表观密度大、夏材含量多的，胀缩变形大。由于木材构造的不均匀性，造成各方向的胀缩值不同，其中纵向收缩小，径向较大，弦向最大。

（4）吸湿性　木材具有较强的吸湿性，木材在使用时其含水率应接近或稍低于平衡含水率，即木材所含水分与周围空气的湿度达到平衡时的含水率。长江流域一般为15%。

（5）力学性质　当含水率在纤维饱和点以下，木材强度随含水率增加而降低。木材的天然疵病会明显降低木材强度。

1.6.3　木材的分类

1. 按加工程度和用途分

木材按照加工程度和用途的不同分为原条、原木、锯材和枕木四类。原条指除去皮、根、树梢、树桠等，但尚未加工成材的木料。其用于建筑工程的脚手架、建筑用材、家具等。原木指已加工成规定直径和长度的圆木段（图1-34）。其用于建筑工程（如屋架、檩、椽等）、桩木、电杆、胶合板等加工用材。锯材指经过锯切加工的木料。截面宽度为厚度 3 倍或 3 倍以上的称为板材，不足 3 倍的称为方材。枕木指按枕木断面和长度加工而成的成材，用于铁道工程。

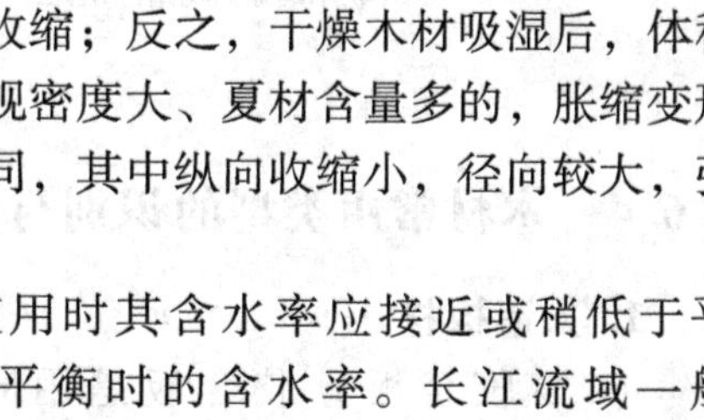
图1-34　原木

2. 按树叶不同分

树木按树叶形状分为针叶树和阔叶树两大类。木材的微观构造如图1-35所示。针叶树树干通直高大，纹理顺直，材质均匀、较软、易加工，又称为“软木材”。其表观密度和胀缩变形小，耐腐蚀性好，是主要的建筑用材，用于各种承重构件、门窗、地面和装饰工程。常用的树种有红松、马尾松、兴安落叶松、华山松、油松、云杉、冷杉等。阔叶树树干通直部分短，密度大，材质硬，难加工，又称为“硬木材”。其胀缩和翘曲变形大，易开裂，建筑上常用作尺寸小的构件，如制作家具、胶合板等。常用的树种有卜氏杨、红桦、枫杨、青冈栎、香樟、紫椴、水曲柳、泡桐、柳桉等。

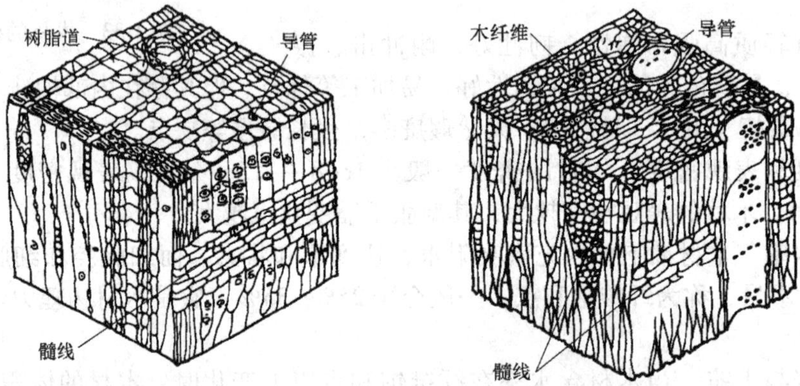

软木的显微构造(马尾松)　　硬木的显微构造(柞木)

图1-35　木材的微观构造

1.6.4　木材常用类型的识别与应用

1. 人造板材

（1）胶合板　胶合板是用原木旋切成薄片(厚1mm)，再按照相邻各层木纤维互相垂直重叠，并且成奇数层经胶粘热压而成(图1-36)。胶合板最多层数有15层，一般常用的是三合板或五合板。其厚度为2.7mm、3mm、3.5mm、4mm、5mm、5.5mm、6mm，自6mm起按1mm递增。幅宽规格见表1-12。胶合板面积大，可弯曲，两个方向的强度收缩接近，变形小，不易翘曲，纹理美观，应用十分广泛。

图1-36　胶合板

表1-12　普通胶合板的幅面尺寸　　（单位：mm）

宽　度	长　度				
915	915	1220	1830	2135	—
1220	—	1220	1830	2135	2440

（2）贴面装饰板　贴面装饰板是将花纹美丽、材质悦目的珍贵木材经过刨切加工成微薄木，以胶合板为基层再经过干燥、拼缝、涂胶、组坯、热压、裁边、砂尘等工序制成的特殊胶合板。常见的贴面装饰薄木材种如图1-37(见文前彩页)所示。其用于吊顶、墙面、家

具装饰饰面。

（3）纤维板　纤维板是将树皮、刨花、树枝等木材加工的下脚碎料或稻草、秸秆、玉米秆等经破碎、浸泡、研磨成木浆，加入一定胶粘剂经热压成形、干燥处理而成的人造板材（图 1-38）。按成形时温度和压力的不同分为硬质纤维板（表观密度大于 $800kg/m^3$）、半硬质纤维板（表观密度 $400 \sim 800kg/m^3$）、软质纤维板（表观密度小于 $400kg/m^3$）。其用于家具制作等。

图 1-38　纤维板

（4）刨花板　刨花板是将木材加工剩余物小径木、木屑等切削成碎片，经过干燥，拌以胶料、硬化剂，在一定温度下压制成的一种人造板（图 1-39）。刨花板强度较低，一般主要用作绝热、吸声材料，用于吊顶、隔墙、家具等。

（5）细木工板　细木工板又称为木芯板，属于特种胶合板，由三层木板粘压。上、下面层为旋切木质单板，芯板是用短小木板条拼接而成（图 1-40）。常用规格有 16mm × 915mm × 1830mm、19mm × 1220mm × 2440mm。细木工板具有较大的强度和硬度，轻质，耐久易加工，用于家具、门窗套、隔墙、基层骨架。

图 1-39　刨花板

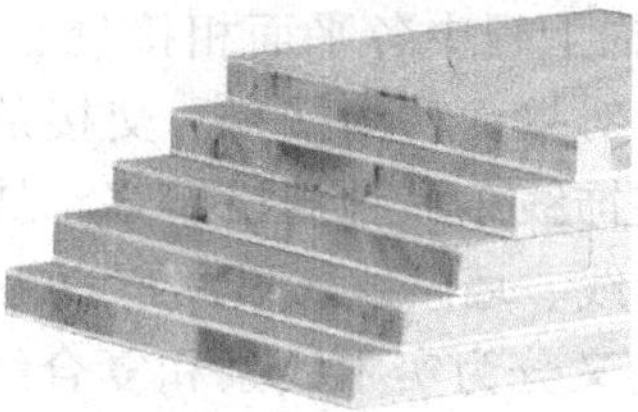

图 1-40　细木工板

2. 木质地板

木质地板分实木条木地板、实木拼花木地板、实木复合地板、强化复合地板四种。

（1）实木条木地板　实木条木地板的条板宽度一般不大于 120mm，板厚为 20 ~ 30mm。按条木地板构造分为空铺和实铺两种。地板有单层和双层两种。木条拼缝可做成平头、企口或错口，端头接缝要相互错开。实木条木地板自重轻、弹性好、脚感舒适，其导热性小，冬暖夏凉，易于清洁，适用于室内地面装饰。实木条木地板如图 1-41 所示。

（2）实木拼花木地板　实木拼花木地板通过小木板条不同方向的组合，拼出多种图案花纹，常用的有正芦席纹、斜芦席纹、人字纹、清水砖墙纹等。其多选用硬木树材。拼花小木条的尺寸一般为长 250 ~ 300mm，宽 40 ~ 60mm，板厚 20 ~ 25mm，木条一般均带有企口。

（3）实木复合地板　实木复合地板采用两种以上的材料制成，表层采用 5mm 厚实木，中层由多层胶合板或中密度板构成，底层为防潮平衡层经特制胶高温及高压处理而成。实木复合地板如图 1-42 所示。

（4）强化复合地板　强化复合地板由三层材料组成，面层由一层三聚氰胺和合成树脂组成，中间层为高密度纤维板，底层为涂漆层或纸板。

3. 其他类型

（1）木花格　木花格是用木板和方木制作成具有若干个分格的木架，这些分格的尺寸和形状一般都各不相同。木花格多用于建筑物室内的花窗、隔断、博古架等，它能够调整室内设计的格调，改进空间效能和提高室内艺术质量等。

图 1-41　实木条木地板

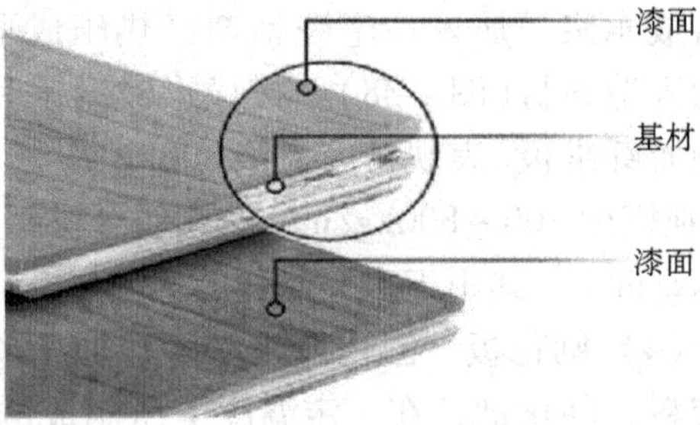

图 1-42　实木复合地板

（2）木骨架　木骨架是木材通过加工而成的截面为方形或长方形的条状材料，主要有松木、椴木、杉木。木骨架用于顶棚、隔墙、棚架、造型、家具骨架，起固定、支持和承重的作用。

（3）木装饰线条（木线条）　木装饰线条（木线条）是装饰工程中各平面相接处、相交面、分界面、层次面、对接面的衔接口、交接条等的收边封口材料。木装饰线条品种规格繁多，从功能上分为压边线、压角线、墙腰线、顶棚角线、弯线、柱角线等。从材料上又分为实木线条和复合线条。各类木线条立体造型各异，断面形状丰富，主要用于建筑物室内墙面的墙腰饰线、墙面洞口装饰线、护壁板和勒脚的压条装饰线、高级建筑门窗的镶边。

（4）微薄木贴皮　微薄木贴皮是以树材为原料，经水煮软化后，旋切成厚0.1～1mm左右的薄片，再用胶粘剂粘贴在坚韧的纸上，制成卷材（图 1-43）。其纹理细腻、真实，色泽美观，是板材表面精美装饰用材之一，用于高级建筑室内墙面的装饰和门、家具等。

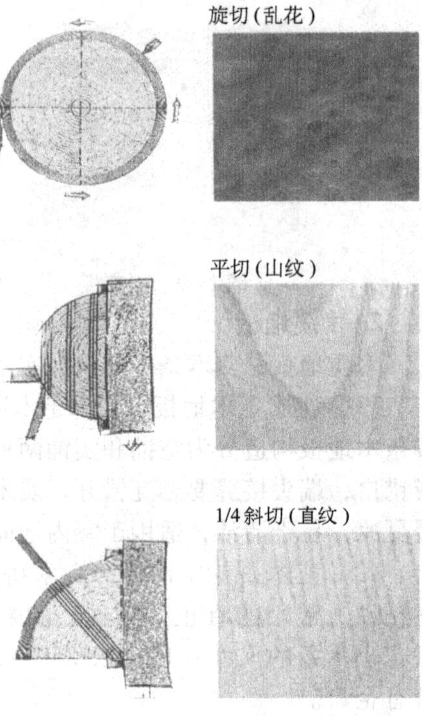

图 1-43　微薄木贴皮切法及对应纹理

（5）竹材　竹种类多，生长快，三五年便可成材。竹材被广泛用于制作家具及民间风格装饰中。竹可用部分是竹秆，竹秆力学强度高，韧性和弹性好，抗弯能力强，不易折断，缺乏刚性。其用于制作家具、工艺品、竹地板等具有民间风格的装修。

（6）藤材　藤材是椰子科蔓生植物，种类200种以上。藤的茎是植物中最长的，质轻而韧，极富有弹性，一般2m左右都是笔直的。其用于制作家具和具有民间风格的装修。

1.7　气硬性胶凝材料

胶凝材料是能够通过自身的物理化学作用，从浆体变成坚硬的固体，并能把散粒材料（如砂、石）或块状材料（如砖、砌块）胶结为一个整体的材料。

胶凝材料通常分为有机胶凝材料和无机胶凝材料。有机胶凝材料是指以天然或人工合成的高分子化合物为基本组成的一类胶凝材料，如沥青、橡胶等。无机胶凝材料是指以无机氧化物或矿物为主要组成的一类胶凝材料。根据硬化条件和使用特性，无机胶凝材料又可分为气硬性胶凝材料和水硬性胶凝材料。

气硬性胶凝材料只能在空气中硬化并保持和发展强度，如石灰、石膏、水玻璃等。水硬性胶凝材料不仅能在空气中硬化，而且能更好地在水中硬化并保持和继续发展其强度，如各种水泥。气硬性胶凝材料只适用于地上或干燥环境，水硬性胶凝材料既适用于地上，也可用于地下潮湿环境或水中。

1.7.1　石灰的识别与应用

石灰是建筑上使用最早的一种无机气硬性胶凝材料，原料来源广，生产工艺简单，成本低廉，至今在土木工程中仍得到广泛应用。

1. 生石灰的原料和生产

石灰最主要的原材料是含碳酸钙的石灰石、白云石和白垩等。石灰石原料在适当温度下煅烧，碳酸钙将分解，释放出 CO_2，得到以CaO为主要成分的生石灰（图1-44）。生石灰是一种白色或灰色的块状物质，因石灰原料中常含有一些碳酸镁成分，煅烧后生成的生石灰中常含有MgO成分，通常把MgO的含量小于等于5%的称为钙质生石灰；MgO的含量大于5%的称为镁质生石灰。同等级的钙质生石灰质量优于镁质生石灰。

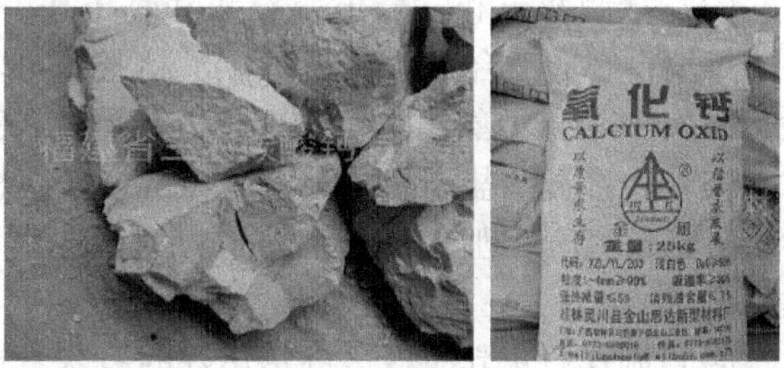

图1-44　生石灰

2. 生石灰的熟化

石灰的熟化是指生石灰与水发生水化反应，生成 $Ca(OH)_2$ 的水化过程。煅烧良好的生石灰与水接触时反应速度快，生成熟石灰后体积膨胀1.5～3.5倍，放出大量的热量。因此，在石灰熟化过程中，应注意安全，防止烧伤、烫伤。

工地上熟化石灰常用的方法有石灰浆法和消石灰粉法。

石灰浆法是将块状生石灰在化灰池中用过量的水熟化成石灰浆，然后经过筛网进入储灰池。石灰熟化使用前应在化灰池中存放2周以上，使过火石灰充分熟化，这个过程叫做“陈伏”。“陈伏”期间，石灰浆表面应留有一层水，与空气隔绝，以免石灰碳化。石灰浆在储灰池中沉淀并除去上层水分后称为石灰膏，用于调制抹灰砂浆。

消石灰粉法是将生石灰加适量水熟化成消石灰粉，方法是采用分层喷淋法，每层生石灰厚约50cm。

还有一种是用球磨机将生石灰磨成细粉，称为磨细生石灰粉。磨细生石灰粉和消石灰粉多用于拌制石灰土、三合土和砌筑砂浆。

3. 石灰的凝结硬化

石灰浆体在空气中的硬化，是由下列两个同时进行的过程完成的。

1）结晶硬化过程：石灰浆在干燥过程中，因游离水分蒸发，$Ca(OH)_2$ 逐渐从过饱和溶液中结晶析出，促进石灰浆硬化。

2）碳化硬化过程：空气中的 CO_2 遇水生成弱碳酸，再与 $Ca(OH)_2$ 发生化学反应生成 $CaCO_3$ 晶体。生成的碳酸钙自身强度较高。

由于空气中的 CO_2 浓度很低，石灰的碳化作用主要发生在与空气接触的表面，而且碳化形成致密的碳酸钙后，阻止 CO_2 向其内部深入，同时也影响到内部水分的蒸发，使氢氧化钙结晶速度减慢。所以，石灰浆体的硬化过程非常缓慢。

4. 石灰的性质

石灰保水性和可塑性好，硬化慢、强度低，耐水性差，硬化时体积收缩大。故石灰不宜用于潮湿环境及易受水浸泡的部位。石灰浆一般不宜单独使用，通常掺入一定量的骨料（如沙子）或纤维材料（如麻刀、纸筋等）。

5. 石灰的应用

（1）配制砂浆　利用石灰膏或石灰粉配制的石灰砂浆、混合砂浆，可用于墙体砌筑或抹面工程，也可掺入纸筋、麻刀等制成石灰浆，用作内墙或顶棚抹面。

（2）拌制灰土和三合土　石灰和黏土按一定比例拌和，称为灰土，或与黏土、砂石、矿渣等填料制成三合土。石灰改善了黏土的可塑性，在夯实或压实下，两者的强度、密实度、耐久性得到改善。因此，灰土和三合土广泛应用于道路工程的垫层和建筑工程的基础。

（3）生产硅酸盐制品　将生石灰粉与含硅材料（石子、粉煤灰、炉渣等）加水拌和，经成形、蒸养或蒸压处理等工序而成的硅酸盐制品，如蒸压灰砂砖、硅酸盐砌块等，主要用作墙体材料。

（4）制作石灰乳涂料　将熟化好的石灰膏或消石灰粉加入过量的水稀释成石灰乳，主要用于室内粉刷。

（5）制作碳化石灰板　将生石灰粉与纤维材料（如玻璃纤维）或轻质骨料（如炉渣）加水搅拌成形，然后用 CO_2 进行人工碳化，可制成轻质的碳化石灰板，它的热导率小，保温绝热性能好，多制成空心板和多孔板，宜做非承重的内墙隔板、天花板等。

1.7.2　石膏的识别与应用

1. 石膏的原料、生产及品种

生产石膏的原料主要是天然二水石膏（$CaSO_4 \cdot 2H_2O$），又称为生石膏，经加热、煅烧、磨细即得石膏胶凝材料（图 1-45）。在常压下加热至 107～170℃时，煅烧成 β 型半水石膏（$CaSO_4 \cdot 1/2H_2O$），即建筑石膏，如果温度升高至 190℃，失去全部水分变成无水石膏，又称为熟石膏。若将生石膏在 125℃、0.13MPa 压力的蒸压锅内蒸炼得到的是 α 型半水石膏，其晶粒较粗，拌制石膏浆体时的需水量较少，因此硬化后强度较高，故称为高强

图 1-45　石膏

石膏。

2. 建筑石膏的凝结硬化

半水石膏加水后首先进行的是溶解，然后产生水化反应，生成二水石膏（$CaSO_4 \cdot 2H_2O$），由于二水石膏常温下在水中的溶解度比β型半水石膏小得多。因此，二水石膏从过饱和溶液中以胶体微粒析出，这样，促进了半水石膏不断地溶解和水化，直至完全溶解。在这个过程中，浆体中的游离水分逐渐减少，二水石膏胶体微粒不断增加，浆体稠度增大，可塑性逐渐降低，此时称为“凝结”。随着浆体继续变稠，胶体微粒逐渐凝聚成晶体，晶体逐渐长大、共生并相互交错，使浆体产生强度，并不断增长，这个过程称为“硬化”。实际上，石膏的凝结和硬化是一个连续的、复杂的变化过程。

3. 建筑石膏的主要性质

建筑石膏是一种白色粉末状的气硬性胶凝材料，密度为2.6～2.75g/cm^3，堆密度为800～1000g/cm^3。建筑石膏的技术性能见表1-13。建筑石膏凝结硬化快，一般在加水后30min以内即可完全凝结，在室内自然干燥条件下，一周左右能完全硬化。为满足施工操作的要求，往往需掺加适量的缓凝剂；硬化时体积微膨胀（膨胀率为0.05%～0.15%），不出现裂缝，所以可不掺加填料而单独使用，并可很好地填充模型；孔隙率大，表观密度小，强度低，导热性低，吸声性较好。建筑石膏硬化后的主要成分是$CaSO_4 \cdot 2H_2O$，遇火时，结晶水蒸发，吸收热量，起到阻止火焰蔓延和温度升高的作用，所以石膏具有良好的抗火性。建筑石膏热容量大，吸湿性强，可对室内湿度和温度起到一定的调节作用。石膏硬化体孔隙率高，具有很强的吸湿性和吸水性，并且二水石膏微溶于水，长期浸水会使其强度显著下降，软化系数为0.2～0.3。若吸水后受冻，则孔隙内的水分结冰，产生体积膨胀，使石膏体产生崩裂。所以，石膏的耐水性和抗冻性均较差。

表1-13 建筑石膏的技术性能

技术指标 \ 产品等级		优等品	一等品	合格品
强度/MPa	抗折强度不小于	2.5	2.1	1.8
	抗压强度不小于	4.9	3.9	2.9
细度	0.2mm方孔筛筛余不大于	5.0	10.0	15.0
凝结时间/min	初凝时间不小于	6	6	6
	终凝时间不大于	30	30	30

注：1. 指标中有一项不符合者，应予降级或报废。

2. 表中强度为2h时的强度值。

4. 建筑石膏的应用

（1）室内抹灰及粉刷　建筑石膏是洁白细腻的粉末，用作室内抹灰、粉刷等装修有良好的效果，比石灰洁白、美观。

（2）建筑装饰制品　建筑石膏配以纤维增强材料、胶粘剂等可制成各种石膏装饰制品，也可掺入颜料制成彩色制品。如石膏线条，用于室内墙体构造角线、柱体的装饰。

（3）石膏板材　建筑石膏可与石棉、玻璃纤维、轻质填料等配制成各种石膏板材。目前我国使用较多的是纸面石膏板、石膏空心条板、纤维石膏板等，是一种良好的建筑功能材料，也是我国着重发展的轻质板材之一。

1.8 水泥

水泥呈粉末状，与水泥混合后，经物理化学作用能由可塑性浆体变成坚硬的实体状，并能将散粒状材料胶结成为整体，所以水泥是一种良好的矿物胶凝材料。水泥浆体不但能在空气中硬化，还能更好地在水中硬化，保持并继续增长其强度，故水泥属于水硬性胶凝材料。

水泥是重要的建筑材料之一，应用极为广泛，常用来制造各种形式的混凝土、钢筋混凝土、预应力混凝土构件和建筑物，也常用于配制砂浆，以及用作灌浆材料等。

水泥品种多，按化学成分分为硅酸盐水泥(图 1-46)、铝酸盐水泥(图 1-47)、硫酸盐水泥、铁铝酸盐水泥等系列，其中以硅酸盐系列水泥应用最广。

图 1-46　硅酸盐水泥

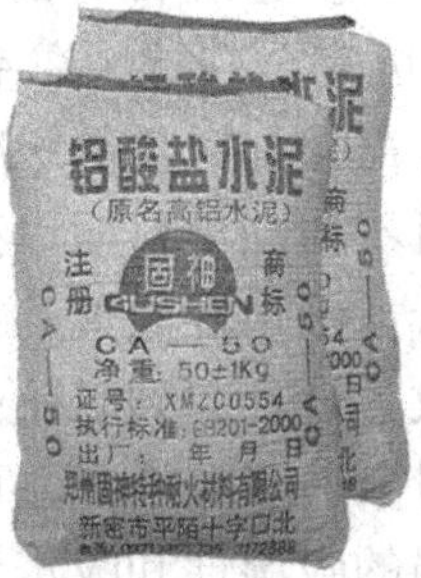

图 1-47　铝酸盐水泥

硅酸盐系列水泥是以硅酸钙为主要成分的水泥熟料，一定量的混合材料和适量石膏，经共同磨细而成。按其性能和用途不同，又可分为通用水泥、专用水泥和特性水泥三类。

1.8.1 硅酸盐水泥的识别与应用

1. 硅酸盐水泥的定义、类型及代号

凡由硅酸盐水泥熟料，掺入0%~5%石灰石或粒化高炉矿渣、适量石膏磨细制成的水硬性胶凝材料，称为硅酸盐水泥。硅酸盐水泥又分为两种类型，不掺加混合材料的称为Ⅰ型硅酸盐水泥，代号为P·Ⅰ；在硅酸盐水泥粉磨时掺加不超过质量5%的石灰石或粒化高炉矿渣混合材料的称为Ⅱ型硅酸盐水泥，代号为P·Ⅱ。

2. 硅酸盐水泥熟料的矿物质组成

硅酸盐水泥熟料主要由四种矿物质组成：硅酸三钙($3CaO \cdot SiO_2$ 简称为 C_3S)，硅酸二钙($2CaO \cdot SiO_2$ 简称为 C_2S)，铝酸三钙($3CaO \cdot Al_2O_3$ 简称为 C_3A)，铁铝酸四钙($4CaO \cdot Al_2O_3 \cdot Fe_2O_3$ 简称为 C_4AF)。前两种矿物称为硅酸盐矿物，一般占总量的75%~82%，后两种矿物称为溶剂矿物，一般占总量的18%~25%。硅酸盐水泥熟料除上述主要组成外，尚含有少量以下成分：游离氧化钙、游离氧化镁、含碱矿物以及玻璃体等。

3. 硅酸盐水泥的水化与凝结硬化

水泥加水拌和后成为既有可塑性又有流动性的水泥浆，同时产生水化，随着水化反应的进行，逐渐失去流动能力到达“初凝”。待完全失去可塑性，开始产生结构强度时，即“终凝”。随着水化、凝结的继续，浆体逐渐转变为具有一定强度的坚硬固体水泥石，即硬化。

可见，水化是水泥产生凝结硬化的前提，而凝结硬化则是水泥水化的结果。

4. 硅酸盐水泥的技术性质

（1）细度　细度是指水泥颗粒的粗细程度。通常采用筛析法测定。筛析法以80μm方孔筛余量表示。

（2）凝结时间　水泥的凝结时间有初凝和终凝之分。自加水起至水泥浆开始失去塑性，流动性减小所需的时间，称为终凝时间。国家标准规定硅酸盐水泥的初凝时间不得早于45min，终凝时间不得迟于6.5h。凡初凝时间不符合规定者为废品，终凝时间不符合规定者为不合格品。

（3）标准稠度用水量　标准稠度是指水泥净浆达到规定稠度时所需的拌和水量，以占水泥质量的百分率表示。硅酸盐水泥的标准稠度用水量，一般在24%~30%之间。磨得越细的水泥，标准稠度用水量越大。

（4）体积安定性　体积安定性是指水泥在凝结硬化过程中体积变化的均匀性。水泥硬化后产生不均匀的体积变化即体积安定性不良，水泥体积安定性不良会使水泥制品、混凝土构件产生膨胀性裂缝，降低建筑物质量，甚至引起严重的工程事故。因此，水泥的体积安定性检验必须合格，体积安定性不合格的水泥作废品处理。水泥安定性不良的原因是由于其熟料矿物组成中含有过多的游离氧化钙或游离氧化镁，以及水泥粉磨时所掺石膏超量等所致。国家标准规定，水泥中游离氧化镁含量不得超过5.0%，三氧化硫含量不得超过3.5%。

（5）强度及强度等级　水泥硬化后，抗压强度高，抗折强度低。抗折强度约为抗压强度的1/11~1/19。水泥3d和7d强度发展很快，28d强度接近最大值，所以要测定3d、7d、28d的强度值，并以28d的强度划分水泥标号。水泥的强度分为42.5，42.5R，52.5，52.5R，62.5和62.5R六个强度等级。水泥按3d强度又分为普通型和早强型两种类型，其中有代号R者为早强型水泥。

（6）密度与堆密度　硅酸盐水泥的密度一般在3.1~3.15g/cm^{3}之间。水泥在松散状态时的堆密度一般在900~1300kg/m^{3}之间，紧密堆积状态可达1400~1700kg/m^3。

5. 硅酸盐水泥的特性与应用

硅酸盐水泥凝结硬化块，强度高，尤其早期强度高，抗冻性好，水化热大，不耐腐蚀，不耐高温。其适用于重要结构的高强混凝土及预应力混凝土工程，早期强度要求高的工程及冬季施工的工程，以及严寒地区，遭受反复冻融的工程，不能用于海水和有侵蚀性介质存在的工程，不能用于大体积混凝土，能用于高温环境的工程。

1.8.2　普通硅酸盐水泥的识别与应用

由硅酸盐水泥熟料，加入6%~15%混合材料及适用石膏，经磨细制成的水硬性胶凝材料称为普通硅酸盐水泥(简称普通水泥)，代号为P·O。活性混合材料的最大掺量不得超过15%，其中允许用不超过水泥质量5%的窑灰或不超过水泥质量10%的非活性混合材料来代替。掺非活性混合材料时，最大掺量不得超过水泥质量的10%。普通硅酸盐水泥分为32.5、32.5R、42.5、42.5R、52.5、52.5R六个强度。普通水泥的初凝时间不得早于45min，终凝时间不得迟于10h。

普通水泥中绝大部分仍为硅酸盐水泥熟料，其性质与硅酸盐水泥相近。但由于掺入少量混合材料，与硅酸盐水泥相比，早期强度略低，水化热略低，耐腐蚀性略有提高，耐热性稍好，抗冻性、耐磨性、抗碳化性略有降低，应用范围与硅酸盐水泥基本相同。

1.8.3 掺大量混合材料的硅酸盐水泥的识别与应用

1. 矿渣硅酸盐水泥

凡由硅酸盐水泥熟料、粒化高炉矿渣和适量石膏磨细制成的水硬化性胶凝材料，称为矿渣硅酸盐水泥(简称矿渣水泥)，代号为P·S。水泥中粒化高炉矿渣掺加量按质量百分比为20%~70%，允许用火山灰质混合材料、粉煤灰、石灰石、窑灰中的一种来代替部分粒化高炉矿渣，代替数量不得超过水泥质量的8%，替代后水泥中粉化高炉矿渣不得少于20%。

由于矿渣水泥中熟料含量相对减少，并且有相当多的氢氧化钙和矿渣组分互相作用，所以与硅酸盐水泥相比，其水化产物中的氢氧化钙含量相对减少，碱度要低些。

矿渣水泥按3d和28d的抗压和抗折强度分32.5、32.5R、42.5、42.5R、52.5、52.5R六个强度等级。矿渣水泥密度一般在2.8~3.0g/cm^3之间，松堆密度为900~1200kg/cm^3。其80μm方孔筛的筛余不得超过10.0%，凝结时间一般比硅酸盐水泥要长，标准规定初凝不得早于45min，终凝不得迟于10h。实际初凝一般为2~5h，终凝5~9h。

矿渣水泥早期强度低，后期强度增进率大；硬化时对湿度敏感性强，冬季施工时需加强保温措施，但在湿热条件下，矿渣水泥的强度发展很快，故适用于蒸汽养护；水化热低，宜用于大体积混凝土工程中；具有较强的抗溶出性侵蚀及抗硫酸盐侵蚀的能力，适用于有溶出性或硫酸盐侵蚀的水工建筑工程、海港工程及地下工程；抗碳化的能力较差，对钢筋混凝土极为不利，因为当碳化深入达到钢筋的表面时，就会导致钢筋的锈蚀，最后使混凝土产生顺筋裂缝；耐热性较强，适用于轧钢、煅烧、热处理、铸造等高温车间以及高炉基础及温度达300~400℃的热气体通道等耐热工程。保水性(将一定量的水分保存在浆体中的性能)较差，泌水性较大，要严格控制用水量，加强早期养护；干缩性较大，由于矿渣水泥的泌水性大，形成毛细通道，增加水分的蒸发，干缩易使混凝土表面发生很多微细裂缝，从而降低混凝土的力学性能和耐久性；抗冻性和耐磨性较差，不宜用于严寒地区水位经常变动的部位，也不宜用于受高速夹砂水流冲刷或其他具有耐磨要求的工程。

为了便于识别和使用，我国水泥标准规定，矿渣水泥包装袋侧面印字采用绿色印刷。

2. 火山灰质硅酸盐水泥

由硅酸盐水泥熟料和火山灰质混合材料、适量石膏磨细制成的水硬性胶凝材料称为火山灰质硅酸盐水泥(简称火山灰水泥)，代号为P·P。水泥中，火山灰质混合材料掺量按质量百分比为20%~50%，其强度等级及各龄期强度要求同矿渣水泥。

火山灰水泥的水化硬化过程、发热量、强度及其增进率、环境温度对凝结硬化的影响、碳化速度等，都与矿渣水泥有相同的特点。火山灰水泥的密度在2.7~3.1g/cm^3之间。对于细度、凝结时间和体积安定性等的技术要求同普通水泥。

火山灰水泥的抗冻性及耐磨性比矿渣水泥还要差一些，故应避免用于有抗冻及耐磨要求的部位。它在硬化过程中的干缩现象较矿渣水泥还显著，尤其当掺入软质混合材料时更为突出。因此，使用时须特别注意加强养护，使较长时间保持潮湿状态，以避免产生干缩裂缝。对于处在干热环境中施工的工程，不宜使用火山灰水泥。

火山灰水泥的标准稠度用水量比一般水泥都大，泌水性较小。此外，由于火山灰质混合材料在石灰溶液中会产生膨胀现象，使拌制的混凝土较为密实，故抗渗性能高。

3. 粉煤灰硅酸盐水泥

由硅酸盐水泥熟料和粉煤灰、适量石膏磨细制成的水硬性胶凝材料，称为粉煤灰硅酸盐水泥(简称粉煤灰水泥)，代号为P·F。水泥中粉煤灰掺量按质量百分比为20%~40%，其强度等级及各龄期强度要求同矿渣水泥。

粉煤灰水泥的细度、凝结时间及体积安定性等技术要求与普通水泥相同。

粉煤灰水泥的水化硬化过程与火山灰水泥基本相同，其性能也与火山灰水泥有很多相似之处。粉煤灰水泥的主要特点是干缩性比较小，甚至比硅酸盐水泥及普通水泥还小，因而抗裂性较好。同时，配制的混凝土和易性较好。这主要是由于粉煤灰的颗粒多呈球形微粒，且较为致密，吸水性较小，因而能有效降低拌和物内的摩擦阻力。按我国水泥标准规定，火山灰水泥和粉煤灰水泥包装袋侧面印字采用黑色印刷。

五种水泥的应用范围见表1-14。

表1-14 五种水泥的应用范围

名称	硅酸盐水泥	普通水泥	矿渣水泥	火山灰水泥	粉煤灰水泥
应用范围	配制地上、地下和水中的混凝土、钢筋混凝土及预应力混凝土结构，包括受循环冻融的结构及早期强度要求较高的工程；配制建筑砂浆	与硅酸盐水泥基本相同	大体积工程；高温车间和有耐热、耐火要求的混凝土结构；蒸汽养护的构件；一般地上、地下和水中的混凝土及钢筋混凝土结构；有抗硫酸盐侵蚀要求的工程；配制建筑砂浆	地下、水中大体积混凝土结构；有抗渗要求的工程；蒸汽养护的工程构件；有抗硫酸盐侵蚀要求的工程；一般混凝土及钢筋混凝土工程；配置建筑砂浆	地上、地下、水中和大体积混凝土工程；蒸汽养护的构件、抗裂性要求较高的构件；抗硫酸盐侵蚀要求的工程；一般混凝土工程；配制建筑砂浆
不适用范围	大体积混凝土工程；受化学及海水侵蚀的工程；长期受压力水和流动水作用的工程	同硅酸盐水泥	早期强度要求较高的混凝土工程；有抗冻要求的混凝土工程	早期强度要求较高的混凝土工程；有抗冻要求的混凝土工程；干燥环境下的混凝土工程；有耐磨性要求的工程	早期强度要求较高的混凝土工程；有抗冻要求的混凝土；有抗碳化要求的工程

1.9 混凝土

由胶凝材料、骨料和水(或不加水)按适当的比例配合、拌和制成混合物，经一定时间后硬化而成的人造石材，叫做混凝土。它是当今世界上用途最广、用量最大的人造建筑材料。混凝土浇筑如图1-48所示。

1.9.1 混凝土的分类

1. 按表观密度分

(1) 普通混凝土　其表观密度为2100~2500kg/m^3，一般多在2400kg/m^{3}左右。它是用普通的天然砂、石作骨料配制而成，通常简称混凝土，主要用作各种建筑的承重结构材料。

(2) 轻混凝土　其表观密度小于1950kg/m^3。它是采用轻质多孔的骨料，或者不用骨料

图 1-48　混凝土浇筑

而掺入加气剂或泡沫剂等，造成多孔结构的混凝土，其用途可分为结构用、保温用和结构兼保温用等几种。

（3）重混凝土　其表观密度大于 2600kg/m³。它是采用了密度很大的重骨料——重晶石、铁矿石、钢屑等配制而成，也可以同时采用重水泥——钡水泥、锶水泥进行配制。重混凝土具有防射线的性能，故又称为防辐射混凝土，主要用作核能工程的屏蔽材料。

2. 按用途分

混凝土按用途可分为结构混凝土、防水混凝土、耐热混凝土、耐酸混凝土、装饰混凝土、大体积混凝土、膨胀混凝土、防辐射混凝土、道路混凝土等多种。

3. 按所用胶凝材料分

混凝土按所用胶凝材料可分为水泥混凝土、沥青混凝土、聚合物水泥混凝土、树脂混凝土、石膏混凝土、水玻璃混凝土、硅酸盐混凝土等几种。

4. 按生产和施工方法分

混凝土按生产和施工方法可分为预拌混凝土（商品混凝土）、泵送混凝土、喷射混凝土、压力灌浆混凝土（预填骨料混凝土）、挤压混凝土、离心混凝土、真空吸水混凝土、碾压混凝土、热拌混凝土等。

另外，按配筋情况分为素混凝土、钢筋混凝土、预应力混凝土、纤维混凝土等。按其抗压强度（f_{cu}）又可分为低强混凝土（$f_{cu} < 30$MPa）、高强混凝土（$f_{cu} \geqslant 60$MPa）及超高强混凝土（$f_{cu} \geqslant 100$MPa）等。

1.9.2　混凝土的特点

混凝土原材料来源丰富，造价低廉；混凝土拌合物具有良好的可塑性，可按工程结构要求浇筑成各种形状和任意尺寸的整体结构或预制构件；混凝土配制灵活、适应性好。改变混凝土组成材料的品种比例，可制得不同物理力学性能的混凝土，以满足各种工程的不同需要；混凝土抗压强度高，很适于作建筑结构材料；与钢筋有牢固的粘结力，且与钢筋的线膨胀系数基本相同，二者复合成钢筋混凝土后，能保证共同工作，从而大大扩展了混凝土的应用范围；耐久性良好，混凝土一般不需要维护保养，故维修费用少；耐火性好，生产能耗较低。

普通混凝土的不足之处主要为自重大，比强度小，抗拉强度低，因此受拉时易产生脆裂；导热系数大，为红砖的两倍，故保温隔热性能较差；硬化较慢，生产周期长。

1.9.3 普通混凝土组成材料

普通混凝土是由水泥、水和天然砂、石组成，另外还常加入适量的掺合料和外加剂。

1. 混凝土组成材料的作用

在混凝土组成材料中，砂、石是骨料，对混凝土起骨架作用，其中颗粒的骨料填充大颗粒的空隙。水泥和水组成水泥浆，它包裹在所有粗、细骨料的表面并填充在骨料空隙中。在混凝土硬化前，水泥浆起润滑作用，赋予混凝土拌合物流动性，便于施工；在混凝土硬化后起胶结作用，把砂、石骨料胶结成整体，使混凝土产生强度，成为坚硬的人造石材。

2. 混凝土组成材料的技术要求

混凝土的质量和技术性质，在很大程度上是由原材料的性质及其相对含量所决定的，同时也与混凝土施工工艺(配料、搅拌、捣实成形、养护)有关，因此，首先必须了解混凝土原材料的性质、作用及质量要求，合理选择原材料，才能保证混凝土的质量，并降低成本。

(1) 水泥　水泥是混凝土中最重要的组分，合理选用水泥包括以下两方面的问题：

1) 水泥品种的选择。配制混凝土用的水泥品种，应根据混凝土工程性质与特点、工程所处环境与施工条件，按所掌握的各种水泥特性进行合理选择。

2) 水泥强度等级的选择。应当与混凝土的设计强度等级相适应，原则上是配制高强度等级的混凝土选用高强度等级的水泥，低强度等级的混凝土选用低强度等级的水泥。一般对普通混凝土以水泥强度为混凝土强度的 1.5 倍左右为宜，对于高强度的混凝土可取一倍左右。

(2) 骨料　混凝土用的骨料按其粒径大小分为细骨料和粗骨料两种，粒径为 0.16 ~ 5mm 的骨料称为细骨料，粒径大于 5mm 的称为粗骨料。通常在混凝土中，粗、细骨料的总体积要占混凝土体积的 70%~80%，因此骨料质量的优劣，对混凝土各项性质的影响很大。

1) 细骨料。混凝土的细骨料主要采用天然砂，有时也可用人工砂。天然砂是由天然岩石经长期风化等自然条件作用而形成，按其产源不同可分为河砂、湖砂、海砂及山砂等几种。河砂、湖砂和海砂颗粒表面比较圆滑而清洁，产源广，但海砂中常含有碎贝壳及盐类等有害杂质。山砂是岩体风化后在山间适当地形中堆积下来的岩石碎屑，其颗粒多具棱角，表面粗糙，砂中含泥量及有机杂质较多。相对比较河砂较为适用，故建筑工程中普遍采用河砂作为细骨料。我国标准规定，天然砂按其技术要求分为优品、一等品及合格品三等品。人工砂是将天然岩石轧碎而成，其颗粒富有棱角，比较洁净，但砂中片状颗粒及细粉含量较多，且成本较高，一般只有在当地缺少天然砂源时，才采用人工砂作细骨料。

混凝土用砂要求其砂粒质地坚实、清洁，有害杂质含量要少，不宜混有草根、树叶、树枝、塑料、煤块、煤渣等杂物，不能含有活性二氧化硅等物质，以免产生碱-骨料反应而导致混凝土破坏。具体的技术质量要求：合格品砂中含泥量(粒径小于 0.08mm 的黏土、淤泥与岩屑)小于等于 5.0%，黏土块含量(水浸后粒径大于 0.63mm 的块状黏土)小于 1.0%。

在配制混凝土时，要考虑砂的粗细程度和砂的颗粒级配。

① 砂的粗细程度：砂的粗细程度指不同粒径的砂粒混合在一起后的平均粗细程度。砂子通常分为粗砂、中砂、细砂和特细砂等几种。在配置混凝土时，相同用砂量条件下，采用细砂则其总表面积较大，而用粗砂其总表面积较小。砂的总表面积愈大，则在混凝土中需包裹砂粒表面的水泥浆愈多，当混凝土拌合物和易性要求一定时，显然用较粗的砂拌制混凝土

比用较细的砂所需的水泥浆量省。但若砂子过粗，易使混凝土拌合物产生离析、泌水等现象，影响混凝土的工作性。因此，用作配制混凝土的砂，不宜过细，也不宜过粗。

评定砂的粗细，通常用筛分析法。该法是用一套孔径为5.00mm、2.50mm、1.25mm、0.630mm、0.315mm、0.160mm的标准筛，将预先通过孔径为10.0mm筛的干砂试样500g由粗到细依次过筛，然后称量各筛上余留砂样的质量，计算出各筛上的“分计筛余百分率”和“累计筛余百分率”，见表1-15。

表1-15　累计筛余百分率与分计筛余百分率计算关系

筛孔尺寸/mm	分计筛余/g	分计筛余百分率(%)	累计筛余百分率(%)
5.00	m_1	$a_1=m_1/m$	$\beta_1=a_1$
2.50	m_2	$a_2=m_2/m$	$\beta_2=a_1+a_2$
1.25	m_3	$a_3=m_3/m$	$\beta_3=a_1+a_2+a_3$
0.630	m_4	$a_4=m_4/m$	$\beta_4=a_1+a_2+a_3+a_4$
0.315	m_5	$a_5=m_5/m$	$\beta_5=a_1+a_2+a_3+a_4+a_5$
0.160	m_6	$a_6=m_6/m$	$\beta_6=a_1+a_2+a_3+a_4+a_5+a_6$

砂的粗细程度，工程上常用细度模数μf表示，其计算公式为：

$$\mu f=\frac{(\beta_2+\beta_3+\beta_4+\beta_5+\beta_6)-5\beta_1}{100-\beta_1}$$

细度模数越大，表示砂越粗。细度模数在3.7～3.1为粗砂，在3.0～2.3为中砂，在2.2～1.6为细砂。普通混凝土用砂的细度模数范围在3.7～1.6，以中砂为宜。

② 砂的颗粒级配：砂的颗粒级配指砂中不同粒径颗粒的组配情况。如果砂的粒径相同，则其空隙很大，如图1-49a所示，在混凝土中填充砂子空隙的水泥浆用量就多；当用两种粒径的砂搭配起来，空隙就减少了，如图1-49b所示；而用三种粒径的砂组配，空隙就更少，如图1-49c所示。由此可见，当砂中含有较多的粗颗粒，并以适量的中颗粒及少量的细颗粒填充其空隙，即具有良好的颗粒级配，则可达到使砂的空隙率和总表面积均较小，这种砂是比较理想的。使用良好级配的砂，不仅所需水泥浆量较少，经济性好，而且还可提高混凝土的和易性、密度性和强度。

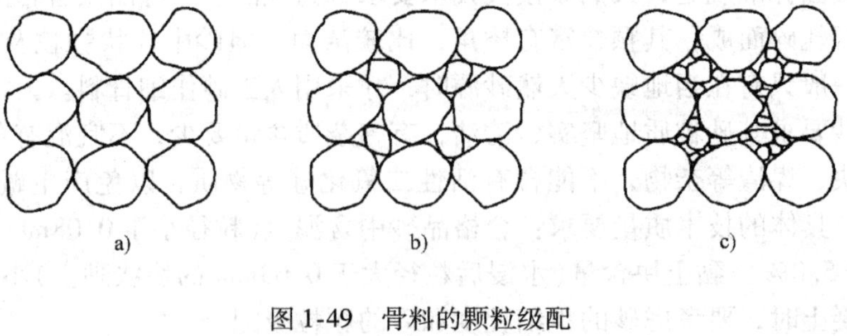

图1-49　骨料的颗粒级配

对细度模数为3.7～1.6之间的普通混凝土用砂，根据0.6mm筛的累计筛余百分率分成三个级配区(表1-16)。混凝土用砂的颗粒级配应处于三个级配区中的任一级配区。一般处于Ⅰ区的砂较粗，属于粗砂，Ⅲ区砂细颗粒多，Ⅱ区砂粗细适中，级配良好，拌制混凝土时宜优先选用。

表1-16　砂的颗粒级配

级配区	Ⅰ区	Ⅱ区	Ⅲ区
9.5	0	0	0
4.75	10～0	10～0	10～0
2.36	35～5	25～0	15～0
1.18	65～35	50～10	25～0
0.6	85～71	70～41	40～16
0.3	95～80	92～70	85～55
0.15	100～90	100～90	100～90

2）粗骨料。粗骨料常用碎石和卵石。碎石与卵石相比，表面比较粗糙、多棱角，表面积大、空隙率大，与水泥的粘结强度较高。粗骨料的颗粒级配按供应情况分为连续粒级和单粒级，判定级配好坏也是通过筛分法进行的。通常用最大粒径的大小表示粗骨料的粗细程度。粗骨料最大粒径增大时，骨料总表面积减少，可减少水泥浆用量，节约水泥，且有助于提高混凝土密实度，因此，当配制中等强度以下的混凝土时，尽量采用粒径大的粗骨料。但粗骨料的最大粒径，不得大于结构截面最小尺寸的1/4，并不得大于钢筋最小净距的3/4；对混凝土实心板，最大粒径不得大于板厚的1/2，并不得超过50mm。

（3）混凝土拌和及养护用水　凡能饮用的自来水及清洁的天然水都能用来养护和拌制混凝土。污水、酸性水、含硫酸盐超过1%的水均不得使用。海水可用来拌制素混凝土，但不得拌制钢筋混凝土和预应力钢筋混凝土，也不得拌制有饰面要求的混凝土。

1.9.4　普通混凝土的主要技术性质

混凝土是由各组成材料按一定比例拌和而成的，尚未凝结硬化的材料称为混凝土拌合物，硬化后的人造石材称为硬化混凝土。混凝土拌合物的主要性质是和易性，硬化混凝土的主要性质为强度、耐久性。

1. 和易性

和易性是指混凝土是否易于施工操作和均匀密实的一项综合性能，包括流动性、粘聚性和保水性三个方面。流动性指混凝土能够均匀密实地填满模型的性能。粘聚性指拌合物在运输及浇注过程中具有一定的粘性和稳定性，不会产生分离和离析现象，保持整体均匀的能力。粘聚性差的拌合物中的石子容易与砂浆分离，并出现分层现象，振实后的混凝土表面还会出现蜂窝、空洞等缺陷。保水性指拌合物具有一定水分不使泌出的能力。保水性差的拌合物易在混凝土内部形成泌水通道，降低混凝土的密实性和抗渗性，使强度和耐久性都受到不利影响。

影响和易性的因素有用水量，水灰比(一般在0.5～0.8)，砂率(指混凝土中砂的用量占砂、石总量的质量百分率)，水泥品种(如矿渣水泥的保水性较差)，骨料性质，时间和温度，外加剂等。

拌合物的和易性是用坍落度法和维勃稠度法测定。混凝土拌合物按照坍落度的大小有低塑性混凝土、塑性混凝土、流动性混凝土、大流动性混凝土四个级别。混凝土拌合物按照维勃稠度的大小分为超干硬性混凝土、特干硬性混凝土、干硬性混凝土、半干硬性混凝土四个级别。

2. 混凝土强度

（1）混凝土的抗压强度和强度等级　混凝土强度包括抗压、抗拉、抗弯和抗剪，其中以抗压强度为最高，所以混凝土主要用来抗压。按照国家规定，以边长为150mm的立方体试块，在标准养护条件下（温度为20℃左右，相对湿度大于90%）养护28d，测得的抗压强度值，称为立方抗压强度f_{cu}。

混凝土按强度分成若干强度等级，混凝土的强度等级是按立方体抗压强度标准值$f_{cu,k}$划分的。立方体抗压强度标准值是立方抗压强度总体分布中的一个值，强度低于该值得百分率不超过5%，即有95%的保证率。混凝土的强度分为C7.5、C10、C15、C20、C25、C30、C35、C40、C45、C50、C55、C60十二个等级。

（2）影响混凝土强度的因素

1）水泥强度和水灰比。混凝土强度主要决定于水泥石与粗骨料界面的黏结强度。而黏结强度又取决于水泥石强度。水泥石强度则取决于水泥强度和水灰比。在水泥强度相同的情况下，混凝土强度则随水灰比的增大有规律地降低。但水灰比也不是愈小愈好，当水灰比过小时，水泥浆过于干稠，混凝土不易被振密实，反而导致混凝土强度降低。

2）龄期。混凝土在正常情况下，强度随着龄期的增加而增长，最初的7~14d内较快，以后增长逐渐缓慢，28d后强度增长更慢，但可持续几十年。

3）养护温度和湿度。混凝土浇捣后，必须保持适当的温度和足够的湿度，使水泥充分水化，以保证混凝土强度的不断发展。一般规定，在自然养护时，对硅酸盐水泥、普通水泥、矿渣水泥配制的混凝土，浇水保湿养护日期不少于7d；火山灰水泥、粉煤灰水泥、掺有缓凝型外加剂或有抗渗性要求的混凝土，则不得少于14d。

（3）提高混凝土强度的措施　采用高标号水泥；采用干硬性混凝土拌合物；采用湿热处理：蒸汽养护和蒸压养护（蒸汽养护是在温度低于100℃的常压蒸汽中进行，一般混凝土经16~20h的蒸汽养护后，强度可达正常养护条件下28d强度的70%~80%；蒸压养护是在175℃的温度、8个大气压的蒸压釜内进行，在高温高压的条件下，提高混凝土强度）；改进施工工艺（加强搅拌和振捣，采用混凝土拌和用水磁化、混凝土裹石搅拌法等新技术）；加入外加剂，如加入减水剂和早强剂等，可提高混凝土强度。

3. 混凝土的耐久性

抗渗性、抗冻性、抗侵蚀性、抗炭化性以及防止碱—骨料反应等，统称为混凝土的耐久性。提高耐久性的主要措施为：选用适当品种的水泥；严格控制水灰比并保证足够的水泥用量；选用质量好的砂、石，严格控制骨料中的泥及有害杂质的含量；采用级配好的骨料；适当掺用减水剂和引气剂。在混凝土施工中，应搅拌均匀，振捣密实，加强养护等，以增强混凝土的密实性等措施。

1.9.5　普通混凝土配合比设计

普通混凝土配合比是指混凝土中水泥、粗细骨料和水等各项组成材料用量之间的比例关系。通常有两种表示方法：一种以每立方米混凝土中各材料的用量来表示，如水泥300kg，石子1260kg，水180kg；另一种是以各种材料相互间质量比来表示（以水泥质量为1），如水泥: 砂子: 石子: 水 =1: 2. 1: 4. 2: 0. 6。

混凝土配合比设计要满足混凝土结构设计的强度等级，施工时混凝土拌合物和易性要求，与使用环境相适应的耐久性要求，节约成本上的经济性要求四个方面。

在混凝土配合比中，水灰比、单位用水量、砂率值直接影响混凝土的技术性质和经济效益，是配合比的三个重要参数。混凝土配合比设计就是要正确确定这三个参数。混凝土配合比设计的步骤为：首先根据选定的原材料及配合比设计的基本要求，通过经验公式、经验表格进行“初步配合比”（确定配制强度→确定水灰比→确定单位用水量→计算混凝土的单位水泥用量→确定合理砂率→确定 $1m^3$ 混凝土的砂石用量）；在初步配合比的基础上，经试拌、检验、调整到和易性满足要求时，得出“基准配合比”；在实验室进行混凝土强度检验、复核，得出“设计配合比”；最后以现场原材料情况（如砂、石含水率等）修正设计配合比，得出“施工配合比”。

1.9.6 防水混凝土

普通混凝土往往由于不够密实，在有压力水作用下会造成透水现象，同时水的浸透将会加剧其溶出性等侵蚀，所以在经常受水压力作用的工程和构筑物，必须在表面制作防水层，例如使用水泥砂浆防水层、沥青防水层或金属防水层等。这些防水层不但施工复杂，而且成本高，如果能够提高混凝土本身的抗渗性能，达到防水要求，就可省去防水层。

防水混凝土是通过各种方法提高混凝土抗渗性能，以达到防水要求的一种混凝土，一般是通过改善混凝土组成材料质量、合理选择混凝土配合比和骨料级配以及掺加适量外加剂的方法，达到混凝土内部密实或堵塞混凝土内部毛细管通路，使混凝土具有较高的抗渗性能。

1. 普通防水混凝土

普通防水混凝土是依据提高砂浆密实性和增加混凝土的有效阻水截面的原理，采用较小的水灰比（不大于0.6），较高的水泥用量（不小于 $320kg/mm^3$）和砂率（不小于0.35），适宜的灰砂比（1:2 ~1:2.5）和使用自然级配等方法，改善砂浆质量，减少混凝土孔隙率，改变孔隙特征，使混凝土具有足够的防水性。

2. 骨料级配法防水混凝土

骨料级配法防水混凝土是将三种或三种以上不同级配的砂、石按照一定比例混合配制，使砂、石混合级配满足混凝土最大密实度的要求，提高抗渗性能，达到防水目的。

3. 外加剂防水混凝土

普通防水混凝土和骨料级配法防水混凝土，其水泥用量多不经济，另外骨料级配法对骨料要求严格往往不易满足。因此也广泛使用掺外加剂的方法改善混凝土内部结构，来提高抗渗性，常用的方法有：

1）加气剂：常用松香热聚物或由松香皂和氯化钙组成的复合加气剂。

2）密实剂：一般用氢氧化铁或氢氧化铝的溶液。

通常，对于防水混凝土的施工质量要求比普通混凝土严格。配料要准确，要用机械拌和、振捣器捣实，并要注意养护，浇水保湿不少于14d。

防水混凝土适用于园林给排水工程、水景工程以及水中假山基础等防水工程及地下水位较高的各种建筑基础工程。

1.10 砂浆

砂浆是由胶凝材料、细骨科、掺加料和水按适当比例配制而成的建筑材料。它与混凝土的主要区别是组成材料中没有粗骨料，因此砂浆又称为细骨料混凝土。砂浆按所用胶凝材料可分为水泥砂浆、混合砂浆、石灰砂浆、石膏砂浆及聚合物水泥砂浆等。按砂浆用途可分为砌筑砂浆(图1-50)、抹面砂浆(图1-51)、装饰砂浆及特种砂浆等。

图1-50 砌筑砂浆

图1-51 抹面砂浆

1.10.1 砌筑砂浆的识别与应用

将砖、石、砌块等粘结成为砌体的砂浆称为砌筑砂浆。它起着胶结块材和传递荷载的作用，是砌体的重要组成部分。

1. 砌筑砂浆的组成材料

砌筑砂浆常用的胶凝材料有水泥、石灰膏、建筑石膏等。胶凝材料的选用应根据砂浆的用途及使用环境决定，对于干燥环境中使用的砂浆，可选用气硬性胶凝材料，对处于潮湿环境或水中的砂浆，则必须用水硬性胶凝材料。配制砌筑砂浆时，水泥强度等级宜为砂浆强度的4~5倍。由于砂浆的强度要求并不高，因此一般采用32.5级水泥即可。为改善砂浆和易性，降低水泥用量，往往在水泥中掺入部分石灰膏、黏土膏或粉煤灰等，这样配制的砂浆称为水泥混合砂浆。

砂浆用细骨料主要为天然砂，应符合混凝土用砂的技术要求。砌筑毛石砌体用的砂最大粒径应小于砂浆层厚度的$\frac{1}{5}\sim\frac{1}{4}$，砖砌体用砂的最大粒径应不大于2.5mm。砂的含泥量不超过5%，强度等级为M2.5的水泥混合砂浆，砂的含泥量不应超过10%。

拌和砂浆用水与混凝土的要求相同，应选用无害杂质的洁净水来制砂浆。

为改善或提高砂浆的某些性能，更好地满足施工条件和使用功能的要求，可在砂浆中掺入一定种类的外加剂(引气剂、早强剂、缓凝剂、防冻剂等)。

2. 砌筑砂浆的技术性质

(1) 和易性　新拌砂浆应具有良好的和易性，砂浆的和易性包括流动性和保水性两方面的含义。流动性是指砂浆在自重或外力作用下产生流动的性质，也称为稠度。新拌砂浆保持其内部水分不泌出流失的能力称为保水性。

（2）强度和强度等级　砂浆以抗压强度作为其强度指标。标准试件尺寸为70.7mm×70.7mm×70.7mm，一组6块，标养至28d，测定其抗压强度平均值(MPa)。砌筑砂浆按抗压强度划分为M20，M15，M10，M7.5，M5.0，M2.5六个强度等级。砌筑砂浆的强度等级应根据工程类别及不同砌体部位选择。在一般建筑工程中，办公室、教学楼及多层商店等工程宜用M5.0～M10的砂浆；食堂、仓库、地下室及工业厂房等多用M2.5～M10的砂浆；检查井、雨水井、化粪池等可用M5.0砂浆。特别重要的砌体才使用M10以上的砂浆。

（3）粘结力　为保证砌体的强度、耐久性及抗震性等，要求砂浆与基层材料之间应有足够的粘结力。一般情况下，砂浆抗压强度越高，它与基层的粘结力也越强。同时，在粗糙、洁净、湿润的基面上，砂浆粘结力比较强。

3. 砌筑砂浆的选用

建筑常用的砌筑砂浆有水泥砂浆、混合砂浆和石灰砂浆等，工程中应根据砌体种类，砌体性质及所处环境条件等进行选用。通常，水泥砂浆用于片石基础、砖基础、一般地下构筑物、砖平拱、钢筋砖过梁、水塔、烟囱等；混合砂浆用于地面以上的承重和非承重的砖石砌体；石灰砂浆只能用于平房或临时性建筑。

1.10.2　抹面砂浆的识别与应用

抹面砂浆又称为抹灰砂浆，以薄层抹在建筑物表面，既可保护建筑物、增加建筑物的耐久性，又使其表面平整、光洁美观。抹灰砂浆比砌筑砂浆有更好的和易性，同时还要求抹灰砂浆能与底面很好地粘结。为了提高粘结力，抹面砂浆的胶凝材料(包括掺和料)的用量一般要比砌筑砂浆多。为了保证抹灰表面的平整，避免裂缝和脱落，施工应分两层或三层进行，各层抹灰要求不同，所用的砂浆也不同。

底层砂浆主要起与基层粘结作用。用于砖墙抹灰，多用石灰砂浆；有防水、防潮要求时用水泥砂浆；用于板条或板条顶棚的底层抹灰，多用混合砂浆或石灰砂浆；混凝土墙、梁、柱顶板等底层抹灰多用混合砂浆。

中层砂浆主要起找平作用，多用混合砂浆或石灰砂浆。

面层主要起装饰作用，多采用细砂配制的混合砂浆、麻刀石灰浆或纸筋石灰浆。

在容易碰撞或潮湿的地方应采用水泥砂浆；一般园林给排水工程中的水井等处可用1:2.5水泥砂浆。各种抹面砂浆配合比参考见表1-17。

表1-17　各种抹面砂浆配合比参考

材　料	配合比(体积比)	应用范围
石灰:砂	1:2～1:4	用于砖石墙面(檐口、勒脚、女儿墙及潮湿房间的墙除外)
石灰:黏土:砂	1:4:4～1:1:8	干燥环境的墙表面
石灰:水泥:砂	1:0.5:4.5～1:1:5	用于檐口、勒脚、女儿墙外脚处及比较潮湿的部位
水泥:砂	1:3～1:2.5	用于浴室、潮湿房子的墙裙、勒脚及比较潮湿的部位
水泥:砂	1:2～1:1.5	用于地面、天棚或墙面面层
水泥:砂	1:0.5～1:1	用于混凝土地面随时压光
水泥:白石子	1:2～1:1	用于水磨石(打底用1:2.5水泥砂浆)
水泥:白云灰:白石子	1:(0.5～1):(1.5～2)	用于水刷石(打底用1:0.5:3.5)
水泥:白石子	1:1.5	用于剁石(打底用1:2～2.5水泥砂浆)

1.10.3 防水砂浆的识别与应用

防水砂浆是指专门用作防水层的特种砂浆，它是在普通水泥砂浆中掺入防水剂配制而成的。其主要用于刚性防水层，这种刚性防水层仅用于不受震动和具有一定刚度的混凝土和砖石砌体工程，对于变形较大或可能发生不均匀沉陷的建筑物，都不宜采用刚性防水层。

为了达到高抗渗的目的，对防水砂浆的材料组成提出如下要求：应使用325号以上的普通水泥或微膨胀水泥，适当增加水泥用量；应选用级配良好的洁净中砂，灰砂比应控制在1∶2.5～1∶3.0范围内；水灰比应保持在0.5～0.55之间；掺入防水剂，一般是氯化物金属盐类或金属皂类防水剂，可使砂浆密实不透水。

氯化物金属盐类防水剂，主要有用氯化钙、氯化铝和水按一定比例配成的有色液体。其配合比大致为氯化铝∶氯化钙∶水＝1∶10∶11。掺加量一般为水泥质量的3%～5%，这种防水剂掺入水泥砂浆中，能在凝结硬化过程中生成不透水的复盐，起促进结构密实作用，从而提高砂浆抗渗性能。一般可用在园林刚性水池或地下构筑物的抗渗防水。

金属皂类防水剂是由硬酯酸、氨水、氢氧化钾（或碳酸钠）和水按一定比例混合加热皂化而成。这种防水剂主要是起填充微细孔隙和堵塞毛细管的作用，掺加量为水泥质量的3%左右。

1.10.4 装饰砂浆的识别与应用

装饰砂浆是指专门用于建筑物室内外表面装饰，以增加建筑物美观为主的砂浆。常以白水泥、彩色水泥、石膏、普通水泥、石灰等为胶凝材料，以白色、浅色或彩色的天然砂、大理石或花岗岩的石屑或特制的塑料色粒为骨料，还可利用矿物颜料调制多种色彩，再通过表面处理来达到不同要求的建筑艺术效果。

装饰砂浆饰面可分为两类：灰浆类饰面、石渣类饰面。灰浆类砂浆饰面是通过水泥砂浆的着色或表面形态的艺术加工来获得一定色彩、线条、纹理质感达到装饰目的一种方法，常用的做法有拉毛灰、甩毛灰、搓毛灰、扫毛灰（图1-52）、喷涂、滚涂、弹涂（图1-53）、拉条、假面砖、假大理石等。石渣类砂浆饰面是在水泥浆中掺入各种彩色石渣作骨料，制出水泥石渣浆抹于墙体基层表面，常用的做法有水刷石、斩假石、拉假石、干贴石、水磨石（图1-54）等。

图1-52 扫毛效果

图1-53 弹涂效果

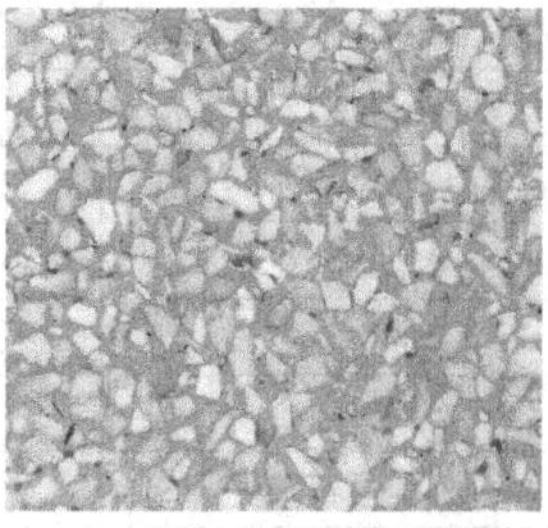

图1-54 水磨石

1.11　建筑防水材料

建筑物的屋面、基础以及水池等水工构筑物都须进行防水处理。工程上常用的防水材料有屋面瓦、金属或塑料屋面板，防水卷材、防水涂料、建筑密封材料等。此外用于刚性结构防水的还有防水混凝土和防水砂浆等材料。

1.11.1　坡屋面刚性防水材料的识别与应用

铺贴或直接安装在坡屋顶的覆面材料，主要有各种瓦和防水板材，起到排水和防水的作用。

1. 黏土瓦

以黏土为主要原料，加水搅拌后，经模压成形，再经干燥、焙烧而成，如图1-55所示。其原料和生产工艺与黏土砖相近，主要类型有平瓦、槽形瓦、波形瓦、鳞形瓦、小青瓦、用于屋脊处的脊瓦等。黏土瓦的规格尺寸为400mm×240mm～360mm×220mm，脊瓦的长度大于300mm，宽度大于180mm，高度为宽度的1/4。常用平瓦的单片尺寸为385mm×235mm×15mm，每平方米挂瓦16片，通常每片干重3kg。黏土瓦成本低，施工方便，防水可靠，耐久性好，是传统坡形屋面的防水材料。

2. 琉璃瓦

园林建筑和仿古建筑中常用到各种琉璃瓦（图1-56）或琉璃装饰制品。琉璃制品是以难熔黏土为原料，经配料、成形、干燥、素烧、表面施釉，再经釉烧而制成。常用的瓦类制品有板瓦、筒瓦、滴水、瓦底、勾头、脊筒瓦等。釉色主要有金黄、翠绿、浅棕、深棕、古铜、钴蓝等。琉璃瓦表面色泽绚丽光滑，古朴华贵。

图1-55　黏土瓦

图1-56　琉璃瓦

3. 混凝土瓦

混凝土瓦又称为水泥瓦，是用水泥和砂子为主要原料，经配料、模压成形，养护而成。其分为波形瓦、平瓦和脊瓦等，平瓦的规格尺寸为385mm×235mm×14mm；脊瓦长469mm，宽175mm；大波瓦尺寸为2800mm×994mm×6mm；中波瓦尺寸为1800mm×745mm×6mm；小波瓦尺寸为780mm×180mm×2（6）mm。波形瓦是以水泥和温石棉为原料，经过加水搅拌、压滤成形，养护而成的。其具有防水、防腐、耐热、耐寒、绝缘等性能。

4. 油毡瓦

油毡瓦又称为沥青瓦，是以玻璃纤维薄毡为胎料，用改性沥青为涂敷材料而制成的一种片状屋面材料，如图1-57所示。其表面通过着色或散布不同色彩的矿物粒料制成彩色油毡瓦。其特点是重量轻，可减少屋面自重，施工方便，具有相互粘结的功能，有很好的抗风能力，用于别墅、园林等处仿欧建筑的坡屋面防水工程。

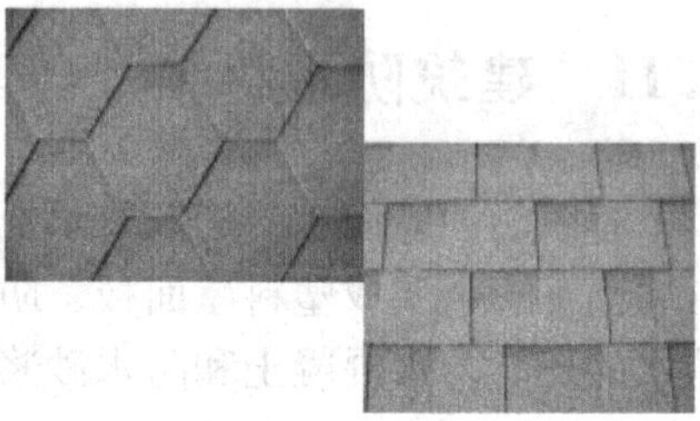

图 1-57　油毡瓦

5. 金属屋面板材

金属屋面板材自重轻、刚度大、幅面宽、施工安装方便。常见的金属屋面板有镀锌钢板、复合铝板、彩色涂层压型钢板、彩色夹芯复合钢板等屋面材料。水波纹瓦楞槽形的镀锌钢板用于不要求保温隔热的场所。彩色夹芯复合钢板具有良好的保温隔声效果，是大型场馆较理想的屋面材料。

1.11.2　防水卷材的识别与应用

防水卷材是建筑工程防水材料的主要品种之一，目前我国防水卷材是使用量最大的防水材料。防水卷材主要包括普通沥青防水卷材、改性沥青防水卷材和合成高分子防水卷材三个系列，如图 1-58、图 1-59、图 1-60 所示。

图 1-58　SBS 沥青防水卷材

图 1-59　聚氯乙烯防水卷材

图 1-60　防水土工布

1. 普通沥青防水卷材

普通沥青防水卷材俗称油毡，是指用原纸、纤维织物、纤维毡等胎体材料浸涂沥青，表面撒布粉状、粒状或片状材料制成可卷曲的片状防水材料。常用沥青防水卷材的特点及适用范围见表 1-18。

表 1-18　常用沥青防水卷材的特点及适用范围

卷材名称	特点	适用范围
石油沥青纸胎油毡	传统的防水材料，低温柔韧性差，防水层耐用年限较短，但价格较低	三毡四油、二毡三油叠层设的屋面工程
玻璃布胎沥青油毡	抗拉强度高，胎体不易腐烂，材料柔韧性好，耐久性比纸胎提高一倍以上	多用作纸胎油毡的增强附加层和突出部位的防水层
玻纤毡胎沥青油毡	具有良好的耐水性、耐腐蚀性和耐久性，柔韧性也优于纸胎沥青油毡	常用作屋面或地下防水工程
黄麻胎沥青油毡	抗拉强度高，耐水性好，但胎体材料易腐烂	常用作屋面增强附加层
铝箔胎沥青油毡	有很高的阻隔蒸汽的渗透能力，防水功能好，具有一定的抗拉强度	与带孔玻纤毡配合或单独使用，宜用于隔气层

2. 改性沥青防水卷材

改性沥青防水卷材是以合成高分子聚合物改性沥青为涂盖层，纤维织物或纤维毡为胎

体，粉状、片状、粒状或薄膜材料为覆盖层材料制成可卷曲的片状防水材料。改性沥青防水卷材改善了普通沥青防水卷材温度稳定性差、延伸率小等缺点，具有高温不流淌、低温不脆裂、拉伸强度较高、延伸率较大等特点。该类防水卷材按厚度分为2mm、3mm、4mm、5mm等规格。常见高聚物改性沥青防水卷材的特点和使用范围见表1-19。

表1-19 常见高聚物改性沥青防水卷材的特点和使用范围

卷材名称	特点	适用范围
弹性SBS改性沥青防水卷材	耐高、低温性能明显提高，卷材的弹性和耐疲劳性明显改善	单层铺设的屋面防水工程或复合使用，适合于寒冷地区和结构变形频繁的建筑
塑性APP改性沥青防水卷材	具有良好的强度、延伸性、耐热性、耐紫外线照射及耐老化性能	单层铺设，适合于紫外线辐射强烈及炎热地区屋面使用
聚氯乙烯改性焦油沥青防水卷材	有良好的耐热及耐低温性能，最低开卷温度为−18℃	有利于在冬季负温度下施工
再生胶改性沥青防水卷材	有一定的延伸性，且低温柔性较好，有一定的防腐蚀能力，价格低廉属于低档防水卷材	变形较大或档次较低的防水工程

3. 合成高分子防水卷材

合成高分子防水卷材是指以合成橡胶、合成树脂或两者共混体为基料，加入适量的化学助剂和填充料等，经混炼压延或挤出等工序加工而成的防水材料。合成高分子防水卷材具有高弹性、高延伸性、良好的耐老化性、耐高温性和耐低温性等多方面的优点，已成为新型防水材料发展的主导方向。常见合成高分子防水卷材的特点和使用范围见表1-20。

表1-20 常见合成高分子防水卷材的特点和使用范围

卷材名称	特点	适用范围
聚氯乙烯防水卷材	具有良好的耐候、耐臭氧、耐热老化、耐油、耐化学腐蚀及抗撕裂性能	单层或复合使用宜用于紫外线强的炎热地区
氯化聚乙烯防水卷材	具有较高的拉伸和撕裂强度，延伸率较大，耐老化性能好，原材料丰富，价格便宜，容易粘结	单层或复合使用外露或有保护层的防水工程
三元乙丙橡胶防水卷材	防水性能优异，耐候性好，耐臭氧性、耐化学腐蚀性、弹性和抗拉强度大，对基层变形开裂的使用性强，重量轻，使用温度范围宽，寿命长，但价格高，粘结材料尚需配套完善	防水要求较高，防水层耐用年限长的工程，单层或复合使用
三元丁橡胶防水卷材	有较好的耐候性、耐油性、抗拉强度和延伸率，耐低温性能稍低于三元乙丙橡胶防水卷材	单层或复合使用于要求较高的防水工程
氯化聚乙烯一橡胶共混防水卷材	不但具有氯化聚乙烯特有的高强度和优异的耐臭氧、耐老化性能，而且具有橡胶所特有的高弹性、高延伸性以及良好的低温柔性	单层或复合使用，尤宜用于寒冷地区或变形较大的防水工程

1.11.3 防水涂料的识别与应用

防水涂料是以高分子材料为主体，在常温下呈无定形液态，经涂布能在结构物表面固化形成具有相当厚度并有一定弹性的防水膜的物料总称。

防水涂料固化前呈粘稠状液态，不仅能在水平面施工，而且能在立面、阴角、阳角等复杂表面施工。因而，特别适合于各种复杂、不规则部位的防水，能形成无接缝的完整防水膜。防水涂料大多采用冷施工，既减少了环境污染，又便于施工操作，改善工作环境。此外，涂布的防水涂料既是防水层的主体，又是粘结剂，因而施工质量容易保证，维修也较简单。尤其是对于基层裂缝、施工缝、雨水斗及贯穿管周围等一些容易造成渗漏的部位，极易进行增强涂刷、贴布等作业。施工时，防水涂料须采用刷子、刮板等逐层涂刷或涂刮，故防水膜的厚度很难做到像防水卷材那样均匀。因此，防水涂料广泛适用于工业与民用建筑的屋面防水工程、地下室防水工程和地面防潮、防渗等。

防水涂料按主要成膜物质可分为沥青类、改性沥青类、合成高分子类和聚合物水泥等。

1. 沥青类防水涂料

沥青类防水涂料是以沥青为基料配制而成的水乳型或溶剂型防水涂料。乳化沥青的储存期不能过长(一般三个月左右)，否则容易引起凝聚分层而变质。储存温度不得低于零度，不宜在 -5℃以下施工，以免水结冰而破坏防水层，也不宜在夏季烈日下施工，因表面水分蒸发过快而成膜，膜内水分蒸发不出而产生气泡。乳化沥青主要适用于防水等级较低的建筑屋面、混凝土地下室和卫生间防水、防潮；粘贴玻璃纤维毡片(或布)作屋面防水层；拌制冷用沥青砂浆和混凝土铺筑路面等。常用品种是石灰膏沥青、水性石棉沥青防水材料等。

2. 改性沥青类防水涂料

改性沥青类防水涂料指以沥青为基料，用合成高分子聚合物进行改性，制成的水乳型或溶剂型防水涂料。改性沥青类防水涂料在柔韧性、抗裂性、拉伸强度、耐高低温性能、使用寿命等方面比沥青类涂料都有很大改善。这类涂料常用产品有氯丁橡胶沥青防水涂料、水乳型橡胶沥青防水涂料、APP 改性沥青防水涂料、SBS 改性沥青防水涂料等。这类涂料广泛应用于各级屋面和地下以及卫生间等的防水工程。

3. 合成高分子类防水涂料

合成高分子防水涂料指以合成橡胶或合成树脂为主要成膜物质制成的单组分或多组分的防水涂料。这类涂料具有高弹性、高耐久性及优良的耐高低温性能。常用产品有聚氨酯防水涂料、丙烯酸酯防水涂料、环氧树脂防水涂料、有机硅防水涂料等。其适用于高防水等级的屋面、地下室、水池及卫生间的防水工程。

1.11.4 建筑密封材料的识别与应用

密封材料是嵌入建筑接缝中，能承受接缝位移以达到气密、水密目的的材料。密封材料具有良好的粘结性、弹塑性、耐老化和对温度变化的适应性，能长期经受被粘构件的收缩变形以及振动而不失去密封性能。按材料组成可分为改性石油沥青密封材料和合成高分子密封材料两大类。目前常用的密封材料类型和适用范围见表 1-21。

表 1-21 目前常用的密封材料类型和适用范围

类　型	适 用 范 围
沥青嵌缝油膏	主要作为屋面、墙面沟和槽的防水嵌缝
聚氯乙烯接缝膏	用于各种屋面嵌缝或表面涂布作为防水层，或用于水渠、管道等接缝
丙烯酸酯密封膏	用于屋面、墙板、门、窗嵌缝，耐水性差，不宜用于经常泡在水中的工程
硅酮密封膏	F 类为建筑接缝，用于预制混凝土墙板、水泥板、大理石板的外墙接缝，混凝土和金属框架的粘结，卫生间和公路接缝的防水密封等；G 类为镶装用密封膏，用于玻璃和建筑门、窗的密封

1.12　建筑涂料、塑料

1.12.1　建筑涂料的识别与应用

建筑涂料是指涂刷于建筑物表面，能与基体材料很好粘结，形成完整而紧韧的保护膜的一类物质，如图1-61、图1-62、图1-63所示。

图1-61　建筑外墙涂料

图1-62　溶剂型环氧漆

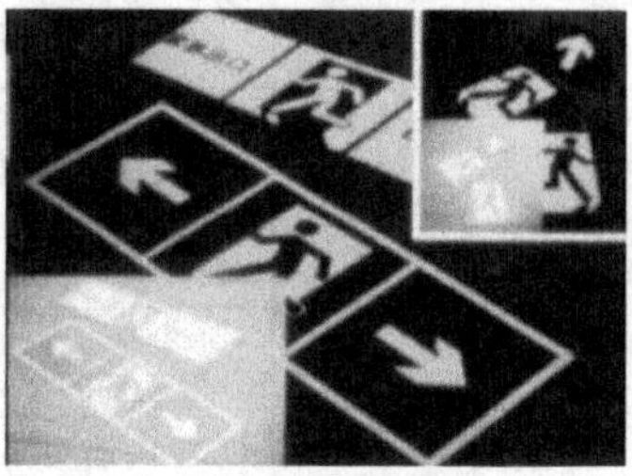

图1-63　隐形变色发光涂料

1. 涂料的组成

涂料的组成成分按所起的作用分为主要成膜物质、次要成膜物质、溶剂和助剂四部分。主要成膜物质指胶粘剂或固着剂，是决定涂料性质的最主要组分，多属于高分子化合物或成膜后能形成高分子化合物的有机物质。次要成膜物质主要包括颜料和填充料，颜料增加涂料的色彩和机械强度，填充料是一些白色粉末状的无机物质。溶剂又称为稀释剂，是能挥发的液体，具有溶解成膜物质的能力，可降低涂料的黏度，常用的有石油溶剂、煤焦溶剂、酯类、醇类等。助剂能改善涂料的性能，如干燥时间、柔韧性、抗氧化、抗紫外线作用等，常用的有催干剂、增塑剂、固化剂、防污剂、润滑剂等。

2. 涂料的分类

按使用部位可分为外墙涂料、内墙涂料、地面涂料、顶棚涂料等。按使用功能可分为防火涂料、防水涂料、防霉涂料等。按所用的溶剂可分为溶剂型涂料和水溶性涂料。按主要成膜物质的化学组成可分为有机高分子涂料、无机高分子涂料和复合高分子涂料。

（1）有机涂料

1）溶剂型涂料。其优点是涂膜细腻而紧韧，并且有一定耐水性和耐老化性。但易燃、挥发后对人体有害，污染环境，在潮湿基层上施工容易起皮、剥落，且价格较贵。

2）水溶性涂料。无毒、不易燃，价格便宜，有一定透气性，施工时对基层的干燥度要求不高，但耐水性、耐候性和耐擦洗性较差，只用于内墙装饰。

3）乳液型涂料。乳液型涂料又称为乳胶漆，价格比较便宜、不易燃、无毒，有一定透气性，耐水性、耐擦洗性较好。涂刷时不要求基层很干燥，可做内外墙建筑涂料，是今后建筑涂料发展的主流。

（2）无机涂料　其优点在于资源丰富，工艺简单，价格便宜，对环境污染程度低；粘结力高，遮盖力强，对基层处理的要求较低，耐久性好，色彩丰富；耐刷洗，耐热性好，无毒、不燃。

（3）无机—有机复合涂料　可使有机、无机涂料发挥各自的优势，取长补短，对于降低成本，改善性能，适应新要求提供一条有效途径。

3. 常用的建筑涂料

1）内墙涂料和顶棚涂料的常见类型、特点和适用范围见表1-22。

表1-22　内墙涂料和顶棚涂料的常见类型、特点和适用范围

涂料类型	主要品种	特点	适用范围
溶剂型内墙涂料	过氯乙烯墙面涂料 氯化橡胶墙面涂料 丙烯酸酯墙面涂料	透气性差、容易结霜，但光泽度好、易冲洗、耐久性好	用于厅、走廊处
水溶性内墙涂料	聚乙烯醇水玻璃涂料（106内墙涂料）	配制简单，无毒无味，不易燃，涂膜干燥快、粘结力强、表面光滑，但耐擦洗性能差，易起粉脱落	用于民用及公用建筑内墙装饰
	聚乙烯醇缩甲醛涂料（803内墙涂料）	无毒无味，干燥快、遮盖力强，涂膜光滑平整，耐湿、耐擦洗性好，粘结力较强	可涂刷于混凝土、纸筋石灰及灰泥墙面，用于民用及公用建筑内墙装饰
合成树脂乳液内墙涂料——内墙乳胶漆	聚醋酸乙烯乳胶漆	无毒不燃，涂膜细腻平滑，色彩鲜艳、透气性好，价格较低，但耐水性、耐候性差	适合内墙装饰，不宜用于外墙
	乙丙乳胶漆	耐水性、耐碱性强	属于高档内墙装饰涂料
多彩花纹内墙涂料		涂层色泽优雅，质地较厚，弹性、整体性、耐久性好，富有立体感	属于中高档内墙装饰用涂料
隐形变色发光涂料		隐形、变色、发光，呈现各种色彩和美丽的花型图案	用于舞厅墙面、广告、舞台布景等
仿瓷涂料		附着力强，漆膜平整，坚硬光亮，有陶瓷的光泽感、耐水性和耐腐蚀性好	用于厨房、卫生间、医院、餐厅等场所墙面
彩砂涂料		无毒、不燃、附着力强、保色性及耐候性好，耐水、耐腐蚀、色彩丰富，表面有较强的立体感	适用各种场所的室内外墙面
刷浆涂料	石灰浆、大白浆、可赛银		简易的粉刷涂料

2）外墙涂料应有装饰性强、耐水性和耐候性好、耐污染性强、易于清洗等特点，其常见类型、特点和适用范围见表1-23。

表1-23　外墙涂料的常见类型、特点和适用范围

涂料类型	主要品种	特点	适用范围
溶剂型外墙涂料	氯化橡胶外墙涂料	能在－20～50℃环境温度进行施工，有良好的耐碱性、耐水性、耐腐蚀性，有一定防霉功能	可在水泥、混凝土和钢材表面涂饰，可直接在干燥清洁的水泥砂浆表面、旧涂膜上涂饰
	丙烯酸酯外墙涂料	耐候性好，不易变色、粉化、脱落，但易燃、有毒	常用外墙涂料

（续）

涂料类型	主要品种	特点	适用范围
乳液型外墙涂料	乙丙涂料	以水为溶剂、安全无毒，涂膜干燥快，耐候性、耐腐蚀性和保光保色性良好	用于中低档建筑外墙涂料
	水乳型环氧树脂外墙涂料	以水为分散剂，无毒无味，与基体粘结力较高，膜层不易脱落	
	合成树脂乳液砂壁状涂料	俗称仿石漆、真石漆，在建筑物表面能形成具有天然花岗岩或大理石质感的厚质涂层	高档外墙涂料，现大量用于商品住宅、公用建筑外墙
硅酸盐无机涂料	碱金属硅酸盐系外墙涂料	耐水性、耐老化性较好，有一定防火性，无毒无味，耐腐蚀、抗冻性较好	在我国外墙涂料中占的比例较少，常用于有防火要求的地下车库墙面等
	硅溶胶外墙涂料	以水为分散剂，无毒无味、遮盖力强，耐污性强，与基层有较强黏结力	
石灰浆	—	由石灰膏稀释成	简易的粉刷涂料
聚合物水泥涂料	聚乙烯醇缩甲醛水泥涂料		

3）其他装饰涂料。

① 防锈漆：对金属等物体进行防锈处理的涂料，在物体表面形成一层保护层。其分为油性防锈漆和树脂防锈漆两种。

② 清油：清油又称为熟油，以亚麻油等干性油加部分半干性植物油制成的浅黄色粘稠液体。一般用于厚漆和防锈漆，也可单独使用。清油能在改变木材颜色基础上保持木材原有花纹，一般主要做木制家具底漆。

③ 清漆：俗称凡立水，一种不含颜料的透明涂料，多用于木器家具涂饰。

④ 厚漆：厚漆又称为铅油，是采用颜料与干性油混合研磨而成，需加清油溶剂。厚漆遮覆力强，与面漆粘结性好，用于涂刷面漆前打底，也可单独作面层涂刷。

1.12.2　建筑塑料的识别与应用

塑料是指以合成树脂或天然树脂为主要基料，加入其他添加剂后，在一定条件下经混炼、塑化、成形，且在常温下能保持成品形状不变的材料。塑料具有表观密度小，比强度大，加工性能好，耐腐蚀性好，电绝缘性好，导热性低，富有装饰性，功能的可设计性，还具有减振、吸声、耐光等优点；但存在弹性模量小、刚度小、变形大、易老化、易燃、热伸缩性大、成本高等缺点。

1. 塑料的组成

塑料分为单组分的和多组分的，单组分塑料仅含合成树脂。合成树脂简称树脂，是塑料中最主要的组分，在塑料中起胶结作用。塑料的主要性质取决于所采用的树脂。单一组分塑料中含100%树脂，多组分塑料中树脂含量30%~70%。为改善性能、降低成本，多数塑料还含有填充料、增塑剂、硬化剂、着色剂等，故大多数塑料是多组分的。

2. 塑料的分类

通常按树脂的合成方法可分为聚合物塑料和缩聚物塑料。按受热时塑料所发生的变化不同可分为热塑性塑料和热固性塑料。热塑性塑料加热时具有一定流动性，可加工成各种形状，其包括全部聚合物塑料、部分缩聚物塑料。热固性塑料加热后会发生化学反应，质地坚硬失去可塑性，其包括大部分缩聚物塑料。

3. 常用的建筑塑料及其制品

（1）热塑性塑料

1）聚乙烯塑料(PE)：主要用于防水、防潮材料和绝缘材料等。

2）聚氯乙烯塑料(PVC)：硬质聚氯乙烯塑料具有强度高、抗腐蚀性强、耐风化性能好等特点，可用于百叶窗、天窗、屋面采光板、水管、排水管等，制成泡沫塑料做隔声保温材料等。软质聚氯乙烯塑料材质较软，耐摩擦，具有一定弹性，易加工成形，可挤压成板、片、型材作地面材料等。

3）聚苯乙烯塑料(PS)：用于生产水箱、泡沫隔热材料、灯具、发光平顶板等。

4）聚丙烯塑料(PP)：用于生产管材、卫生洁具等建筑制品。

5）聚甲基丙烯酸甲酯(PMMA)有机玻璃：是透光性最好的一种塑料。制作有机玻璃、板材、管件、室内隔断等。

（2）热固性塑料

1）酚醛塑料(PF)：用于生产各种层压板、玻璃钢制品、涂料和胶粘剂等。

2）聚酯树脂：分为不饱和聚酯树脂和饱和聚酯树脂(线型聚酯)。不饱和聚酯树脂用于生产玻璃钢、涂料和聚酯装饰板等。饱和聚酯树脂用来制成纤维或绝缘薄膜材料等。

3）玻璃纤维增强塑料(玻璃钢)：由合成树脂胶结玻璃纤维制品而制成的一种轻质高强的塑料，一般采用热固性树脂为胶结材料，使用最多的是不饱和聚酯树脂，作为结构和采光材料使用。

（3）常用的建筑塑料制品

1）塑料门窗：全塑料门窗、喷塑钢门窗、塑钢门窗。不需要粉刷油漆，维修保养方便。塑钢是以聚氯乙烯(PVC)树脂为主要原料经挤出成型材。

2）塑料管件及管材：按用途分为受压管和无压管，按主要原料分聚氯乙烯管、聚乙烯管、聚丙烯管、玻璃钢管等，用于建筑排水管、给水管、雨水管、电线穿线管、天然气输送管等。

3）塑料装饰板。

① 硬质PVC板材：平板、波形板、格子板、异型板等，不透明PVC波形板可用于外墙装饰。

② 防火板：又称塑料贴面板，是由表层纸、色纸、多层牛皮纸构成。表层纸和色纸经过三聚氰氨树脂浸染。防火板用于室内外的门面、墙裙、包柱、家具等处的贴面装饰。

③ 覆塑装饰板：以塑料贴面板或塑料薄膜为面层以胶合板等为基层采用胶粘剂热压而成。有覆塑胶合板、覆塑中密度纤维板、覆塑刨花板。覆塑装饰板用于建筑内装修及家具。

④ 塑料壁纸：以纸或其他材料为基材，表面进行涂塑后，再经印花、压花或发泡处理

等工艺制成的墙面装饰材料。其装饰效果好，粘贴方便。

⑤ 铝塑板：铝塑板又称为铝塑复合板，上下层为高纯度铝合金板，中间为低密度聚乙烯芯板，是复合一体的新型墙面装饰材料。其具有轻质高强，优异的光洁度，易清洗，良好的加工性等优点。

⑥ 塑料地板：有PVC塑料地板(图1-64)、石棉塑料地板、软质PVC地卷材、CPE地卷材等。其具有质轻、耐磨、防潮、有弹性、易清洁等优点，广泛用于室内地面装饰。

⑦ 阳光板(图1-65)：采用聚碳酸酯合成着色剂开发的一种新型室外顶棚材料，有中空板和实心板两类，中空板一般中心成条状气孔。其具有透明度高、质轻、抗冲击、隔声、难燃等特点。

图1-64　PVC塑料地板

图1-65　阳光板

本章小结

1）园林工程基本建筑材料是指构成园林建筑物或构筑物的基础、梁、板、柱、墙体、屋面、地面以及室内外景观装饰工程所用的材料。基本建筑材料通常按照化学成分不同进行分类，可分为无机材料、有机材料和复合材料三大类。

2）建筑材料的物理性质包括与质量有关的性质：密度、表观密度、堆密度、密实度、空隙率、填充率、孔隙率等；与水有关的性质：亲水性、吸水性、耐水性、抗渗性、抗冻性等；与热有关的性质：导热性、热容量、比热、温度变形性等。建筑材料的基本力学性质包括：材料的强度、弹性与塑性、脆性和韧性、硬度和耐磨性等。

3）砖石材料指砌墙砖、天然石材和人造石材。砌墙砖按照生产工艺分为烧结砖和非烧结砖；按照孔洞率的大小，分为实心砖、多孔砖和空心砖。天然石材根据用途可分为砌筑用石材和饰面石材。用于建筑表面装饰和保护作用的石材主要有大理石和花岗岩。石材表面的加工方法常有抛光、亚光、烧毛、机刨纹理、剁斧、喷砂等方法。人造饰面石材属于水泥混凝土或聚酯混凝土的范畴。按其所用材料不同，通常有四类：树脂型、水泥型、复合型、烧结型。

4）建筑釉面陶瓷制品包括釉面内墙砖、陶瓷墙地砖、陶瓷锦砖。

5）玻璃是既能有效的利用透光性，又能调节、分隔空间的唯一材料。玻璃制品的主要品种有普通平板玻璃、装饰平板玻璃、安全玻璃、保温绝热玻璃等。

6）金属材料通常分为黑色金属和有色金属两大类。黑色金属主要指铁、铁合金、铬和锰。常用建筑钢材有碳素结构钢、低合金结构钢、热轧钢筋、低碳热轧圆盘条、冷拉钢筋、钢丝、钢绞线、型钢等。园林工程中所用的钢材包括各种型钢、钢板和钢筋混凝土中的各种钢筋与钢丝。

7）木材具有轻质高强、弹性和韧性好、耐冲击和振动，保温性好、易着色和油漆、装饰性好、易加工等特点。木材用于各种承重构件和门窗、地面和装饰工程、制作家具、胶合板等。木材常用类型有胶合板、纤维板、刨花板 、细木工板、木地板、木骨架、木线条等。

8）胶凝材料通常分为有机胶凝材料和无机胶凝材料。无机胶凝材料又可分为气硬性胶凝材料和水硬性胶凝材料。气硬性胶凝材料有石灰、石膏、水玻璃等；水硬性胶凝材料有各种水泥。硅酸盐系列水泥应用最广，主要类型有硅酸盐水泥、普通水泥、矿渣水泥、火山灰水泥、粉煤灰水泥。

9）混凝土是由胶凝材料、骨料和水(或不加水)按适当的比例配合、拌和制成混合物，经一定时间后硬化而成的人造石材。按表观密度分为普通混凝土、轻混凝土、重混凝土三类。

10）砂浆是由胶凝材料、细骨科、掺加料和水按适当比例配制而成的建筑材料。按砂浆用途可分为砌筑砂浆，抹面砂浆，装饰砂浆及特种砂浆等。

11）工程上常用的防水材料有屋面瓦、金属或塑料屋面板，防水卷材、防水涂料、建筑密封材料等。此外，用于刚性结构防水的还有防水混凝土和防水砂浆等材料。

12）建筑涂料是指涂刷于建筑物表面，能与基体材料很好粘结，形成完整而紧韧的保护膜的一类物质。按使用部位可分为外墙涂料、内墙涂料、地面涂料、顶棚涂料等。

13）塑料具有表观密度小，比强度大，加工性能好，耐腐蚀性好，电绝缘性好，导热性低，富有装饰性等优点。常用的建筑塑料制品有塑料门窗、塑料管件及管材、塑料装饰板等。

复习思考题

1-1　建筑材料按化学成分可以分为哪些类型？各类型举出三种材料种类。

1-2　什么是材料的密度、表观密度和堆密度？如何计算？

1-3　什么是材料的强度？材料的等级是怎样划分的？

1-4　天然大理石有哪些常用品种？天然花岗岩有哪些常用品种？这些品种有什么特点？

1-5　石材表面的加工常有哪些方法？各有什么特点？

1-6　建筑陶瓷分哪几类？常用建筑陶瓷制品各有何特点？

1-7　常用建筑玻璃有哪些特性？各主要用于建筑物哪些部位？

1-8　常用的人造板材有哪些？其特点、用途如何？

1-9　石灰的技术性质和应用如何？

1-10　建筑石膏的主要成分是什么？建筑石膏有哪些特性及用途？

1-11　硅酸盐水泥有哪些特性？主要适用于哪些工程？

1-12　普通混凝土的组成材料有哪几种？

1-13　装饰砂浆饰面常有哪些做法？

1-14　工程上常用的防水材料有哪些？用于坡屋面刚性防水材料有哪些类型？

1-15　热塑性塑料有什么特性？有哪些材料类型？各类型有什么特点？用途怎样？

第2章

园林假山与石景工程材料的识别与应用

学习目标

通过本章的学习，掌握园林假山与石景工程中常用构筑材料种类的识别。熟悉园林假山与石景工程中不同部位构造对材料的要求，并能进行合理选用，了解工程中构筑材料的基本性能。

假山是由人工构筑的仿自然山形的土石砌体，是一种仿造的山地环境(图2-1)。假山的类型从堆山的主要材料来分有土山、土石山、石山和塑山四种类型。而石景是不具备山形，但以奇特的怪石形状为审美特征的石质观赏品(图2-2)。

图2-1　园林假山

图2-2　石景与雕塑(宁波)

2.1　假山与石景材料

2.1.1　常用石材的识别

1. 湖石类

湖石因其产于湖泊而得名。湖石从质地与颜色来分有两种：一种产于湖中，是湖相沉积的粉沙岩，颜色浅灰中泛出白色，色调丰润柔和；另一种产于石灰岩地区的山坡、土中或河流岸边，是石灰岩经地表水风化溶蚀而生成的，其颜色多为青灰色或黑灰色，质地坚硬。湖石由于水的冲击和溶蚀作用，被塑造成为具有许多穴、窝、坑、环、沟、孔、洞的变异极大的石形，其外形圆润、柔曲，其石内玲珑剔透，断裂之处则呈尖月或扇形。湖石的这些形态，决定了它特别适于用作特置的单峰石和环透式假山。清代以来公认的四大园林名石（太湖石、英石、灵璧石、黄蜡石）中多为湖石。

湖石在我国分布很广，只不过在不同的地方和不同的环境中生成的湖石其色泽、纹理、质地和形态方面有些差别。常见的湖石类山石有太湖石、房山石、仲宫石、英德石、灵璧石、宣石等。

（1）太湖石（图2-3、图2-4） 太湖石原产于苏州所属太湖中的西洞庭山，在江南园林中运用最为普遍，是历史上开发较早的一类山石。古代从帝王宫苑到私人宅园多以太湖石炫耀家门，我国历史上著名的宋代寿山艮岳收集的奇石就多为太湖石。“皱、漏、透、瘦”为其主要审美特征。

图2-3 苏州留园冠云峰（太湖石）

图2-4 上海豫园玉玲珑（太湖石）

太湖石质坚而脆，属于石灰岩，多为灰色，少见白色、黑色。石灰岩长期经受波浪的冲击以及含有二氧化碳的水的溶蚀，其纹理纵横、脉络显隐。石面上遍多坳坎，称为“弹子窝”，扣之有微声。还很自然地形成沟、缝、穴、洞，有时窝洞相套，玲珑剔透，如天然的雕塑品，观赏价值比较高。因此常选其中形体险怪，嵌空穿眼者作为特置石峰。

太湖石在水中和土中皆有所产。产于水中的太湖石色泽于浅灰中露白色，比较丰润、光洁，也有青灰色的，具有较大的皱纹而少有细的褶皱。产于土中的湖石于灰色中带青灰色，性质比较枯涩而少有光泽，遍多细纹，好像大象的皮肤一样，也称其为“象皮青”。太湖石大多是从整体岩层中选择开采出来的，其靠山面必有人工采凿的痕迹。

江南其他湖泊区也有出产，和太湖石相近的有宜兴石（即宜兴张公洞、善卷洞一带山中）、南京附近的龙潭石和青龙山石。

（2）房山石（图2-5）　房山石原产于北京房山县大灰厂一带山中，称为“北太湖石”。房山石是石灰岩质地，坚硬，重量大，有一定韧性。石形像太湖石一样具有涡、穴、沟、环、洞的变化，但多密集小孔而少大洞，外观比较浑厚、稳实。新采的山石带有泥土的红色，日久则石面带灰黑色。

（3）仲宫石（图2-6）　仲宫石原产于山东济南一带。仲宫石是石灰岩质地，青灰色，质重、坚硬，少洞穴、多竖纹、形体顽劣雄浑，色似“象皮青”而细纹不多。如济南趵突泉、黑虎泉的假山都用该石材。

图2-5　北京北海公园青芝釉（房山石）

图2-6　济南趵突泉假山（仲宫石）

（4）英德石（英石）（图2-7）　英德石原产于广东英德市。英石是石灰岩碎块被雨水淋溶和埋在土中被地下水溶蚀所生成的，质地坚硬、脆性较大。石形轮廓多转角，石面形状有巢状、绉状等，绉状中又分大绉和小绉，以玲珑精巧者为佳。淡青灰色，有的间有白脉笼络。英石多为中、小形体。由于色泽的差异，英石可分为白英、灰英和黑英。灰英居多，白英和黑英罕见。岭南园林中常用英石掇山和作几案石品和盆景用石。

（5）灵璧石（图2-8）　灵璧石原产于安徽省灵璧县。石产土中，被赤泥渍满，需刮洗方显本色，其石中灰色而甚为清润，质地亦脆，用手弹有共鸣声，石面有坳坎的变化，石形千变万化，但其很少有宛转回折之势，需用人工以全其美。这种山石可掇山石小品，更多的情

图2-7　杭州绉云峰（英德石）

图2-8　灵璧石

况下作为盆景石玩。

（6）宣石（图 2-9） 宣石原产于安徽宁国县。宣石其色有如积雪覆于灰色石上，也由于为赤土积渍，因此又带些赤黄色，非刷净不见其质，所以越旧越白。宣石质地坚硬，石面常有明显的棱角。扬州个园的冬山就采用宣石来象征冬季的雪景，效果很好。

2. 黄石（图 2-10）

黄石因色而得名，一般为橙黄色，属于一种黄色的细砂岩。其产地很多，以江苏常熟虞山的黄石最为著名，苏州、常州、镇江等地皆有所产。其石形体方正，见棱见角，节理面相互垂直，雄浑沉实。黄石平正大方，立体感强，块钝而棱锐，具有强烈的光影效果，给人以方正、稳重和顽劣感，是堆叠大型石山常用的石材之一。明代所建上海豫园的大假山、苏州耦园的假山和扬州个园的秋山均为黄石掇成的佳品。

图 2-9 宣石

图 2-10 黄石

3. 青石（图 2-11）

青石是一种青灰色的细砂岩。在北京园林假山叠石中常见，北京西郊洪山口一带都有所产。青石质地纯净而少杂质。由于是沉积而形成的岩石，石内有一些水平层理。水平层的间隔一般不大，所以其形体多呈片状，故有“青云片”之称。青石的节理面不像黄石那样有规整和相互垂直的纹理，但也有相互交叉的斜纹。北京圆明园“武陵春色”的桃花洞、北海的濠濮涧和颐和园后湖某些局部都用这种青石为材料来掇山。

4. 石笋石（图 2-12）

石笋石是外形修长如竹笋的一类山石的总称。这类山石产于浙江与江西交界的常山和玉

图 2-11 青石（奉化溪口）

图 2-12 石笋石

山一带。石皆卧于山土中，采出后直立地上。园林中常作独立小景布置，如个园的春山等。常见石笋石可分为四种：白果笋、乌炭笋、慧剑、钟乳石笋。

（1）白果笋(图 2-12)　白果笋是一种长形的砾岩岩石，在青灰色的细砂岩中沉积了一些卵石，犹如银杏所产的白果嵌在石中，因此而得名。质重而脆，石形修长呈条柱状。石面上“白果”未风化的，称为龙岩；若石面砾石已风化成一个个小穴窝，则称为凤岩。北方则称白果笋为“子母石”或“子母剑”。“剑”喻其形，“子”即卵石，“母”是细砂母岩。这种山石在我国各园林中均有所见。有时把大而圆的头向上的称为“虎头笋”，而上面尖而小的称为“凤头笋”。

（2）乌炭笋　乌炭笋是一种乌黑色的石笋，比煤炭的颜色稍浅而无光泽。如用浅色景物作背景，这种石笋的轮廓就更清新。

（3）慧剑　慧剑是指一种净面青灰色、水灰青色的石笋。北京颐和园前山东腰有高达数丈的大石笋就是这种“慧剑”。

（4）钟乳石笋　钟乳石笋是将石灰岩经溶融形成的钟乳石倒置，或用石笋正放用以点缀景色。北京故宫御花园中有用这种石笋作特置小品的。

5. 黄蜡石(图 2-13)

黄蜡石属于变质岩的一种，主要由酸性火山岩和凝灰岩经热液蚀变而生成，在某些铝质变质岩中也有产出。黄蜡石有灰白、浅黄、深黄等色，有蜡状光泽，圆润光滑，质感似蜡。石形圆浑如大卵石状，但并不为卵形、圆形或长圆形，而多为抹圆角有涡状凹陷的各种异形块状，也有呈长条状的。此石以石形变化大而无破损、无灰砂、表面滑若凝脂、石质晶莹润泽者为上品，即石形要“皱、透、溜、哞”。黄蜡石产地主要分布在我国南方各地。此石宜条、块配合使用，若与植物一起组成庭园小景，则更有富于变化的景观组合效果。

图 2-13　黄蜡石

6. 钟乳石

钟乳石是石灰岩被水溶解后又在山洞、崖下沉淀生成的一种石灰华。其多为乳白色、乳黄色、土黄色等颜色；质优者洁白如玉，作石景珍品；质色稍差者可作假山。钟乳石质重、坚硬、石形变化大，常见的形状有石钟乳、石幔、石柱、石笋、石兽、石蘑菇、石葡萄等。石内较少孔洞，石的断面可见同心层状构造。这种山石的形状千奇百怪，石面肌理丰腴，用水泥砂浆砌假山时附着力强，山石结合牢固，山形可根据设计需要随意变化。钟乳石广泛出产于我国南方和西南地区，只要是地下水丰富的石灰岩山区，都有钟乳石产出。

7. 水秀石(图 2-14)

水秀石又名砂积石、崖浆石、透水石、吸水石、芦管石、麦秆石等。水秀石是石灰岩的砂泥碎屑随着富含溶解状碳酸钙的地表水被冲到低洼地、山崖下，而沉淀、凝结、堆积下来的一种次生岩石，也属于石灰华一类。此石黄白色、土黄色至红褐色，质较轻，粗糙，疏松多孔。石内常含草根、苔藓及枯枝化石和树叶印痕等。石面形状变化大，多有纵横交错的树枝，草秆化石和杂骨状、粒状、蜂窝状等凹凸形状。由于石质不硬，容易进行雕琢加工，也容易用铁爬钉打入石面而固定山石，因此施工十分方便。其石质有一定吸水性，对植物生长也很有利。因此，这种石材也是一种很好的假山材料，水秀石的出产地区与钟乳石相同。

8. 大卵石(图2-15)

大卵石又名石蛋，产于河床之中或海边的大卵石，属于多种岩石类型，如花岗石、砂岩、流纹岩等。石材的颜色种类很多，白、黄、红、绿、蓝各色都有。由于流水的冲击和相互摩擦作用，石的棱角磨去而变成卵圆形、长圆形或圆整的异形。这类石头由于石形浑圆，不易进行石间组合，因此一般不用作假山石，而是用在园路边、草坪上、水池边作为石景或石桌石凳，也可在棕树、蒲葵、芭蕉、海芋等植物的下面配成景石与植物小景。卵石主要产于山区河流的下游地区。岭南园林中运用比较广泛，如广州动物园的猴山、广州烈士陵园等均大量采用。

图2-14　水秀石(宁波鄞州公园)

图2-15　大卵石(宁波月湖)

9. 云母片石

云母片石属于变质岩的一种，主要由黑云母组成，是黏土岩、粉砂岩或中酸性火山岩经变质作用而生成的，在地质学上叫黑云母板岩。云母片石青灰色或黑灰色，具云母光泽；质较重，结构较致密，但石材硬度低，容易锯截和雕凿加工。石面平整，可见黑云母鳞片状构造。石形为厚度均匀的长条形板状，板状山石略加斧凿即可成为锋芒挺秀、气宇轩昂的立峰峰石。云母片石产于四川汶川县至茂县一带。

10. 其他石材(图2-16)

诸如木化石、松皮石、石珊瑚等。木化石古老朴质，常作特置或对置；松皮石是一种暗土红的石质中杂有石灰岩的交织细片，石灰石部分经长期溶融或人工处理以后脱落成空块洞，外观像松树皮突出斑驳一般。

图2-16　木化石及石蛋(厦门胡里山炮台)

2.1.2 山石材料的应用

山石材料的选用目的是将不同的山石选用到最合适的位点上，组成最和谐的山石景观。选石工作，需要掌握一定的识石和用石技巧。

1. 选石的步骤

首先，需要选主峰或孤立小山峰的峰顶石、悬崖崖头石、山洞洞口用石，选好后分别做上记号，以备使用。其次，要接着选留假山山体向前凸出部位的用石和山前山旁显著位置上的用石以及土山山坡上的石景用石等。第三，应将一些重要的结构用石选好，如长而弯曲的洞顶梁用石、拱券式结构所用的券石、洞柱用石、峰底承重用石、斜立式小峰用石等。第四，其他部位的用石，则在叠石造山中随用随选，用一块选一块。

总之，山石选择的步骤应当是：先头部后底部、先表面后里面、先正面后背面、先大处后细部、先特征点后一般区域、先洞口后洞中、先竖立部分后平放部分。

2. 山石尺度的选择

在同一批运到的山石材料中，石块有大有小、有长有短、有宽有窄，在叠山选石中要分别对待。对于主山前面比较显眼位置上的小山峰，要根据设计高度选用适宜的山石，一般应当尽量选用大石，以削弱山石拼合峰体时的琐碎感。在山体上的凸出部位或是容易引起视觉注意的部位，也最好选用大石。而假山山体中段或山体内部以及山洞洞墙所用的山石，则可小一些。

大块的山石中，敦实、平稳、坚韧的还可用作山脚的底石，而石形变异大、石面皴纹丰富的山石则应该用于山顶作压顶的石头。较小的、形状比较平淡而皴纹较好的山石，一般应该用在假山山体中段。山洞的盖顶石，平顶悬崖的压顶石，应采用宽而稍薄的山石。层叠式洞柱的用石或石柱垫脚石，可选矮墩状山石；竖立式洞柱、竖立式结构的山体表面用石，最好选用长条石，特别是需要在山体表面作竖向沟槽和棱柱线条时，更要选用长条状山石。

3. 石形的选择

除了作石景用的单峰石外，并不是每块山石都要具有独立而完整的形态。在选择山石的形状中，挑选的依据应是山石在结构方面的作用和石形对山形样貌的影响情况。从假山自下而上的构造来分，可以分为底层、中腰和收顶三部分，这三部分在选择石形方面有不同的要求。

假山的底层山石位于基础之上，若有桩基则在桩基盖顶石之上。这一层山石对石形的要求主要应为敦实的形状。选一些块大而形状高低不一的山石，具有粗犷的形态和简括的皴纹，可以适应在山底承重和满足山脚造型的需要。

中腰层山石在视线以下者，即地面上1.5m高度以内的，其单个山石的形状也不必特别好，只要能够用来与其他山石组合造出粗犷的沟槽线条即可。石块体量也不需很大，一般的中小山石相互搭配使用就可以了。

在假山1.5m以上高度的山腰部分，应选形状有些变异，石面有一定皱折和孔洞的山石，因为这种部位比较能引起人的注意，所以山石要选用形状较好的。

假山的上部和山顶部分、山洞口的上部，以及其他比较凸出的部位，应选形状变异较大，石面皴纹较美，孔洞较多的山石，以加强山景的自然特征。形态特别好且体量较大的，具有独立观赏形态的奇石，可用以“特置”为单峰石，作为园林内的重要石景使用。片块状的山石可考虑作为石榻、石桌、石几及蹬道用，也常选来作为悬崖顶、山洞顶等的压顶石使用。

山石因种类不同而形态各一，对石形的要求也要因石而异。人们常说的奇石要具备“透、漏、瘦、皱”的石形特征，主要是对湖石类假山或单峰石形状的要求，因为湖石具有“涡、环、洞、沟”的圆曲变化。如果将这几个字当作选择黄石假山石材的标准，就很脱离实际了，黄石是无法具有“透、漏、皱”特征的。

4. 山石皴纹的选择

石面皴纹、皱折、孔洞比较丰富的山石，应当选在假山表面使用。石形规则、石面形状平淡无奇的山石，可选作假山下部、假山内部的用石。

作为假山的山石和作为普通建筑材料的石材，其最大的区别就在于是否有可供观赏的天然石面及其皴纹。“石贵有皮”就是说，假山石若具有天然“石皮”，即有天然石面及天然皴纹，就是可贵的，是制作假山的好材料。

叠石造山要求脉络贯通，而皴纹是体现脉络的主要因素。皴指较深较大块面的皱折，而纹则指细小、窄长的细部凹线。“皴者，纹之浑也。纹者，皴之现也”即是说的这个意思。需要强调的是，山有山皴、石有石皴。山皴的纹理脉络清楚，如国画中的披麻皴、荷叶皴、斧劈皴、折带皴、解索皴等，纹理排列比较顺畅，主纹、次纹、细纹分明，反映了山地流水切割地形的情况。石皴的纹理则既有脉络清楚的，也有纹理杂乱不清的；如一些种类山石纹理与乱柴皴、骷髅皴等相似的，就是脉络不清的皴纹。

在假山选石中，要求同一座假山的山石皴纹最好要同一种类，如采用了折带皴类山石的，则以后所选用的其他山石也要是相同折带皴的；选了斧劈皴的假山，一般就不要再选用非斧劈皴的山石。只有统一采用一种皴纹的山石，假山整体上才能显得协调完整，可以在很大程度上减少杂乱感，增加整体感。

5. 石态的选择

在山石的形态中，形是外观的形象，而态却是内在的形象；形与态是一种事物的两个无法分开的方面。山石的一定形状，总是要表现出一定的精神态势。瘦长形状的山石，能够给人有骨力的感觉；矮墩状的山石，给人安稳、坚实的印象；石形、皴纹倾斜的，让人感到运动；石形、皴纹平行垂立的，则能够让人感到宁静、安详、平和。种种情况都说明，为了提高假山造景的内在形象表现，在选择石形的同时，还应当注意到其态势、精神的表现。

传统的品评奇石标准中，多见以“丑”字来概括“瘦、漏、透、皱”等石形石态的特点。宋代苏东坡讲到：“石文而丑”，而后人即评论说：“一丑字而石之千态万状备也”（《江南园林志》）。这个丑字，既指石形，又概括了石态。石的外在形象，如同一个人的外表，而内在的精神气质，则如同一个人的心灵。因此，在假山施工选石中特别强调要“观石之形，识石之态”，要透过山石的外观形象看到其内在的精神、气势和神采。

6. 石质的选择

质地的主要因素是山石的密度和强度。如作为梁柱式山洞石梁、石柱和山峰下垫脚石的山石，就必须有足够的强度和较大的密度。而强度稍差的片状石，就不能选用在这些地方，但用来作为石级或铺地则可以，因为铺地的山石不用特别能承重。外观形状及皴纹好的山石，有的是风化过度的，其在受力方面就很差，有这样石质的山石就不要选用在假山的受力部位。

质地的另一因素是质感。如粗糙、细腻、平滑、多皱等，都要别具匠心来筛选。同样一种山石，其质地往往也有粗有细、有硬有软、有纯有杂、有良有莠。比如同是钟乳石，但有的质地细腻、坚硬、洁白晶莹、纯然一色；而有的却质地粗糙、松软、颜色混杂，又如，在黄石中，也有质地粗细的不同和坚硬程度的不同。在假山选石中，一定要注意到不同石块之间在质地上的差别，将质地相同或差别不大的山石选用在一处，质地差别大的山石则选用在不同的处所。

7. 山石颜色的选择

叠石造山也要讲究山石颜色的搭配。不同类的山石固然色泽不一，而同一类的山石也有色泽的差异。“物以类聚”是一条自然法则，在假山选石中也要遵循。原则上的要求是，要将颜色相同或相近的山石尽量选用在一处，以保证假山在整体的颜色效果上协调统一。在假山的凸出部位，可以选用石色稍浅的山石，而在凹陷部位则应选用颜色稍深的山石。在假山下部的山石，可选颜色稍深的而假山上部的用石则要选色泽稍浅的。

山石颜色选择还应与所造假山区域的景观特色相互联系起来。

8. 石料的选购注意事项

石料的选购工作是在假山建造者充分理解设计意图后，根据假山造型规划设计的大体需要而决定的。假山建造者本人需要亲自到山石的产地进行选购，并依据山石产地石料的各种形态，于想象中先行拼凑哪些石料可用于假山的何种部位，并要求通盘考虑山石的形状与用量。

假山设计者选购石料，必须熟悉各种石料的产地和石料的特点。在遵循“是石堪堆”的原则基础上，尽量采用工程当地的石料，这样方便运输，减少假山堆叠的费用。

石料有新、旧和半新半旧之分。采自山坡的石料，由于暴露于地面，常年风吹雨打，天然风化明显，此石叠石造山，易得古朴美的效果。而从土中刚扒出来的石料，表面有一层土锈，用此石堆山，需经长期风化剥蚀后，才能达到旧石的效果。有的石头一半露出地面，一半埋于地下，则为半新半旧之石。

到山地选购石料，有通货石和单块峰石之别。通货石是指不分大小、好坏，混合出售之石。选购通货石无须一味求大、求整，因为石料过大过整，在叠石造山拼叠时将有很多技法用不上了，最终反倒使山石造型过于平整而显呆板。过碎过小也不好，石料过碎过小，拼叠再好也难免有人工痕迹。所以，选购石料可以大小搭配，对于有破损的石料，只要能保证大面没有损坏就可以选用。在实际叠石造山时，大多情况下山石只有一个面是向外，其他的面叠包在山体之中看不到。当然，如能尽量选择没有破损的山石料是最好的，至少可以有多几个面供具体施工时选择和合理使用。总之，选择通货石的原则大体上是大小搭配，形态多变，石质、石色、石纹应力求基本统一。

单块峰石造型以单块成形，单块论价出售。单块峰石四面可观者为极品，三面可赏者为上品，前后两面可看者为中品，一面可观者为末品。根据假山山体的造型与峰石安置的位置综合考虑选购一定数量的峰石。

2.1.3　假山基础材料的应用

假山如果能坐落在天然岩基上当然是最理想的，否则都需要做基础。依据做法有如下几种材料，如图2-17所示。

1. 桩基材料

（1）木桩基　这是一种传统的基础作法，在古典园林中，多用于临时假山或驳岸。做桩材的木质必须坚实、挺直、其弯曲度不得超过10%，并只能有一个弯。园林中常用桩材为杉、柏、松、橡、桑、榆等，其中柏木、杉木最好，选取其中较平直而又耐水湿的作为桩基材料。木桩顶面的直径约为10～15cm，桩长多为1～2m，桩的排列方式有梅花桩（5个/m^2）、丁字桩和马牙桩。

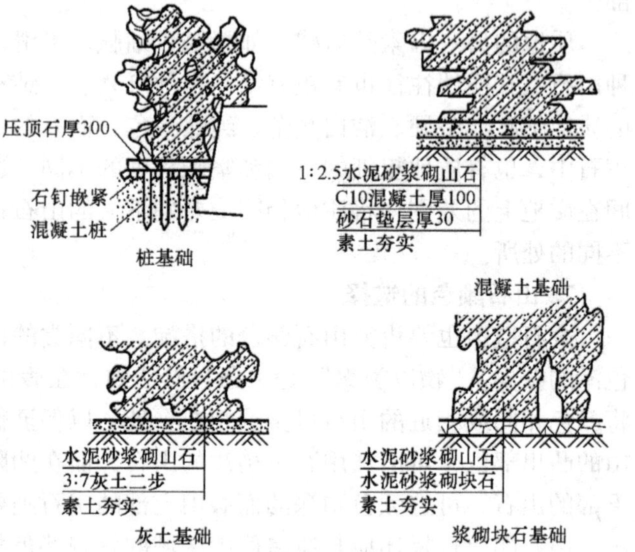

图2-17　假山的基础设计

（2）石灰桩（填充桩）　将钢钎打入地下一定深度后，将其拔出，再将生石灰或生石灰与砂的混合料填入桩孔，捣实而成。当生石灰水解熟化时，体积膨大，使土中空隙和含水量减少，起到提高土壤承载力，加固地基的作用。

2. 灰土基础材料

北方园林中位于陆地上的假山多采用灰土基础，灰土基础有比较好的凝固条件。灰土经凝固后不透水，可以减少土壤冻胀的破坏。这种基础的材料主要是用石灰和素土按3:7的比例混合而成。

3. 浆砌块石基础材料

这是采用水泥砂浆或石灰砂浆砌筑块石作为的假山基础，可用1:2.5或1:3水泥砂浆砌一层块石，厚度为300～500mm；水下砌筑所用水泥砂浆的比例则应为1:2。

4. 混凝土基础材料

现代的假山多采用浆砌块石或混凝土基础。当山体高大，土质不好或在水中、岸边堆叠山石时使用。陆地上常用混凝土标号为C15，配合比为水泥:砂:卵石=1:2:4～1:2:6。水中假山采用C20的素混凝土作基础为宜。

2.1.4　铁活加固材料的识别与应用

必须在山石本身重心稳定的前提下使用铁活进行加固。铁活常用熟铁或钢筋制成。铁活要求用而不露，因此不易发现。古典园林中常用假山铁活加固材料如图2-18所示。

1. 银锭扣

银锭扣为熟铁铸成，其两端成燕尾状，也叫燕尾扣。有大、中、小三种规格，主要用以加固山石间的水平联系。

2. 铁爬钉

铁爬钉或称“铁锔子”，用熟铁制成，形状像扁铁条做的两端成直角翘起的铁扁担，用以加固山石水平向及竖向的衔接，一般长30～50cm，也可用粗钢筋打制成两端翘起为尖头的形状。北京圆明园西北角的“紫碧山房”假山塌倒后，山石上可见约10cm长、6cm宽、5cm厚的石槽，槽中都有铁锈痕迹，也似同一类做法。北京乾隆花园内所见铁爬钉尺寸较大，长约80cm、宽10cm左右、厚7cm，两端各打入石内9cm。

3. 铁扁担

铁扁担多用于假山的悬挑部分和作为山洞石梁下面的垫梁。铁扁担可以用2000mm以上的扁铁条、40mm×40mm以上的角钢或直径30mm的螺纹钢条。采用扁铁条做，铁条两端成直角上翘，翘头略高于所支撑的石梁两端。北海静心斋沁泉廊东北，有巨石象征“蛇”出挑悬岩，选用了长约2m、宽16cm、厚6cm的铁扁担镶嵌于山石底部。如果不是下到池底仰望，是看不出来的。

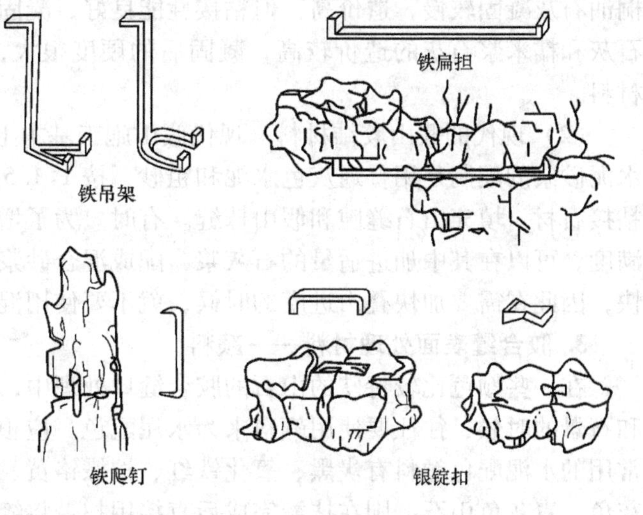

图2-18　假山的铁活加固材料

4. 铁吊架

铁吊架是用扁铁条打制的铁件设施，主要用于吊挂坚硬的山石。在假山的陡壁边或悬崖边需要砌筑向外悬出的山石，而山石材料又特别坚硬，不能通过凿洞来安装连接构件，这时就用铁吊架来承担结构连接作用。铁吊架被压在吊挂的山石背后和底下看不见，因此不会影响美观。铁吊架可以制成马蹄形吊架和分叉形吊架。

5. 模坯骨架

岭南园林多以英石为山，因为英石很少有大块料，所以假山常以铁条或钢筋为骨架，称为模坯骨架，然后再用英石的石皮贴面，贴石皮时依皱纹、色泽而逐一拼接，石块贴上，待胶结料凝固后才能继续掇合。

2.1.5　胶结和填充材料的应用

1. 填充材料

填充式结构假山山体内部的填充材料主要有泥土，无用的碎砖、石块、灰块、建筑渣土、废砖石，混凝土。混凝土是采用水泥、砂、石按1:2:4～1:2:6的比例搅拌配制而成。

2. 山石胶结材料

山石之间的胶结是保证假山牢固和能够维持假山一定造型状态的重要工序。石间胶结所用的结合材料，古代假山和现代假山是不同的。

（1）古代的假山胶结材料　在石灰发明之前古代已有假山的堆造，但其假山的构筑很可能是以土带石，用泥土堆壅、填筑来固定山石；或者，也可能用刹垫法干砌、用素土泥浆湿砌石假山。

到了宋代以后，假山结合材料就主要是以石灰为主了。用石灰作胶结材料时，为了提高石灰的胶合性能与硬度，一般都要在石灰中加入一些辅助材料，配制成纸筋石灰、明矾石灰、桐油石灰和糯米浆石灰等。纸筋石灰凝固后硬度和韧性都有所提高，且造价相对较低。

桐油石灰凝固较慢，造价高，但粘接性能良好，凝固后很结实，适宜小型石山的砌筑。明矾石灰和糯米浆石灰的造价较高，凝固后的硬度很大，粘接牢固，是多数假山所使用的胶合材料。

（2）现代的假山胶结材料　现代假山施工基本上全用水泥砂浆或混合砂浆来胶合山石。水泥砂浆的配制是用普通灰色水泥和粗砂，按 1∶1.5～1∶2.5 比例加水调制而成，主要用来粘接石材、填充山石缝隙和假山抹缝。有时。为了增加水泥砂浆的和易性和对山石缝隙的充满度，可以在其中加进适量的石灰浆，配成混合砂浆。但混合砂浆的凝固速度不如水泥砂浆快，因此在需要加快叠山进度的时候，就不要使用混合砂浆。

3. 胶合缝表面处理材料——颜料

在一些颜色比较特殊的山石的胶合缝口处理中，或是在以人工方法用水泥材料塑造假山和石景的时候，往往要使用颜料来为水泥配色。应根据假山所采用山石的颜色来确定颜料。常用的水泥配色颜料有炭黑、氧化铁红、柠檬铬黄、氧化铬绿和钴蓝。假山所用石材如果是灰色、青灰色山石，则在抹缝完成后直接用扫帚将缝口表面扫干净，同时也使水泥缝口的抹光表面不再光滑，从而更加接近石面的质地。对于假山采用灰白色湖石砌筑的，要用灰白色石灰砂浆抹缝，以使色泽近似。采用灰黑色山石砌筑的假山，可在抹缝的水泥砂浆中加入炭黑，调制成灰黑色浆体后再抹缝。对于土黄色山石的抹缝，则应在水泥砂浆中加进柠檬铬黄。如果是用紫色、红色的山石砌筑假山，可以采用铁红把水泥砂浆调制成紫红色浆体再用来抹缝等。

2.1.6 假山上栽植植物的应用

假山上栽植的植物不应是树体高大、叶片宽阔的树种，应该选用植株高矮适中，叶片狭小的植物，以便能够在对比中有助于小中见大效果的形成。假山植物应以灌木为主。一部分假山植物要具有一定的耐旱能力，因为假山上的种植穴中能填进的土壤很有限，很容易变得干燥。在山脚下可以配植麦冬草、沿街草等，用茂密的草丛遮掩一部分山脚，可以增加山脚景观的表现力。在崖顶配植一些下垂的灌木，如迎春花、金钟花、蔷薇等，可以丰富崖顶的景观。在山洞洞口的两侧，配植一些金丝桃、棣棠、金银木等半掩洞口，能够使山洞显得深不可测。在假山背面，可多栽种一些枝叶浓密的大灌木，以掩饰假山上一些缺陷之处，同时还能为假山提供背景的依托。

2.2 塑山塑石材料

人造塑山是指采用混凝土、玻璃钢、有机树脂等现代材料和石灰、砖、水泥等非石材料经人工塑造而成的假山（图 2-19）。塑山与塑石可省采石、运石之工，造型不受石材限制，体量可大可小，适用于山石材料短缺的地方和施工条件受到限制或结构承重条件限制的地方，如室内等。塑山具有施工期短和见效快的优点，缺点在于混凝土硬化后表面有细小的裂纹，表面皴纹的变化不如自然山石丰富而且使用期不如石材长。

2.2.1 混凝土塑山材料的识别与应用

混凝土塑山根据其内部构造骨架材料的不同，可分为砖骨架塑山、钢骨架塑山。

1. 砖骨架塑山(图 2-20)

以砖作为塑山的骨架，适用于小型塑山。按照山石形体用砖石材料砌筑。为了节省材料可在砌体内砌出内空的石室，然后用钢筋混凝土板盖顶，留出门洞和通气口。当砌体坯形完全砌筑好后，用 1∶2 或 1∶2.5 的水泥砂浆，仿照自然山石石面进行抹面。这种结构形式的塑石石内有实心的，也有空心的。

图 2-19　混凝土塑山(宁波鄞州公园)

图 2-20　塑山的砖骨架

2. 钢骨架塑山(图 2-21)

以钢材作为塑山的骨架，适用于大型塑山。用直径 12mm 左右的钢筋，编扎成山石的模坯形状，作为其结构骨架。钢筋的交叉点用电焊焊牢，然后用铁丝网蒙在钢筋骨架外面，并用细铁丝扎牢。接着用粗砂配制的 1∶2 水泥砂浆，从内外两面进行抹面。塑石的石面壳体厚度为 4～6mm，石内一般是空的。

2.2.2　GRC 塑山材料的识别与应用

为了克服钢、砖骨架塑山存在着的施工技术难度大、皴纹很难逼真、材料自身质量大、易裂和褪色等缺陷，国内外出现一种新型的塑山材料——短纤维强化水泥或玻璃筋混凝土，主要用来制造假山、雕塑、喷泉、瀑布等园林山水艺术景观(图 2-22)。GRC 用于假山造景，是继灰塑、钢筋混凝土塑山、玻璃钢塑山后人工创造山景的又一种新材料、新工艺。

图 2-21　塑山的钢骨架

图 2-22　GRC 塑山(北仑凤凰山主题公园)

1. GRC 材料用于塑山的优点

1）石的造型、皴纹逼真，具备岩石坚硬润泽的质感。

2）材料自身质量小，强度高，抗老化且耐水湿，易进行工厂化生产，施工方法简便、快捷，造价低，可在室内外及屋顶花园等处广泛使用。

3）GRC 假山造型设计、施工工艺较好，可塑性大，在造型上需要特殊表现时可满足要求，加工成各种复杂形体，与植物、水景等配合，可使景观更富于变化和表现力。

4）现在以 GRC 造假山可利用计算机进行辅助设计，结束了过去假山工程无法做到的石块定位设计的历史，使假山不仅在制作技术，而且在设计手段上取得了新突破。

5）具有环保特点，可取代真石材，减少对天然矿产及林木的开采。

2. GRC 材料的基本技术性能

（1）物理性能　密度 1.8 ~ 2.1t/m^3；潜变变形小并随时间的增长而减小；热胀膨系数水泥与砂之比越小，收缩量越小，当含砂量为 25% 时，最大收缩量仅为 1.5mm/m；渗透性 GRC 对水的渗透性低，约为 0.02 ~ 0.04mL/(m^2 · min)；防火性完全不燃烧；热导率均为 0.5 ~ 1.01W/(m · ℃)。

（2）力学性能　冲击强度 1.5 ~ 3MPa；压缩强度 6 ~ 10MPa；弯曲破坏强度 25 ~ 30MPa；表面张力为 2 ~ 3MPa；抗张力极限强度 10 ~ 15MPa。

（3）GRC 山石构件的生产　与一般塑山、塑石不同，GRC 山石构件是以天然山石为原形进行制模，因此它能如实地再现天然山岩的各种节理、皴纹。翻模时，在 GRC 中加入适量的添加剂，用以更好地表现山石的质感和润泽。制作 GRC 山石构件时，预埋铁件以备拼装时固定。

2.2.3 其他新型塑山材料的识别与应用

FRP 是一种新型的塑山材料——玻璃纤维强化塑胶（Fiber Glass Reinforced Plastics, FRP），是用不饱和树脂及玻璃纤维结合而成的一种复合材料。该种材料具有刚度好、质轻、耐用、价廉、造型逼真等特点，同时可预制分割，方便运输，特别适用于大型的、异地安装的塑山工程。香港海洋公园集古村石窟工程就是 FRP 塑山。

CFRC 是碳纤维增强混凝土（Carbon Fiber Reinforced Cement or Concrete, CFRC），是把碳纤维搅拌在水泥中制成的。与 GRC 相比，其抗盐侵蚀、抗水性、抗光照能力等方面优于 GRC，其长期强度保持力高，适合河流、港湾等各种自然环境的护岸、护坡。由于其有电磁屏蔽功能因此可用于隐蔽工程。

2.2.4 上色材料的应用

石色水泥浆进行面层抹平，抹光修饰成形。根据石色要求刷涂或喷涂非水溶性颜色，也可在砂浆中添加颜料及石粉调配出所需的石色。例如，要仿造灰黑色的岩石，可以在普通灰色水泥砂浆中加炭黑，以灰黑色的水泥砂浆抹面。要仿造紫色砂岩，就要用氧化铁红将水泥砂浆调制成紫砂色。要仿造黄色砂岩，则应在水泥砂浆中加入柠檬铬黄。而氧化铬绿和钴蓝，则可在仿造青石的水泥砂浆中加进。

石色水泥浆的配制方法主要有以下两种：

（1）采用彩色水泥配制而成　如塑黄石假山时以黄色水泥为主，配以其他色调。此法简便易行，但色调过于呆板和生硬，且颜色种类有限。

（2）在白水泥中掺加色料　此法可配成各种石色，且色调较为自然逼真，但技术要求较高，操作较为繁琐。

本章小结

1）石假山与石景的常用石材有湖石类（太湖石、房山石、仲宫石、英德石、灵壁石、宣石等）、黄石、青石、石笋石、黄蜡石、钟乳石、水秀石、大卵石、云母片石、木化石、松皮石、石珊瑚等。

2）山石材料选用的目的是将不同的山石选用到最合适的位点上，组成最和谐的山石景观。山石选择的步骤应当是先头部后底部、先表面后里面、先正面后背面、先大处后细部、先特征点后一般区域、先洞口后洞中、先竖立部分后平放部分。并且对石形、山石尺度、皴纹、石态、石质、颜色进行合理选择。

3）假山基础根据材料可分为木桩基、石灰桩、灰土基础、浆砌块石基础、混凝土基础。

4）常用于假山与石景的铁活加固材料有银锭扣、铁爬钉、铁扁担、铁吊架、模坯骨架等。

5）常用的塑山塑石材料有混凝土、短纤维强化水泥或玻璃筋混凝土（GRC）、玻璃纤维强化塑胶（FRP）、碳纤维增强混凝土（CFRC）等。

复习思考题

2-1　假山与石景的常用石材有哪些？各有什么特征？

2-2　山石材料的选用步骤及方法是什么？

2-3　假山的基础有哪些类型？各类型基础对材料的选用有什么要求？

2-4　塑山塑石材料有哪些？材料各有什么特性？

第3章

园路工程材料的识别与应用

学习目标

通过本章的学习，掌握园路工程中路面、路基和附属工程三部分构筑材料的识别。熟悉园路工程中不同构造部位对材料的要求，并能进行合理选用。了解园路工程中构筑材料的基本性能和技术要求。

园林中的道路即为园路，包括道路、广场、游憩场地等一切硬质铺装。园路的结构一般由路面、路基和附属工程三部分组成。一般路面部分从上至下结构层次的分布顺序是面层、结合层、基层和垫层，如图 3-1 所示。

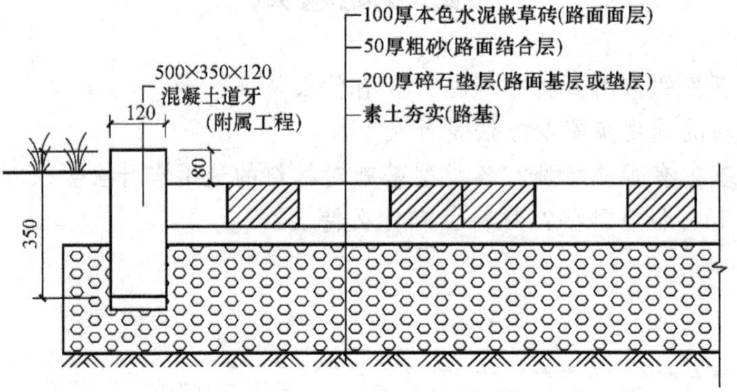

图 3-1　园路结构示意图

3.1　园路路面面层和铺装材料

面层是路面最上面的一层。面层材料不仅要坚固、平稳、耐磨耗，具有一定的粗糙度、少尘性、便于清扫。同时由于路面的装饰性要求，对面层材料的质感、色彩、组合形式、尺度有美观上的要求。路面面层和铺装常用的材料有如下类型。

3.1.1　混凝土路面材料

1. 水泥混凝土

路面面层一般采用 C20 混凝土，做 120 ~ 160mm 厚。路面每隔 10m 设伸缩缝一道。对水泥混凝土面层的装饰，主要采取各种表面抹灰处理。

（1）普通抹灰材料　用普通灰色水泥配制成1∶2或1∶2.5水泥砂浆，在混凝土面层浇注后尚未硬化时进行抹面处理，抹面厚度为1～1.5cm。

（2）彩色水泥抹面装饰材料　水泥路面的抹面层所用水泥砂浆，可通过添加颜料而调制成彩色水泥砂浆，用这种材料可做出彩色水泥路面。彩色水泥调制中使用的颜料，需选用耐光、耐碱、不溶于水的无机矿物颜料，如红色的氧化铁红、黄色的柠檬铬黄、绿色的氧化铬绿、蓝色的钴蓝和黑色的炭黑等。

（3）彩色水磨石地面材料（图3-2）　它是用彩色水泥石子浆罩面，再经过磨光处理而成的装饰性路面。按照设计，平整后，在粗糙、已基本硬化的混凝土路面面层上，弹线分格，用玻璃条、铝合金条（或铜条）作为分格条。然后在路面上刷上一道素水泥浆，再1∶1.25～1∶1.50彩色水泥细石子浆铺面，厚0.8～1.5cm。铺好后拍平，表面滚筒压实，待出浆后再用抹子抹面。

（4）露骨料饰面材料（图3-3）　采用这种饰面方式的混凝土路面和混凝土铺砌板，其混凝土应用粒径较小的卵石配制。

图3-2　彩色水磨石地面

图3-3　混凝土路面露骨料饰面

（5）表面压模（图3-4）　表面压模是在铺设现浇混凝土的同时，采用彩色强化剂、脱模粉、保护剂来装饰混凝土表面，以混凝土表面的色彩和凹凸质感表现天然石材、青石板、花岗岩甚至木材的视觉效果。

2. 沥青混凝土（图3-5）

一般以30～50mm厚沥青混凝土作面层。根据沥青混凝土的骨料粒径大小，有细粒式、

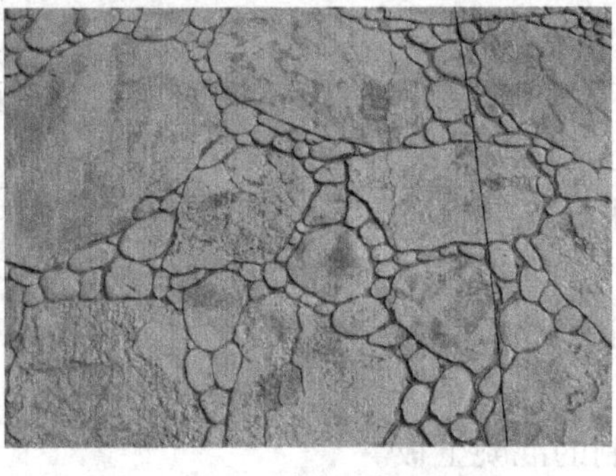

图3-4　水泥混凝土面层表面压模

图3-5　彩色沥青混凝土面层

中粒式和粗粒式沥青混凝土可供选用。这种路面属于黑色路面，一般不用其他方法来对路面进行装饰处理。

3.1.2 片块状材料

1. 片材

片材是指厚度在5～20mm之间的装饰性铺地材料，常用的片材主要是花岗岩、大理石、釉面墙地砖、陶瓷广场砖和马赛克等。这类铺地一般都是在整体现浇的水泥混凝土路面上采用。在混凝土面层上铺垫一层水泥砂浆，起路面找平和结合作用。用片材贴面装饰的路面，边缘最好要设置道牙石。

（1）天然石材片（图3-6） 天然石材片主要指花岗岩，花岗石可采用红色、青色、灰绿色等多种，要先加工成正方形、长方形的薄片状，然后用来铺贴地面。其加工的规格大小，可根据设计而定，一般采取500mm×500mm、700mm×500mm、700mm×700mm、600mm×900mm等尺寸，或用其碎片铺贴，多为冰裂纹。常用的天然石材还有大理石，大理石铺地与花岗石相同。

（2）釉面墙地砖（图3-7） 釉面墙地砖有丰富的颜色和表面图案，尺寸规格也很多，在铺地设计中选择余地很大。其商品规格主要有100mm×200mm、300mm×300mm、400mm×400mm、400mm×500mm、500mm×500mm等多种。

图3-6 天然石材片

图3-7 釉面墙地砖

（3）陶瓷广场砖铺地 广场砖多为陶瓷或琉璃质地，产品基本规格是100mm×100mm，略呈扇形，可以在路面组合成直线的矩形图案，也可以组合成圆形图案。广场砖比釉面墙地砖厚一些，其铺装路面的强度也大一些，装饰路面的效果比较好。

（4）马赛克铺地 庭园内的局部路面还可用马赛克铺地，如古波斯的伊斯兰式庭园道路，就常见这种铺地。马赛克色彩丰富，容易组合地面图纹，装饰效果较好。但铺在路面较易脱落，不适宜人流较多的道路铺装，所以目前采用马赛克装饰路面的并不多见。

2. 块材

块材通常指厚度在50～100mm之间的装饰性铺地材料，通常包括板材类、砌块类、砖三种类型。

（1）板材铺地 包括打凿整形的天然石板和预制的混凝土板。

1）天然石板（图3-8）：一般加工成497mm×497mm×50mm、697mm×497mm×60mm、

997mm×697mm×70mm 等规格，其下直接铺 30～50mm 的砂土作找平的垫层，可不做基层。或以砂土层作为间层，在其下设置 80～100mm 厚的碎(砾)石层作基层。石板下不用砂土垫层，而用 1∶3 水泥砂浆作结合层，可以保证面层更坚固和稳定。

2）预制混凝土板：其规格尺寸按照具体设计而定，常见有 497mm×497mm、697mm×697mm 等规格，铺砌方法同石板一样。不加钢筋的混凝土板，其厚度不要小于 80mm。加钢筋的混凝土板，最小厚度仅 60mm，所加钢筋直径一般为 6～8mm，间距为 200～250mm，双向布筋。预制混凝土铺砌的顶面，常加工成光面、彩色水磨石面或露骨料面。

（2）砌块(图 3-9)　用凿打整形的石块，或用预制的混凝土砌块铺地，也是作为园路结构面层使用的。混凝土砌块可设计为各种形状、各种颜色和各种规格尺寸，还可以结合路面不同图纹和不同装饰色块，是目前城市街道人行道及广场铺地的最常见材料之一。

图 3-8　天然石板(火烧板)

图 3-9　天然石块(骨石)

（3）砖

1）混凝土方砖(图 3-10)：正方形，常见规格有 297mm×297mm×60mm、397mm×397mm×60mm 等，表面经翻模加工为方格或其他图纹，用 30mm 厚细砂土作找平垫层铺砌。

图 3-10　混凝土方砖(透水砖)

2）黏土砖：用于铺地的黏土砖规格很多，有方砖，也有长方砖。方砖及其设计参考尺寸为：尺二方砖 400mm×400mm×60mm；尺四方砖 470mm×470mm×60mm；足尺七方砖 570mm×570mm×60mm；二尺方砖 640mm×640mm×96mm；二尺四方砖 768mm×768mm×144mm。长方砖及其设计参考尺寸为：大城砖 480mm×240mm×130mm；二城砖 440mm×220mm×110mm；地趴砖 420mm×210mm×85mm；机制标准青砖 240mm×115mm×53mm。砖墁地时，用 30～50mm 厚细砂土或 3∶7 灰土作找平垫层。方砖墁地一般采取平铺方式，有错缝平铺和顺缝平铺两种做法，如图 3-11、图 3-12 所示。

图 3-11　青砖席纹立铺

图 3-12　青砖席纹平铺

3.1.3　嵌草路面材料

嵌草路面有两种类型，一种为在块料铺装时，在块料之间留出空隙，其间种草，如冰裂纹嵌草路面，人字纹嵌草路面等，绿色草皮呈线状有规律地分布如图 3-13 所示；另一种是制作成可以嵌草的各种纹样的混凝土空心砖，通常绿色草皮呈点状有规律地分布。

嵌草路面的预制混凝土砌块按照设计可有多种形状，大小规格也有很多种，也可做成各种彩色的砌块，但其厚度都不小于 80mm，一般厚度都设计为 100～150mm。砌块的形状基本可分为实心和空心两类。

图 3-13　嵌草路面

3.1.4　地面镶嵌与拼花材料

用砖、石子、瓦片等材料，通过拼砌镶嵌的方法，将园路的结构面层做成具有美丽图案纹样的路面。一般用立砖、小青瓦瓦片（图 3-14）来镶嵌出线条纹样，并组合成基本的图案。再用各色卵石、砾石镶嵌作为色块，填充图形大面，并进一步修饰铺地图案。

1. 鹅卵石（图 3-15、图 3-16）

图 3-14　小青瓦铺地

图 3-15　鹅卵石

鹅卵石是指直径6～15cm，形状圆滑的河川冲刷石。用鹅卵石铺设的园路乍看起来稳重而又实用，别具一格。

2. 洗石子(图3-17)

洗石子的粒径一般5～10mm，卵圆形，颜色有黑、灰、白、褐等，可以选用单色或混合色应用。混合色者往往较能与环境调和，因此用得较普遍。洗石子地面处理除了用普通的水泥外，尚可用白色或加有红色、绿色着色剂的水泥，使石子洗出的格调更为特殊。

图3-16　鹅卵石纹式镶边

图3-17　洗石子

3.1.5　木材路面材料

1. 圆木椿

铺地用的木材以松、杉、桧为主，直径需10cm左右。木椿的长度平均锯成15cm。

2. 木铺(图3-18)

用于铺地的木材有正方形的木条、木板，圆形的、半圆形的木桩等。在潮湿近水的场所使用时，宜选择耐湿防腐的木料。

天然木材独具的质感、色调、弹性，可令步行更为舒适。而贾拉木、红杉等木材在通常的环境条件下无需使用防腐剂，是可使用10～15年不腐朽的进口建材，常用于露台、广场、木质人行道、水滨码头甲板、木桥的地面铺装。

一般用于铺装木板路面的木材，除无需防腐处理的红杉等木材外，还有多种可加压注入防腐剂的普通木材。如果使用和处理防腐剂，应尽量选择对环境无污染的种类。还有许多具有一定耐久性的木材，如柚木(东南亚)等。

图3-18　木铺

波恩高西木(产于西非)的耐久性极强，不易燃，但本质硬，易开裂、变形，因此最适用于木桥、栈桥桥墩、基座、地板龙骨。

贾拉木(产于澳大利亚)、伊派木(产于南美)等耐久性强，耐磨，不易开裂，是不易被烟头等点燃的非易燃木材，最适用于水滨码头的甲板。

红杉木木质柔软，耐磨性较差，适用于可赤足踩踏的园路地板。另外，因加工容易，还可用于栏杆长凳。

（1）木质砖砌块路面材料　木质砖砌块路面因其具有独特的质感，较强的弹性和保温性，而且无反光，可提高步行的舒适性，而被广泛用于露台、广场、园路的地面铺装。

木质砖砌块中除由经过防腐处理木材制成的外，还有耐久性、耐磨损性强的贾拉木经人工干燥制作的砖砌块。另外还有一种预制组装拼接型，施工方便，修补容易。由于木质砖砌块地面易出现翘曲、开裂现象，在用于平台铺装时应注意采取相应预防措施。

木质砖砌块路面的结构一般为：在 100～150mm 厚的碎石层上铺撒约 30mm 左右厚的砂土，然后再铺砌木质砖砌块。

（2）木屑路面材料　木屑路面是利用针叶树树皮、木屑等铺成的，其质感、色调、弹性好，并使木材得到了有效利用，一般用于公共广场、散步道、步行街等场所，有的木屑路面不用粘合剂固定木屑，只是将砍伐、剪枝留下的木屑简单地铺撒在地面上。使用这种简易铺装路面时应注意慎重选择地点，既要避免因风吹雨淋破坏路面，又要预防幼儿误食木屑。

3.1.6　透水性路面材料

透水性路面是指能使雨水通过，直接渗入路基的人工铺筑路面。因此其具有使水还原于地下的性能。透水构造是通过特定的构造形式使雨水渗透入泥土保持地表水量的平衡，主要包括砂、碎石及砾石路面，透水性混凝土路面，透水性沥青路面，透水性砖和嵌草砖路面，方石、砌块路面(石材本身不透水,主要通过石块间的缝隙渗水)。透水路面适用人行道、居住区小路、公园路和通行轻型交通车及停车场等路面。普通路面与透水性路面的差异如图 3-19 所示。

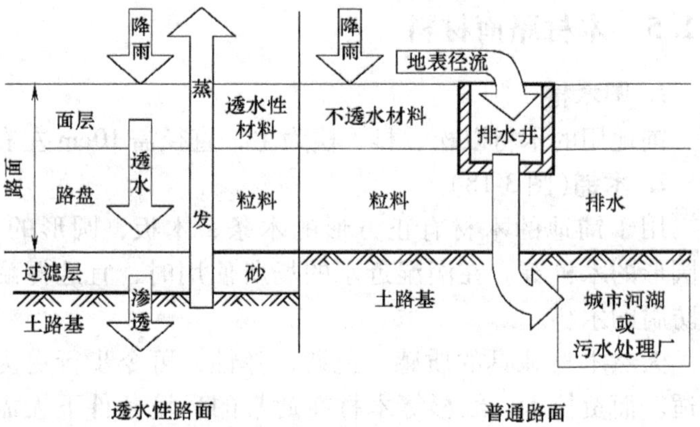

图 3-19　普通路面与透水性路面的差异

透水性路面主要有运用以下材料的做法：

（1）嵌草路面　嵌草路面有两种类型：一种为在块料路面铺装时，在块料和块料之间，留有空隙在其间种草；另一种是制作成可以种草的各种纹样的混凝土路面砖。

（2）彩色混凝土透水透气性路面　采用预制彩色混凝土异型步道砖为骨架，与无砂水泥混凝土组合而成的组合式面层。一般采用单一粒级的粗骨料，不用或少用细骨料，并以高标号水泥为胶凝材料配制成多孔混凝土。其空隙率达 43.2%，步道砖的抗折强度不低于 4.5MPa，沙砂混凝土抗折强度不低于 3MPa。因此具有强度较高，透水效果好的性能。其基层选用透水性和蓄水性能较好，渗透系数不小于 10^{-3}cm/s，且具有一定强度和稳定性的天然级配沙砾、碎石或矿渣等组成。过滤层是在雨水向地下渗透过程中起过滤作用，并防止软土路基土质污染基层。过滤层材料的渗透系数应略大于路基土的渗透系数。其土基的要求：

为确保土基具有足够的透水性，路基土质的塑性指数不宜大于10，应避免在重黏土路基上修筑透水性路面。修整路基时，其压实度宜控制在重型击实标准的87%~90%。

（3）透水性沥青铺地　这种路面通常用直溜石油沥青。在车行道上，为提高骨料的稳定和改善耐久性，使用掺加橡胶和树脂等办法改善沥青的性质。上层粗骨料为碎石、卵石、沙砾石、矿渣等。下层细骨料用砂、石屑，并要求清洁，不能含有垃圾、泥土及有机物等。石粉主要使用石灰岩粉末，为防止剥离，可与消石灰或水泥并用。掺料为总料重量的20%左右。对于黏性土，这种难于渗透的土路基，可在垂直方向设排水孔，灌入沙子等。

（4）透水砖铺地　透水砖的主要生产工艺是将煤矸石、废陶瓷、长石、高岭土、黏土等粒状物与结合剂拌和，压制成形再经高温煅烧而成具有多孔的砖。其材料强度高、耐磨性好。

（5）改善粗砂铺地　在普通粗砂路结构层不变的情况下，在面层加防尘剂。该防尘剂以羧基丁苯胶乳为主要成分。其胶结性好、渗透性强，不影响土壤的多孔性、透水性，不污染环境，不影响植物生长，刮8~9级大风不扬尘。

3.1.7　常见路面面层材料的特性

常见路面面层材料特性见表3-1。

表3-1　常见路面面层材料特性

铺装材料		优　点	缺　点
整体铺装路面	混凝土	铺装容易；可以有多种表面、颜色、质地；表面耐久性好；可整年使用，用途广泛；使用期维护成本低；吸收热量低；表面坚硬，无弹性；可以做成曲线形式	需要有接缝；表面美观性较差；铺筑不当容易分解；难以使颜色一致及持久；浅颜色反射光，并能引起眩光；有些类型会受防冻盐的腐蚀；对基础沉降适应能力差；抗拉强度相对较低且易碎；弹性差
	沥青	热辐射低且光反射弱；价格经济，施工快捷整年使用，多种用途；耐久性良好；维护成本低；表面不吸尘；弹性能随混合比例而变化；表面不吸水；可做成曲线形式；有透气性沥青可选择	边缘如无支撑易磨损；温度高会软化；汽油、煤油和其他石油溶剂可以将其溶解；水渗透到底层易受冻胀损坏
	合成表面	可用于特殊目的的设计（如运动场、跑道）；颜色范围广；弹性比混凝土或水泥大；有时可铺设在旧的混凝土或沥青之上	铺筑或维修可能需要专门培训的劳动力，成本高
块料铺装路面	砖	柔性结构基础，抗沉降能力强；力学性能优越，渗水防滑；经济美观，施工快捷，耐腐性好；表面防眩光；颜色范围广；维修较容易	清洁困难；冰冻天气会发生碎裂；易受不均衡沉降影响；会风化
	瓷砖	表面光滑；美观，图案灵活多样	只适于温暖的气候；遇水情况下防滑性极低；易碎，承载能力差；铺筑成本较高

（续）

铺装材料		优　点	缺　点
块料铺装路面	土坯砖	铺筑快且容易；如底层用适当的沥青固定剂，使用期会延长；颜色和质地丰富	边缘易损坏会积存大量的热量；易碎，需要较平的基础尘土较多；较适宜温暖且少雨的地区
	石板	铺筑适当耐久性好；是天然高质量抗风化材料	铺筑费用较高；色彩和图案的随机性较大；在遇水或使用久的情况下，防滑性较差；在视觉上有冰冷、生硬感
	木材	与自然环境协调；吸声性好，行走其上无噪声，舒适性好	负重性差，只适合于轻载；需要定期补充和更换；价格较贵
	草坪砖	美观性好；利于保护景观土壤环境；可承载轻型车辆，并不损坏植物	维护成本高；易出现松动、断裂
	花岗石	坚实且密实；在极端易风化的天气条件下耐久性好；能承受重压；能够抛光成坚硬、光洁的表面，易清洁	坚硬致密，难以切割；有些类型易受化学腐蚀；成本较高
	石灰石	操作容易；颜色和质地丰富	易受化学腐蚀（特别是在湿润气候和城市环境下）
	砂岩	操作容易；耐久性好	易受化学腐蚀（特别是在湿润气候和城市环境下）
	页岩	耐久风化慢；颜色丰富	成本较高；在遇水情况下，防滑性较差
碎石铺装路面	级配砂石	较经济的表面材料；颜色范围广	根据使用情况每隔几年要进行补充；容易生长出杂草
	砂砾	造价低；透水性好	不适合车辆通行；材料易流失
临时铺装路面	模压单体	可选择或设计成用于各种目的（如坚硬、柔软）；铺筑时间短；容易铺筑、拆除、重铺，且通常不需要专业化的劳动力；颜色范围广	易受人为破坏；成本较高

3.1.8　常见路面面层材料应用简介

1）沥青：沥青路面（车道、人行道、停车场等），透水性沥青路面（人行道、停车场等），彩色沥青路面（人行道、广场等）。

2）混凝土：混凝土路面（车道、人行道、停车场、广场等），水洗小砾石路面（园路、人行道、广场等），卵石铺砌路面（园路、人行道、广场等），混凝土板路面（人行道等），彩板路面（人行道、广场等），水磨平板路面（人行道、广场等），仿石混凝土预制板路面（人行道、广场等），混凝土平板瓷砖铺面路面（人行道、广场等），嵌锁形砌块路面（干道、人行道、广场等）。

3）块砖：普通黏土砖路面（人行道、广场等），砖砌块路面（人行道、广场等），澳大利亚砖砌块路面(人行道、广场等)。

4) 花砖：釉面砖路面(人行道、广场等)，陶瓷锦砖路面(人行道、广场等)，透水性花砖路面(人行道、广场等)。

5) 天然石材：小料石路面(骰石路面)(人行道、广场、池畔等)，铺石路面(人行道、广场等)，天然石砌路面(人行道、广场等)。

6) 沙砾：砂石铺面(步行道、广场等)，碎石路面(停车场等)，石灰岩粉路面(公园广场等)。

7) 砂土：砂土路面(园路等)。

8) 土：黏土路面(公园广场等)，改善土路面(园路、公园广场等)。

9) 木：木砖路面(园路、游乐场等)，木地板路面(园路、露台等)，木屑路面(园路等)。

10) 草皮：透水性草皮路面(停车场、场等)。

11) 合成树脂：现浇环氧沥青塑料路面(人行道、广场等)，人工草皮路面(露台、屋顶广场等)，弹性橡胶路面(露台、屋顶广场、过街天桥等)，合成树脂路面(体育用)。

3.2 园路其他结构层材料

3.2.1 园路路面结合层材料的识别与应用

在采用块料铺筑面层时，在面层和基层之间，为了结合和找平而设置的一层。一般用粗砂、M7.5水泥砂浆、1:3白灰砂浆、M2.5混合砂浆。砂浆摊铺宽度应大于铺装面5~10cm左右，已拌好的砂浆应当日用完，也可用3~5cm的粗砂均匀摊铺而成。特殊的石材铺地，如整齐石块和条石块，结合层采用M10水泥砂浆。

3.2.2 园路路面基层及垫层构筑材料的识别与应用

基层一般在土基之上，起承重作用。园路基层材料一般用碎(砾)石、灰土或各种工业废渣等。在路基排水不畅、易受潮受冻的情况下，就需要在路基之上设一个垫层，以便有利排水，防止冻胀，稳定路面。在选用粒径较大的材料做路面基层时，也应在基层与路基之间设垫层。做垫层的材料要求水稳定性良好。一般采用煤渣土、石灰土、砂砾等。当选用的材料兼具垫层和基层作用时，也可以合二为一，不单独设垫层。

1. 干结碎石

干结碎石基层是指在施工过程，不洒水或少洒水，依靠充分压实及用嵌缝料充分嵌挤，使石料间紧密锁结所构成的具有一定强度的结构，一般厚度为8~16cm，适用于园路中的主路等。

材料规格要求：要求石料强度不低于8级，软硬不同的石料不能掺用；碎石最大粒径视厚度而定，一般不宜超过厚度的0.7倍，50mm以上的大粒料约占70%~80%，0.5~20mm粒料约占5%、15%，其余为中等粒料。

选料时先将大小尺寸大致分开，分层使用。长条、扁片含量不宜超过20%，否则应就地打碎作嵌缝料用。结构内部空隙应尽量填充粗砂、石灰土等材料(具体数量根据试验确定)，其大约数量在20%~30%左右。

2. 天然级配砂砾

天然级配砂砾是用天然的低塑性砂料，经摊铺整形并适当洒水碾压后所形成的具有一定密实度和强度的基层结构。它的一般厚度为10~20cm，若厚度超过20cm应分层铺筑。其适用于园林中各级路面，尤其是有荷载要求的嵌草路面，如草坪停车场等。

材料规格要求：砂砾要求颗粒坚韧，大于20mm的粗骨料含量占40%以上，其中最大料径不大于基层厚度的0.7倍，即使基层厚度大于14cm，砂石材料最大料径一般也不得大于10cm。5mm以下颗粒的含量应小于35%，塑性指数不大于7。

3. 石灰土

在粉碎的土中，掺入适量的石灰，按着一定的技术要求，把土、灰、水三者拌和均匀，在最佳含水量的条件下成形的这种结构称为石灰土基层。

石灰土力学强度高，有较好的整体性、水稳性和抗冻性。它的后期强度也高，适用于各种路面的基层、底基层和垫层。为达到要求的压实度，石灰土基一般应用不小于12t的压路机或等铲压实工具进行碾压。每层的压实厚度最小不应小于8cm，最大也不应大于20cm，如超过20cm，应分层铺筑。

石灰土材料规格要求如下：

（1）土　各种成因的塑性指数在4以上的砂性土、粉性土、黏性土均可用于修筑石灰土。

1）塑性指数7~17的黏性土类，易于粉碎均匀，便于碾压成形，铺筑效果较好。人工拌和，应筛除1.5cm以上的土颗料。

2）土中的盐分及腐殖质对石灰有不良影响，对于硫酸含量超过0.8%，或腐殖质含量超过10%的土类，均应事先通过试验，参考已有经验予以处理。土中不得含有树根、杂草等物。

（2）石灰

1）石灰质量应符合标准。应尽量缩短石灰存放时间，最好在出厂后3个月内使用，否则应采取封土等有效措施。

2）石灰土的石灰剂量是按熟石灰占混合料总干重的百分率计算。石灰剂量的大小应根据结构层所在位置要求的强度、水稳性、冰冻稳定性和土质、石灰质量、气候及水文条件等因素，参照已有经验来确定。

（3）水　一般露天水源及地下水源均可用于石灰土施工。如水质可疑，应事先进行试验，经鉴定后方可使用。

（4）混合料的最佳含水量和最大密实度　石灰土混合料的最佳含水量及最大密实度（即最大干容重），随土质及石灰的剂量不同而不同。最大密实度随着石灰剂量的增加而减少，而最佳含水量随着石灰剂量的增加而增加。

4. 煤渣石灰土

煤渣石灰土也称为二渣土，是以煤渣、石灰（或电石渣、石灰下脚）和土三种材料，在一定的配比下，经拌和压实而形成强度较高的一种基层。

煤渣石灰土具石灰土的全部优点，同时还因为它有粗粒料做骨架，它的强度、稳定性和耐磨性均比石灰土好。另外由于它的早期强度高还有利于雨季施工，它的隔温防冻隔泥排水性能也优于石灰土，适用于地下水位较高或靠近湖边的道路铺装场地。煤渣石灰土对材料要求不太严，允许范围较大。一般最小压实厚度应不小于10cm，但也不宜超过20cm，大于20cm时应分层铺筑。

煤渣石灰土材料规格要求如下：

（1）煤渣　一般锅炉煤渣或机车炉渣均可使用。要求煤渣中未燃尽的煤质（烧失量）不超过20%，煤渣无杂质。颗粒略有级配，一般大于40mm的颗粒不宜超过15%（若用犁铧或重耙拌和，粒径可适当放宽），小于5mm的颗粒不大于60%。

（2）石灰　氧化钙含量大于20%的消石灰、电石渣或石灰下脚均可使用。若用石灰下脚时，在使用前要先进行化学分析及强度试验，防止有害物质混入。

（3）土　一般可以就地取土，但应符合对土的要求。人工拌和时土应筛除15mm以上土块。

（4）煤渣石灰土混合料的配比　要求不严，可以较大范围内变动，影响强度不大。在实际应用中，可根据当地条件适当调整。

5. 二灰土

二灰土是以石灰、粉煤灰与土，按一定的配比混合、加水拌匀碾压而成的一种基层结构。它具有比石灰土还高的强度，有一定的板体性和较好的水稳性，适用于二灰土的材料要求不高，一般石灰下脚和就地土都可利用。在产粉煤灰的地区均有推广的价值。由于二灰土都是由细料组成，对水敏感性强，初期强度低，在潮湿寒冷季节结硬很慢，因此冬季或雨季施工较为困难。为了达到要求的压实度，二灰土每层厚度最小不宜小于8cm，最大不超过20cm，大于20cm时应分层铺筑。

二灰土材料规格要求如下：

（1）石灰　二灰土对石灰的活性氧化物的含量要求不高，一般氧化钙含量大于20%均可使用。如用电石渣或石灰下脚，与煤渣石灰土的要求相同。

（2）粉煤灰　粉煤灰是电厂煤粉燃烧后的残渣，呈黑色粉状体，80%左右的颗粒小于0.074mm，密度在600～750kg/m^{2}之间。由于粉煤灰是用水冲而排出的，所以含水量较大，须堆置一定时间，晾干后才能使用。粉煤灰颗粒粗细不同，颗粒越细对水敏感性越强，施工越不易掌握含水量，故选用粗颗粒为好。

（3）土　土质对二灰土影响很大。土的塑性指数越高，二灰土的强度也越高，因此应尽量采用黏性土，但塑性指数也不宜大于20。用犁铧和重耙（或手扶拖拉机带旋耕犁）拌和时，土可不需过筛。其他要求参见本节石灰土部分。

（4）混合料配比　合理的配比要通过抗压强度试验确定。一般经验配比为石灰∶粉煤灰∶土为12∶35∶53，相应的体积比为1∶2∶2。

3.2.3　园路路基材料的识别与应用

路基是路面的基础，是在地表按园路的线型（位置）和断面（几何尺寸）的要求开挖或堆填而成的岩土结构物。为园路提供一个平整的基面，承受地面上传下来的荷载，也是保证路面具有一定强度和稳定性的重要条件之一。从材料上分，路基可分为土路基、石路基、土石路基三种。一般黏土和砂性土开挖后用蛙式路夯夯实可直接作为路基。对未压实的下层填土，经过雨季被水浸润后能使其自身沉陷稳定，其体积质量为180g/cm^{2}可以用于路基。在严寒地区，严重的过湿冻胀土或湿软呈橡皮状土，宜采用1∶9或2∶8灰土加固路基，其厚度为15cm。

3.2.4 园路附属工程材料的识别与应用

1. 道牙

道牙安装在道路边缘，起保护路面的作用。一般用砖、混凝土或花岗岩制成，在园林中也可以用瓦、大卵石等制成。

2. 台阶

许多材料都可以作台阶。以石材来说就有自然石(如六方石、圆石、鹅卵石)及整形切石、石板等。木材则有杉、桧等的角材或圆木柱等。其他材料还包括红砖、水泥砖、钢铁等都可以选用。除此之外还有各种贴面材料，如石板、洗石子、瓷砖、磨石子等。选用材料时要从各方面考虑，基本条件是坚固耐用，耐湿耐晒。

本章小结

1) 园路的结构一般由路基、路面和附属工程三部分组成。一般路面部分从下至上结构层次的分布顺序是垫层、基层、结合层和面层。

2) 路面面层和铺装常用的材料有混凝土路面材料(水泥混凝土、沥青混凝土)，片块状材料(天然石材片、釉面墙地砖、陶瓷广场砖、马赛克、天然石板、预制混凝土板、砌块、混凝土方砖、黏土砖)，嵌草路面材料(块料留隙间草、空心预制混凝土砌块)，地面镶嵌与拼花材料(鹅卵石、洗石子)，木材路面材料(圆木椿、木质砖砌块、木屑)等。

3) 园路路面结合层材料一般用粗砂、M7.5水泥砂浆、1:3白灰砂浆、M2.5混合砂浆。

4) 园路路面基层材料一般用干结碎石、天然级配沙砾、石灰土、煤渣石灰土、二灰土等。

5) 园路路面垫层材料一般采用煤渣土、石灰土、砂砾等。

6) 园路路基材料一般黏土或砂性土开挖后用蛙式路夯夯实可直接作为路基。

7) 园路附属工程材料中，道牙一般用砖、混凝土或花岗岩制成。

复习思考题

3-1 园路的结构一般由哪些部分组成？各部分常用的构筑材料有哪些？

3-2 常见路面面层材料有哪些？各类型材料一般应用在哪些场地？

3-3 大理石与花岗岩有什么区别？为什么大理石一般不用于室外？

3-4 天然石材板(片)表面处理的方法有哪些？

3-5 常用的花岗岩有哪些类型？怎样识别？

3-6 水泥混凝土面层装饰主要有哪些方法？各有什么特征？所用的材料有哪些？

第4章

园林建筑工程材料的识别与应用

学习目标

通过本章的学习，掌握园林建筑工程中古建工程、现代园林建筑小品（钢筋混凝土结构亭、张拉膜结构、雕塑小品）构筑材料的识别。熟悉园林建筑工程中构筑材料的合理选用，了解园林建筑工程中构筑材料的基本性能和技术要求。

4.1 园林古建筑工程材料

古建筑是园林建筑中的主要景物，它对点缀园林的景点具有重要作用。古建筑工程材料以古建砖瓦、彩绘和油漆材料最为突出，如图4-1、图4-2所示。

图4-1 古建(北京故宫)

图4-2 古建(北京颐和园)

4.1.1 古建用砖材料的识别与应用

古式建筑中所用砖的种类较多。不同的建筑等级、不同的建筑形式，所选用的砖也不同。清代建筑中制砖的规格见表4-1。

表 4-1　清代建筑中制砖的规格

砖　名　称		规格尺寸/mm	使 用 部 位
城砖	停泥城砖	480×240×120	城墙、下碱(干摆墙、丝缝墙)
	大城砖	464×234×120	基础、下碱(干摆墙、混水墙)
停泥砖	大停泥	410×210×90	大、小式墙身的干摆墙、丝缝墙
	小停泥	295×145×70	小式墙身的干摆墙、丝缝墙
条砖	大开条	288×145×64	淌白墙、檐料
	小开条	256×28×51	淌白墙、檐料
方砖		570×570×60	漫地
望砖		210×100×20	铺屋面，在椽子上用

4.1.2　古建用灰浆的种类与配制

灰浆相当于现在建筑中应用的砂浆，也是用于砌砖和筑瓦。古建筑灰浆的基本材料是石灰，由它与其他材料配合组成各种灰浆。抹灰用的材料种类和制作方法见表 4-2。

表 4-2　抹灰用的材料种类和制作方法

名　称	主 要 用 途	制 作 方 法
泼灰	制作灰浆的原材料	生石灰块用水反复均匀泼洒成粉状后过筛
泼浆灰	制作灰浆的原材料	泼灰过细筛后分层用青浆泼洒，白灰:青灰=100:13
煮浆灰(灰膏)	制作灰浆的原材料、室内抹白灰	生石灰块加水搅成浆状，过细筛后发胀而成
麻刀灰	抹靠骨灰及泥底灰的面层	各种灰浆调匀后掺入麻刀搅匀
素灰	用于筑瓦	由各种不掺麻刀的煮浆灰(石灰膏)或泼灰加水调匀而成
色灰	抹饰	各种灰加需配的颜料搅拌均匀而成，常用的颜料有青浆、烟子、红土粉、霞土粉等
月白灰	室外抹青灰或月白灰	泼浆灰加水或青浆调匀，掺入适量麻刀
纸筋灰	室内抹灰的面层	草纸用水闷成纸浆，放入灰膏中搅匀，灰:纸筋=100:5~100:6
三合灰	抹灰打底	月白灰加适量水泥
麻刀油灰	一般用于粘接石头	用桐油去泼生石灰块，成粉状后过筛再加麻刀，掺入适量面粉然后加水反复锤砸而成
掺灰泥	泥底灰打底、掺瓦	由 7 份黄土、3 份泼灰加水闷透再调制均匀
生石灰浆	内墙白灰墙面刷浆	生石灰块加水搅成浆状，经细罗过淋后掺入胶类物质
熟石灰浆	内墙白灰墙面刷浆	泼灰加水搅成稠浆状，过罗后掺入胶类物质
青浆	青灰墙面刷浆	青灰加水调制成的浆状物

4.1.3　屋顶用瓦材料的识别与应用

屋顶用瓦分为琉璃瓦和青瓦(布瓦)两种。

玻璃瓦件分为瓦件类、脊件类、饰件类、特殊瓦件四大部分。

(1)　瓦件类

1）板瓦(图 4-3)，又称为底瓦，凹面向上，逐块压叠摆放，用于屋面。板瓦沾琉璃釉不少于瓦长的 2/3。

2）筒瓦(图 4-3)，又称为盖瓦，用于扣盖两行板瓦间缝隙之上。

3）滴水瓦(图 4-3)，又称为滴子，在板瓦前加有花纹图案的如意形滴唇，用于瓦垄沟，外露部分上釉。

4）勾头瓦(图 4-3)，又称为猫头，用于筒瓦端部勾檐之上，上置瓦钉和钉帽固定。

5）钉帽，用于勾头之上遮盖固定勾头的瓦钉，有塔状和馒头状两种。

6）折腰瓦(图 4-4)，用于陇脊部的板瓦，瓦面全部上釉。

7）续折腰瓦(图 4-4)，用于连接折腰板瓦与板瓦。

8）罗锅瓦(图 4-4)，用于过陇脊(又称元宝脊)上部。

9）续罗锅瓦(图 4-4)，用于筒瓦与罗锅瓦之间，一端做有熊头。

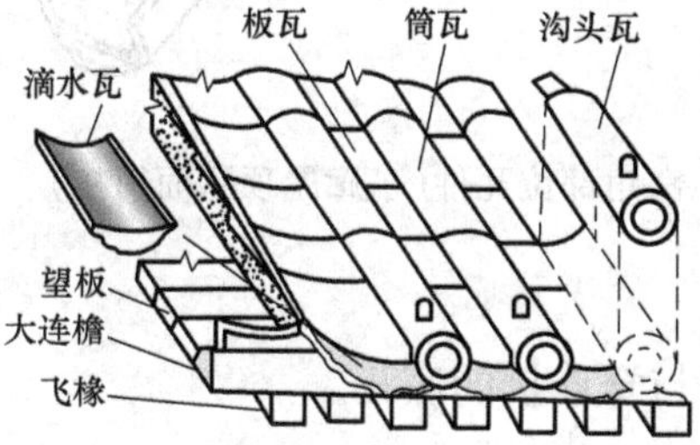

图 4-3　瓦件类材料式样(琉璃瓦屋面)

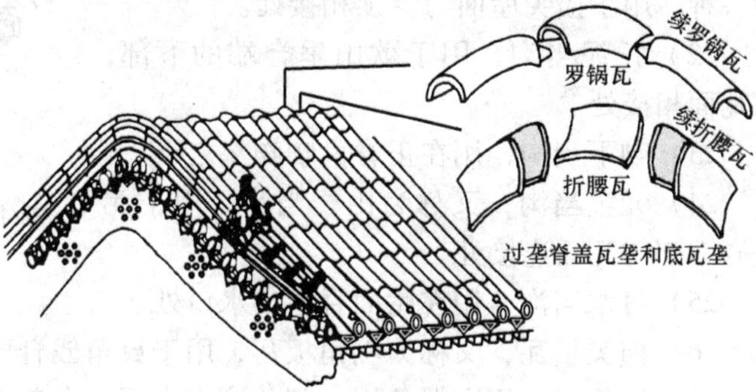

图 4-4　瓦件类材料式样(歇山建筑卷棚顶的过垄脊)

10）满面砖(图 4-5)，黄色者称为满面黄，绿色者称为满面绿，用于围脊最上部，以遮盖围脊与围脊之间的空隙。

11）蹬脚瓦(图 4-5)，安置在围脊筒上沿，承接满面砖。

12）博脊瓦，用于博脊最上部。

13）正当沟(图 4-5)，用于正脊下部与瓦面相接处。

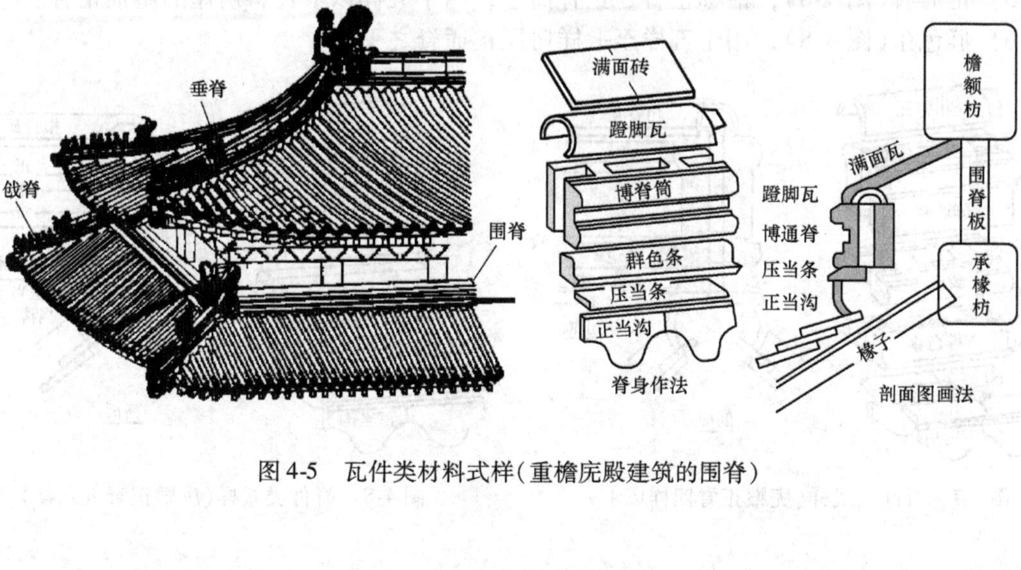

图 4-5　瓦件类材料式样(重檐庑殿建筑的围脊)

14）沟筒瓦（图 4-6），形成窝角连接部位的排水沟。

15）羊角沟头（图 4-6），用于屋面窝角天沟两侧瓦陇的沟头。

16）斜房檐（图 4-6），用在斜天沟两侧，羊蹄勾头之下。

17）天沟头，窝角天沟的滴水，用于天沟端部。

18）合角滴子，又称为割角滴水，用于出角的转角处。

19）螳螂勾头，用于翼角前端、割角滴水之上。

20）斜当沟，用于庑殿脊、戗脊、角脊下部瓦陇之上。

21）平面当沟，又称为当沟，属于正当沟的一种，用于攒尖屋面与宝顶相接处。

22）托泥当沟，用于歇山垂脊端的下部，与瓦面相接处。

23）吻下当沟，用在正脊大吻吻垫之下。

24）元宝当沟，又称为山样当沟，用于元宝脊下部与瓦面连接处。

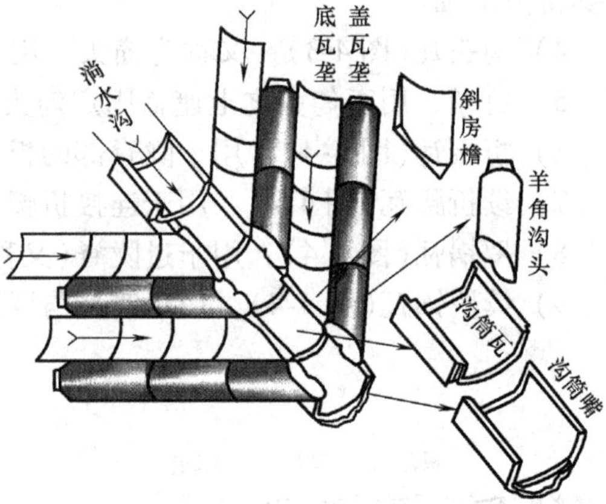

图 4-6　窝角部位瓦件（亭廊屋顶屋面衔接）

25）过水当沟，用在屋面脊中出水口处。

26）撞尖板瓦，又称为咧角板瓦，用于翼角戗脊两侧与脊连接的底瓦。

27）遮朽瓦，用在翼角端，割角滴水之下，套兽之上。

28）瓦口，用在非木制连檐瓦口处。

（2）脊件类

1）赤脚通脊（图 4-7），简称赤脊，用于四样以上正脊。

2）黄道（图 4-7），与赤脚通脊相接配合使用。

3）大群色条（图 4-7），又称为相连群色条，简称相连，用于黄道以下。

4）压当条（图 4-7），用于正脊群色条之下，正当沟之上或垂脊侧。

5）正通脊（图 4-8），俗称正脊、正脊筒子，用于五样以下瓦料房屋的屋顶正脊。

6）群色条（图 4-8），用于五样至七样房屋正通脊之下。

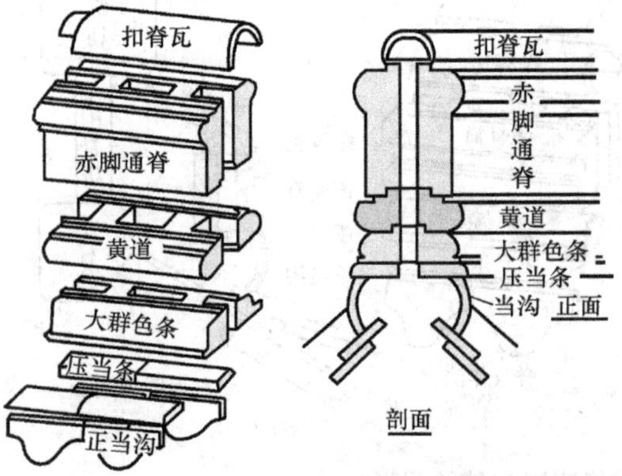

图 4-7　脊件类式样（庑殿正脊四样以上）

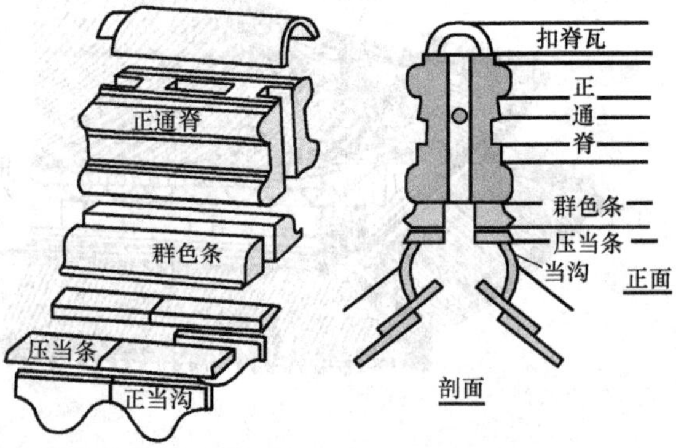

图 4-8　脊件类式样（庑殿正脊五六样）

7）垂脊，又称为垂通脊，俗称垂脊筒子，用于戗脊或岔脊筒子。垂脊筒与戗脊筒外观相同，仅端部角度稍有变化，戗脊高为同一建筑的九折，此件用在悬山、硬山、歇山垂脊、戗脊、重檐角脊或庑殿脊，常用于七样以上瓦料的房屋。

8）博脊(图4-9)，用于重檐建筑围脊，一面外露有釉，一面为无釉平面，无釉平面砌入脊内。

9）承奉博脊连砖，一面带釉，一面为雪釉平面，用于五样以上瓦料歇山博脊。

10）博脊连砖(图4-9)，用于瓦六样以下瓦料歇山建筑博脊，一面带釉，一面为无釉平面。

11）挂尖(图4-9)，用于博脊两端，隐于排山沟头滴子之下。

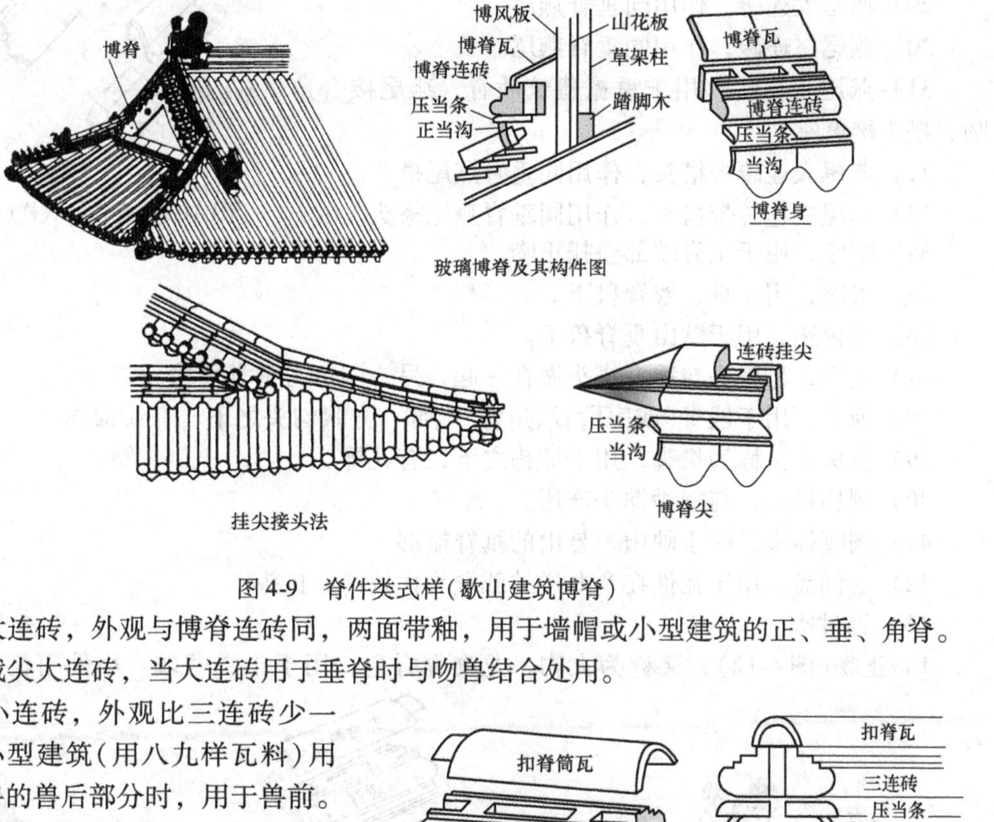

图4-9　脊件类式样(歇山建筑博脊)

12）大连砖，外观与博脊连砖同，两面带釉，用于墙帽或小型建筑的正、垂、角脊。

13）戗尖大连砖，当大连砖用于垂脊时与吻兽结合处用。

14）小连砖，外观比三连砖少一道线，当小型建筑(用八九样瓦料)用三连砖戗兽的兽后部分时，用于兽前。

15）三连砖(图4-10)，用于瓦七样瓦件以上房屋的庑殿脊、戗脊、角脊兽前部分，也用于八九样瓦件(如门楼、影壁)建筑的兽后部分，线型同博脊连砖相似。

16）披水砖(图4-11)，用于披水排山脊下，山墙博缝之上。

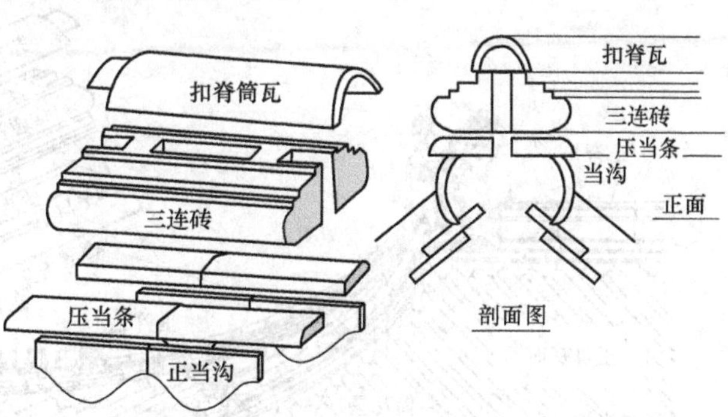

图4-10　脊件类式样(庑殿正脊七样)

17）披水头(图4-11)，用于披水头部。

18）戗脊割角，用于歇山戗脊与垂脊连接处。

19）戗脊割角带搭头，用于歇山戗脊，一端与垂脊连接，另一端戗兽座。

20）罗锅压带条，用于卷棚(圆山)箍头脊内侧顶部。

21）罗锅垂脊，用于圆山箍头脊顶部。

22）续罗锅垂脊，用于圆山箍头脊，接罗锅垂脊筒。

23）脊头，用于无兽头的垂脊端部。

24）垂脊搭头，用于垂脊与兽座接合处。

25）大连砖带搭头，作用同垂脊搭头。

26）三连砖搭头，作用同垂脊搭头。

27）垂脊戗尖，用于垂脊与正吻接连处。

28）垂脊燕尾，用于攒尖建筑垂脊与宝顶连接处。

29）燕尾大连砖，作用同垂脊燕尾。

30）燕尾三连砖，作用同垂脊燕尾。

31）燕尾带搭头，用于重檐建筑戗脊、燕尾接合角吻、搭头接兽座。

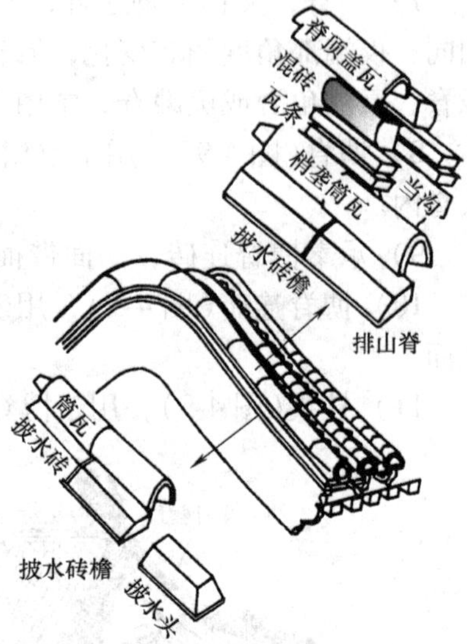

图 4-11　脊件类式样(排山脊)

32）燕尾大连砖带搭头，作用同垂脊燕尾搭头。

33）燕尾三连砖带搭头，作用同垂脊燕尾搭头。

34）吻座，用于正脊端部垫托正吻。

35）兽座，用于垂、戗脊兽下。

36）垂兽座，用于歇山垂脊兽下。

37）连座，将兽头与垂脊搭头做在一起，另一端可与垂脊平接。

38）撺头，用于戗脊(或庑殿脊、角脊)端部、方眼勾头之下，有纹饰。

39）摘头，又称为扒头，用于撺头之下，有花饰。

40）咧嘴扒头，与咧嘴撺头连用。

41）咧嘴撺头，用于硬山、悬山的垂脊端部。

42）三仙盘，用于瓦件在八九样的戗脊头代替撺、扒头。

（3）饰件类

1）正吻(图 4-12)，又称为大吻，龙吻吞脊兽，用于正脊两端。小件用整块，大件分

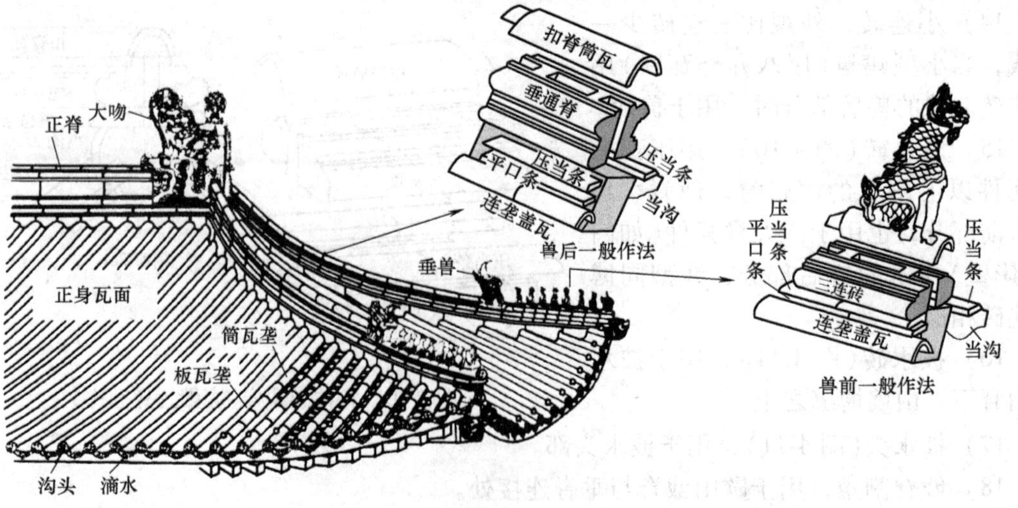

图 4-12　屋顶瓦件材料位置及式样(庑殿建筑)

块。二样吻多至12块。正吻附件有剑把、背兽。

2）脊兽，俗称兽头。用于城防建正脊两端，嘴头向外。用于垂脊时称为垂兽，用于戗脊时称为截兽（也称戗兽），上附兽角。

3）屋脊走兽（图4-13），走兽的安置次序首先是仙人指路，其后为龙、凤、狮、天马、海马、狻猊、狎鱼、獬豸、斗牛、行什（俗称猴）十个。在使用中一般成单数。根据建筑物规模按规划采用3、5、7、9个走兽不等。国内古建筑仅见故宫太和殿用至行什十个。

4）仙人（图4-13），脊端构件，用于戗脊、庑殿脊、角脊或垂脊端部，置于方眼勾头之上。

5）套兽（图4-13），套于仔角梁端部。

6）合角吻（图4-14），用于屋脊转角处。

图4-13 屋顶饰件类位置及式样（庑殿建筑）

（4）特殊瓦件

1）星星瓦，形如筒瓦，中有眼，可加瓦钉和钉帽固定于大型琉璃瓦同腰节处，并可用于固定吻索的索钉。

2）竹节勾头，用于圆形攒尖建筑，一头小、一头大，称为竹节瓦，其勾头与熊头端有收分。

3）竹节筒瓦，两头大小不等，用于圆形攒尖建筑物。

4）竹节瓦滴水，由滴唇向后可收分者，用于圆形攒尖建筑底瓦檐端。

5）咧角盘子，用于瓦件在八九样的垂脊头部代替咧角撺、捎头。

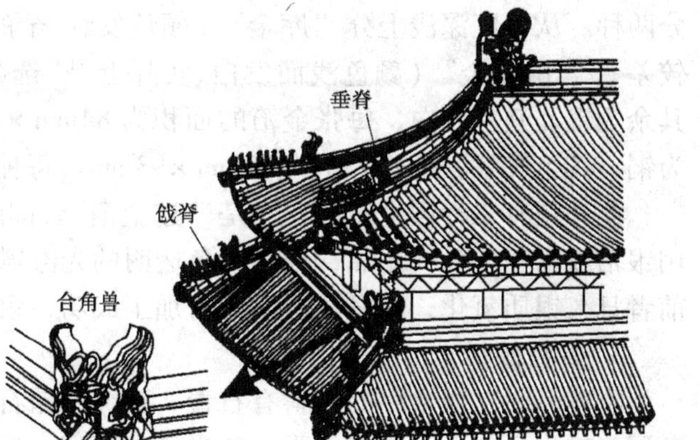

图4-14 合角吻位置及式样（庑殿建筑）

6）罗锅披水砖，用于卷棚披水排山脊的脊中部。

7）无脊瓦，用于砖压顶。

8）竹节板瓦，大口至小口有一定收分，用于圆形攒尖建筑底瓦。

9）兀扇瓦，用于圆形攒尖瓦面顶尖的宝顶底下。筒板瓦较小，连做成一片，因此常称为“联办”，又取其形状似莲瓣之意。

10）蝴蝶瓦，用于四坡板瓦脊部汇合处之上，此种瓦又称为尖泥瓦。

（5）宝顶　宝顶是古建筑极具装饰意味的部件。攒尖屋顶用宝顶压脊，不仅能有效防漏，而且起到了极佳的装饰作用。

宝顶大体分为顶座和顶珠两部分，如图4-15所示。宝顶形状一般为圆形，其他形状极为少见。宝顶的须弥座自下而上层层叠起，最下一层为圭脚，依次为下枋、下枭（通常做成莲花瓣形习惯称为“下莲瓣”）、束腰、上枭、上枋等部件。宝顶的顶珠常见为长圆形，宛如倒扣的坛子，中空无底，上有顶盖。宝珠与顶底连接处有薄围口1～2层。

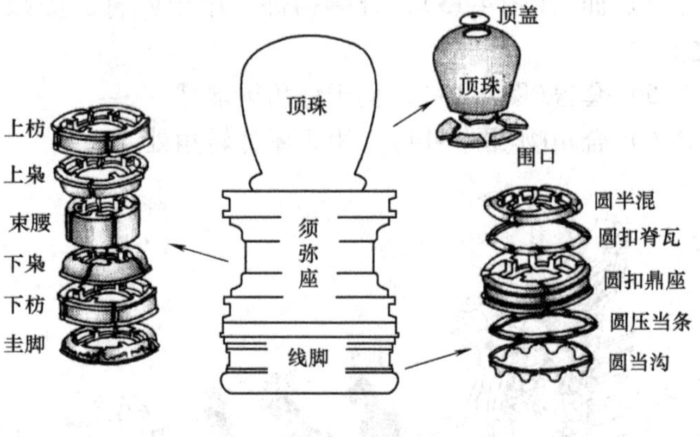

图4-15　宝顶各部件构成

4.1.4　彩画材料的应用

彩画材料主要有黄胶、金箔、颜料等。

1. 黄胶

黄胶是用石黄、胶水和适量的水调制而成，也可用光油、石黄、铅粉调制成“包油胶”。

2. 贴金材料

贴金材料所用为金箔，“其薄如纸”。苏州产的金箔，每帖十张，有三寸二分、三寸八分两种。从色度深浅上分“库金”（颜色发红、金的成色最好），“苏大赤”（颜色正黄、成色较差），“田赤金”（颜色浅而发白、实际上是“选金箔”）三种。赤金的成色约为84%左右，其余为银，其色发白，每张金箔的面积为84mm×84mm。库金的成色约为93%左右，其余为铜，其色发红，每张大小为93mm×93mm。每种金箔的边长基本代表其成色的含量。

此外还有二种假金做法：一是“选金箔”，即颜色如金而实际上是用银来熏成的；二是用银箔或锡箔作为代用品，外用黄色透明的光漆罩之（名曰“罩金”），也能有用金箔的效果。前者日久银质氧化，易发黑；后者若加工成功，耐久性较长。

3. 着色颜料

在着色时，通常用的颜料有石青、石绿、赭石、朱砂、靛青、藤黄、铅粉等，前四种颜色属于矿物质颜料，覆盖力强，色泽经久不衰。靛青、藤黄属于植物性颜料，透明性好，覆盖力差。铅粉是一种人工合成的白色颜料，覆盖力较强，但日久会变黑（称为“返铅”），常用的调料是胶和矾。

4.1.5　古建油漆材料的识别与应用

1. 油

(1) 灰油　灰油采用几种物质经熬制而成，熬制灰油的材料比例为：生桐油 50kg，土籽灰 3.5kg，樟丹粉 2kg。如在夏季高温或初秋多雨的潮湿季节，樟丹粉应该增加至 2.5～3.5kg；如在冬天严寒的季节，土籽灰应该增加至 4～5kg。

(2) 光油　所谓“光油”主要是指用于饰面涂刷，用生桐油熬制而成，又称为熟桐油，市场虽有成品供应，但不适用于建筑的饰面涂刷，只适用于操底油、调腻子、加对厚漆等。

熬制光油的材料比例为：生桐油 40kg，白苏籽油 10kg，干净土籽粒 2.5kg(冬季熬油用 3～3.5kg)，密陀僧粉 1kg(夏季和初秋多雨季节用 1.5kg)，中国铅粉 0.75kg(粉碎后过细箩)。

(3) 金胶油　所谓“金胶油”即是以油代胶、起粘结作用的涂料。在建筑饰面上制作贴金、扫金、扫青、扫绿都需要使用金胶油。

金胶油用不同物质经加兑而成。加兑金胶油的材料比例为：饰面光油 5kg，加入食用豆油 7 两(16 两制，1 两 = 31.25g)，在温度高时减至 4～5 两，温度低时增至 8～10 两。

2. 打满与调灰材料

(1) 打满　所谓“打满”，是指调制地杖灰用，由灰油、石灰水、面粉混合而成的胶结材料。打满的材料配比为：生石灰块 25kg，面粉 25kg，水 50kg，灰油 50kg。

(2) 地杖灰　所谓“地杖”即是在建筑用木材表面涂刷油漆饰面以前所做的垫层。地杖灰就是做垫层用的塑性材料。地杖的做法多种多样，如有两道灰、三道灰、四道灰、一麻四灰、一麻五灰、一麻一布六灰、两麻六灰、两麻一布七灰等。

地杖灰的材料配比为(选用缩甲基纤维素来代替面粉)：

1) 生石灰粉 25kg(考虑用成品袋装生石灰粉，运输、计量都方便，直接加水即可调成灰膏。无需过淋、沉淀等复杂工序，在容器内即可进行；不出渣，无需尾弃场所)。

2) 调生石灰粉用水 35kg(考虑淋灰出渣时要带出一定水分，补足石灰水比例为 1∶1.4)。

3) 溶解纤维素用水 15kg(这是旧配合比中面粉吃水量，以此等量的水来确定纤维素的用量)。

4) 纤维素 0.75kg(按纤维素溶成胶液所需水量为纤维素质量的 20 倍而定出)。

5) 食用加工盐 0.25kg(考虑为加强石灰膏的敷着性而附加的辅助料)。

6) 聚醋酸乙烯乳液 0.375kg(考虑为促进纤维素的聚合性而附加的辅助料)。

素胶子加入灰油即成为打满，调地杖灰时因灰的用途不同，素胶子与灰油的比例也是有所变化的。

3. 腻子

腻子的种类很多，其实古建地杖本身就属于腻子的范畴，由于地杖的工程量大，操作技术比较繁杂，所以成为古建油作的代表性工序，除地杖之外，在涂刷饰面前或在涂刷过程中，都需要做腻子，有地杖的是为了弥补地杖表面光滑度的不足，无地杖的是为了弥补木材表面的缺陷。因用途不同，腻子有许多种，如在地杖表面做的有浆灰腻子、土粉子腻子，在木材表面上做清色饰面有水色粉、油色粉、漆片腻子、石膏腻子等。

(1) 浆灰腻子　先将做地杖用的细砖灰放在容器内，加灰重五倍以上的清水，进行搅动、漂洗，趁灰粉在水中悬浮，较粗的颗粒已经沉淀之际，澄出灰水进行二次沉淀。至灰粉完全沉于水底将浮面清水澄出，这种细砖灰称为“澄浆灰”，加入适量的血料和少许生桐油，调成可塑状的腻子，即浆灰腻子。

（2）土粉子腻子　土粉子腻子又称为血料腻子，用土粉子(或用大白粉加20%滑石粉也可)加入适量血料调成可塑状腻子。

（3）水色粉、油色粉　两者均以大白粉为主，根据色调要求，调入适量粉状颜料，水色粉用温水调制成流动性粉浆，油色粉用光油加稀释剂调制成流动性粉浆。

（4）漆片腻子　漆片腻子是用酒精化开的漆片液调成的可塑状腻子。漆片又称为紫胶漆或虫胶漆，干漆成片状，用酒精浸泡即成液态漆。

（5）石膏腻子　将生石膏粉放入容器内，先加入适量光油调成可塑状。然后加入少量清水，急速搅拌均匀成糊状，静止2～3min即凝聚成坨，然后再进行搅拌，使其恢复成可塑状态，用湿布苫盖。用时放在木平板上用开刀(即油灰刀)或铁板翻折、碾轧细腻后即可。如用于色油饰面，翻折时可加入少量相应颜色的饰面油或成品调合漆。

4. 古建筑油饰的设色

古建筑的设色，历代各朝，别有定制，在封建统治之下，是不得违反的。至今虽不甚严格，但历史的时代风格，给人们留下的视觉习惯，对于古建筑上的色彩，如果用得不符合定制，难免使人看着不舒服。园林中为了求得与自然环境的谐调，一般选用朱紫、铁红、荔色、香色、羊肝色、绿色、瓦灰等色彩。虽然古建设色制度规定比较复杂，但总的来看，色彩的种类并不太多，只有十几种，而且比较固定，数百年来变化不大。油饰色彩的配兑，并不是颜料与颜料的掺和，而是用单一品种的颜料先调成各色的色油，然后以色油与色油进行混合，下面根据设色制度中的特有名称作简单的配兑介绍。

（1）朱红　为银朱串油后的本色。但银朱由于产地不同，品种与色泽也不一样。传统上用进口铁盒银朱，现市场已无供应。广东佛山产的银朱和山东产的银朱，颗粒较粗，颜色较深，只宜用于画活，不宜作为油饰面。只有上海产的银朱，色泽较浅，颗粒细腻，因光油本身具有一定的色度，用上海银朱串油后，其红色比较纯正、鲜艳。

（2）深色二朱油　以广红油为主，配以二成银朱油，其色虽是紫色，但比较明亮。

（3）浅色二朱油　以樟丹油为主，配以二成银朱油，其色为比较明亮的浅红，一般用于室内。

（4）铁红　为广红油的本色，又称为红土子油。

（5）银朱紫　以银朱油为主，配以约四成的群青油，并加入少量石黄油，其色虽为紫红色，但比较沉着。

（6）羊肝色　以广红油为主，配以少量的银朱油和烟子油。

（7）荔色　以广红油为主，配以一定数量的石黄油和烟子油。

（8）香色　以黄油为主，配以白色及少量的蓝色油。

（9）绿色　颜料品种较多，如用进口的澳绿，即可串出原色，若用进口的巴黎绿或国产铜绿，需配以少量的铅粉油方能得到绿的正色。

（10）瓦灰　以铅粉油为主，配以一定数量的烟子油。

（11）墨绿　以绿油为主，配以少量的烟子油。

（12）铁黑　以烟子油为主，配以一定数量的广红油。

（13）蓝色　以群青油为主，配以少量的铅粉油。

（14）黑色　为烟子油的本身色彩。

（15）白色　为铅粉油的本色。

此外制作饰面还有一种主要颜色，就是金色，是用成品金箔贴上去的。

5. 麻、麻布、玻璃丝布

（1）麻　古建油漆彩画基层（地杖）所用的麻为上等麻线，麻丝应柔软洁净无麻梗，纤维拉力强，其长度不小于10cm。

（2）麻布（夏布）　品质优良、柔软、清洁、无跳丝破洞、拉力强者为佳。每厘米长度内以10～18根丝为宜。

（3）玻璃丝布　利用玻璃丝布代替麻布，经多年考验效果很好，既经济又耐久。用时将布边剪去，每厘米长度内以10根丝为宜。

4.2　园林现代建筑工程材料

4.2.1　新型亭工程材料的识别与应用

现代亭多指运用现代建筑和装饰材料来建造，造型与结构简化或为异域文化造型和结构的亭，如简易亭（图4-16、图4-17）、欧式亭（图4-18）、泰式亭等。

图4-16　简易亭

图4-17　简易亭

图4-18　欧式亭

简易亭，其柱梁一般采用混凝土、木材、钢材构筑，屋面则多由耐候性强、坚实耐用的聚碳酸树脂板、玻璃纤维强化水泥搭建。

欧式亭，其梁柱用柏木、美国黄松或其他仿木材料制作，屋顶一般采用彩板屋面或铜板屋面。单柱亭屋面边长为3m，四柱亭屋面边长一般为3.5～5m。

亭的建造，应就地取材，符合地方习俗，具有民族风格。一般选用地方材料，如竹、木、茅草、砖、瓦等；现在更多的是仿竹、仿树皮、仿茅草塑亭，另外还可用轻钢、金属、铝合金、玻璃钢、安全玻璃、充气塑料等新材料组建而成。

亭一般由台基、亭柱、亭顶三部分组成。

台基是亭的地上部分最下端，是亭基础的覆盖与亭地坪的设置装饰体。台基的周边常用块体材料砌筑围合，中间填土石碎料，表面再作抹灰、铺贴面料。亭的基础采用独立柱基或板式柱基的构造形式，多为混凝土材料。若地上部分负荷较重，则需加钢筋、地梁；若地上部分负荷较轻，如用竹柱、木柱盖以稻草的亭，则仅在亭柱部分掘穴以混凝土作为基础即可。

亭柱的构造材料有水泥、石块、砖、树干、木条、竹竿等，亭一般无墙壁，形成比较空灵的亭内空间。柱的断面常为圆形或矩形。柱可以直接固定于台基中的柱基，也可搁置在台基上的柱基石上。木质柱的表面需做油漆涂料；钢筋混凝土的柱可现浇或预制装配，表面应做抹灰涂料装饰，或进行贴面处理；石质柱应进行表面加工再安装。

亭的屋顶一般由梁架、屋面两部分组成。亭的顶部梁架可用木材制成，也可用钢筋混凝土或金属铁架等；梁架由各种梁组合而成，一般由柱上搁梁成柱上梁，柱上梁上设置屋面坡度造型梁，造型梁上再设置屋面板或椽组成。屋面主要起防雨、遮阳等围护作用，常由结构承重层和屋面防水层等层次组成。屋面结构层由椽子、屋面板等构件组成；屋面防水层由平屋面中的刚性或柔性防水层做法，或由坡屋面的瓦片、坡瓦等构件组成。有时，根据设计要求，以树皮、竹材、草秸、棕丝、石板等材料所组成的防水层，能形成特殊的风格情趣。

亭屋顶室内部位，一般不设吊顶，直接把梁架裸露出来，进行涂刷等工艺处理。亭柱间周边常设置相应的固定坐凳与靠背栏杆。有时中心设置可移动的木质或石质的凳和桌。

现代亭各部分结构材料选择如图 4-19 所示。

4.2.2 张拉膜工程材料的识别与应用

膜结构又叫张拉膜结构，是以建筑织物，即膜材料为张拉主体，与支撑构件或拉索共同组成的结构体系，它以其新颖独特的建筑造型，良好的受力特点，成为大跨度空间结构的主要形式之一。在阳光的照射下，由膜覆盖的建筑物内部充满自然漫射光，无强反差的着光面与阴影的区分，室内的空间视觉环境开阔和谐。夜晚，建筑物内的灯光透过屋盖的膜照亮夜空，建筑物的体型显现出梦幻般的效果，如图 4-20 所示。

膜材料是指以聚酯纤维基布或 PVDF、PVF、PTFE 等不同的表面涂层，配以优质的 PVC 组成的具有稳定的形状，并可承受一定载荷的建筑纺织品。它的寿命因不同的表面涂层而异，一般可达 12 ~ 50 年。

膜结构已经被应用到各类建筑结构中。在景观设施中常用于标志性小品、广场标识、小区景观、步行街等，如图 4-21 所示。

1. 建筑膜材

用于建筑膜结构的膜材，依涂层材不同大致可分为 PVC 膜与 PTFE 膜，膜材的正确选定应考虑其建筑的规模大小、用途、形式、使用年限及预算等综合因素后决定。

（1）PVC 膜　PVC 膜材在材料及加工上都比 PTFE 膜便宜，且具有材质柔软，易施工的优点。但在强度、耐用年限、防火性等性能上较 PTFE 膜差。PVC 膜材是由聚酯纤维织物加上 PVC 涂层（聚氯乙烯）而成，一般建筑用的膜材，是在 PVC 涂层材的表面处理上，涂以数微米厚的压克力树脂，以改善防污性。但是，经过数年之后就会变色、污损、劣化。一般 PVC 膜的耐用年限，依使用环境不同为 5 ~ 8 年。为了改善 PVC 膜材的耐候性，近年来已研发出以氟素系树脂在 PVC 涂层材的表面处理上做涂层，以改善其耐候性及防污性的膜材。

（2）PVDF 膜　PVDF 是二氟化树脂的略称，在 PVC 膜表面处理上加以 PVDF 树脂涂层的材料称为 PVDF 膜。PVDF 膜与一般的 PVC 膜比较，耐用年限改善至 7 ~ 10 年左右。

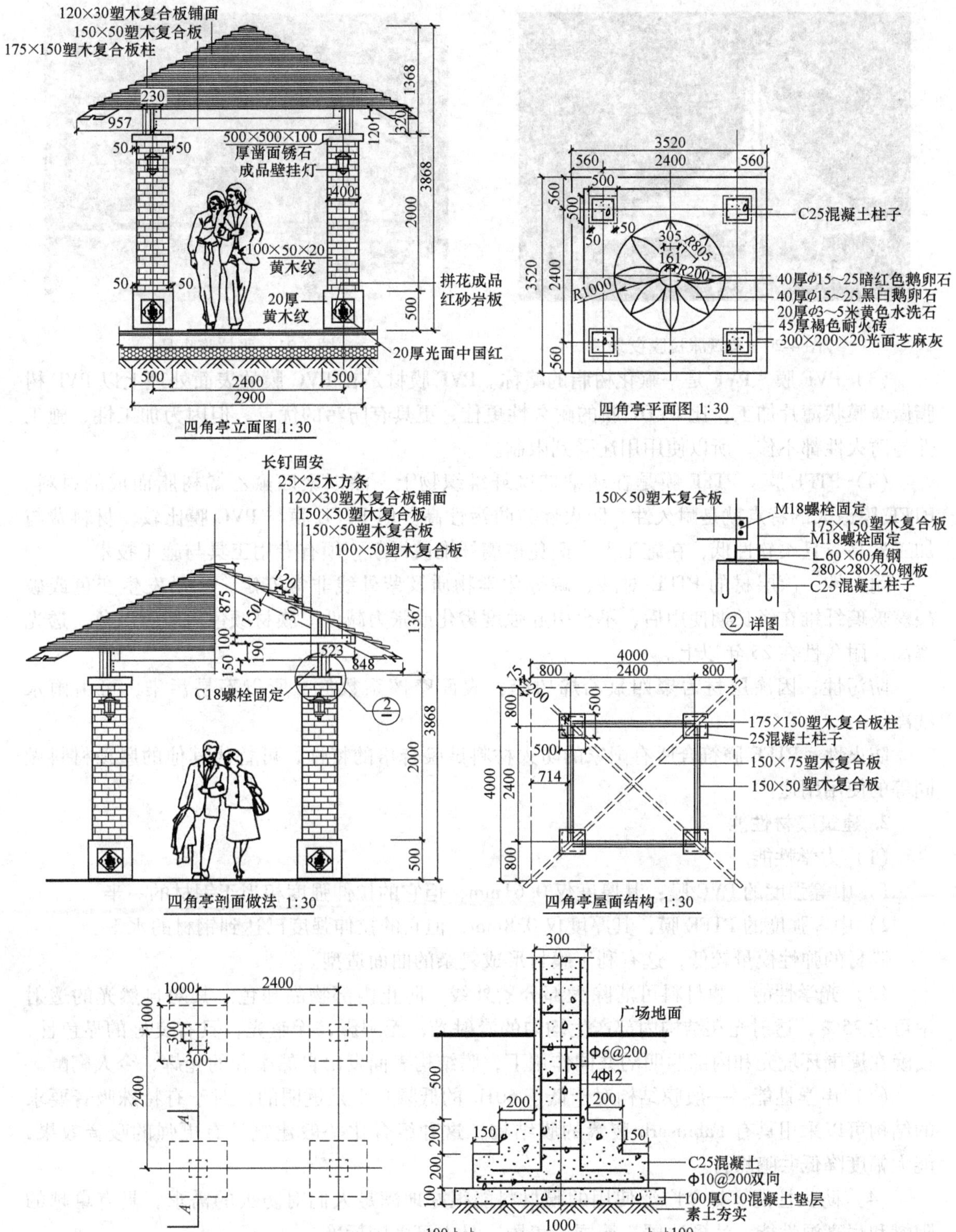

图 4-19　现代亭结构材料的选择

图 4-20　景观张拉膜夜景

图 4-21　张拉膜小品

（3）PVF 膜　PVF 是一氟化树脂的略称。PVF 膜材是在 PVC 膜的表面处理上以 PVF 树脂做薄膜状薄片加工，比 PVDF 膜的耐久性更佳，更具有防污的优点。但因为加工性、施工性与防火性都不佳，所以使用用途受到限制。

（4）PTFE 膜　PTFE 膜是在超细玻璃纤维织物上，涂以聚四氟乙烯树脂而成的材料。PTFE 膜最大的特点就是耐久性、防火性与防污性高。但 PTFE 膜与 PVC 膜比较，材料费与加工费高，且柔软性低，在施工上为避免玻璃纤维被折断，须有专用工具与施工技术。

耐久性：涂层材的 PTFE 对酸、碱等化学物质及紫外线非常安定，不易发生变色或破裂。玻璃纤维在经长期使用后，不会引起强度劣化或张力减低。膜材颜色一般为白色、透光率高，耐久性在 25 年以上。

防污性：因涂层材为聚四氟乙烯树脂，表面摩擦系数低，所以不易污染，可由雨水洗净。

防火性：PTFE 膜符合所有国家的防火材料试验合格的特性，可替代其他的屋顶材料做同等的使用用途。

2. 建筑膜材性能

（1）力学性能

1）中等强度的 PVC 膜：其厚度仅 0. 61mm，但它的拉伸强度相当于钢材的一半。

2）中等强度的 PTFE 膜：其厚度仅 0. 8mm，但它的拉伸强度已达到钢材的水平。

膜材的弹性模量较低，这有利于膜材形成复杂的曲面造型。

（2）光学性能　膜材料可滤除大部分紫外线，防止内部物品褪色。其对自然光的透射率可达 25%，透射光在结构内部产生均匀的漫射光，无阴影，无眩光，具有良好的显色性，夜晚在周围环境光和内部照明的共同作用下，膜结构表面发出自然柔和的光辉，令人陶醉。

（3）声学性能　一般膜结构对于低于 60Hz 的低频几乎是透明的，对于有特殊吸音要求的结构可以采用具有 Fabrasorb 装置的膜结构，这种组合比一般建筑具有更强的吸音效果，能大幅度降低共鸣噪音。

（4）防火性能　如今广泛使用的膜材料能很好地满足人们对防火的需求，具有卓越的阻燃和耐高温性能，达到法国、德国、美国、日本等多国标准。

（5）保温性能　单层膜材料的保温性能与砖墙相似，优于玻璃。

同其他材料的建筑一样，膜建筑内部也可以采用其他方式调节其内部温度，如内部加挂保温层，运用空调采暖设备等。

（6）自洁性能　PTFE 膜材和经过特殊表面处理的 PVC 膜材具有很好的自洁性能，对一般尘埃有拒亲和性能，雨水会在其表面聚成水珠、浮尘，同时会流下，使膜材表面得到自然清洗。

（7）主要缺点　耐久性差，现在的设计寿命可达 20 年以上，处于临时性建筑—永久性建筑的转变时期。另外，由于薄膜张力的连续性，局部的破坏就会造成整个薄膜结构垮掉。

4.2.3　现代雕塑工程材料的识别与应用

1. 雕塑的种类

（1）按雕塑形式分

1）圆雕：指不附着在任何背景上、适于多角度欣赏、完全立体的雕塑，包括头像、半身像、全身像、群像以及动物等类型的造像，以及各类立体的抽象雕塑。

2）浮雕：指在平面上雕出形象浮凸的一种雕塑。依照表面凸出厚度的不同，分为高浮雕、浅浮雕(薄肉雕)、比例压缩浮雕等。

（2）按雕塑的艺术形式分

1）具象雕塑(图 4-22)：有着显而易见的、明确的外形轮廓或构成的雕塑，包括人物、动物、器物、植物等的造型等。

2）抽象雕塑(图 4-23)：彻底抛弃客观世界的具体形象和生活内容，以抽象的线条、色彩和几何形体作为表现形式。

图 4-22　具象雕塑

图 4-23　抽象雕塑

2. 雕塑材料

雕塑的选材要考虑与周围环境的关系：一是要注意相互协调；二是要注意对比效果；三是要因地制宜，创造性地选择材料以取得良好的艺术效果。

室外雕塑的材料一般分为五大类：第一类是天然石材，即花岗岩、砂石、大理石等天然石料；第二类是金属材料，以焙炼浇铸和金属板锻制成形；第三类是人造石材，即混凝土等制品；第四类是高分子材料，即树脂材料；第五类是陶瓷材料，即高温焙烧制品。

（1）石料　雕塑中常用的石料为大理石、青石、花岗石、砂岩等。石料质感自然，且能长期保存，是雕塑的主要用材。因石雕品种繁多，色泽纹理绚丽多彩，与天空地貌融为一体，材料质感和景物协调一致，能给人以崇高和美的自然享受，如图4-24所示。

图4-24　石料雕塑

花岗岩是最常用的材料，也是最坚固的材料之一，密度为2500～2700kg/m^3，抗压强度为1200～2500kgf/cm^2，耐候性好，使用年限长。花岗岩是由石英、长石和云母三种造岩矿物组成的，因而它具有很好的色泽。而且造价相对便宜，切割方便，所以向来备受青睐。

大理石质地华美，颜色丰富多样，是营建雕塑的重要材料，但有些大理石不能用于室外，因为极易受雨侵蚀、风化剥落。

砂岩也是可以用于室外雕塑的一种天然石料，但这种材料耐风化能力差别较大，含硅质砂岩耐久性强，可用于雕刻。

（2）金属材料　传统金属雕塑材料是铸铁、铸铜。现代金属材料种类有了很大发展，包括不锈钢、铝合金涂色钢、铝、涂色铝等材料都大量应用于雕塑中，如图4-25所示。

青铜是一种合金，在古代是铜锡合金，而现代青铜用不含锡的青铜即铜铝合金。青铜具有优良的铸造性、很高的抗磨性和化学稳定性，故可塑造有着极强动势或者需表现精确清晰的完美细节的雕塑作品。表面经不同化学处理后，可得到色泽各不相同的丰富的质感和独特的表现力，增强雕塑的装饰性，从而使其具有永久性和纪念碑性的特质。

除去青铜材料，不锈钢也是雕塑中应用广泛的一种材料，易于造型，其光亮的表面质感与晶莹剔透的水体组合，能很好地体现出整体造型的协调与风格的现代时尚，尤其适合现代城市的水景营建，如图4-26所示。不锈钢材料又可分为着色与不着色两大类。

图4-25　黄铜雕塑

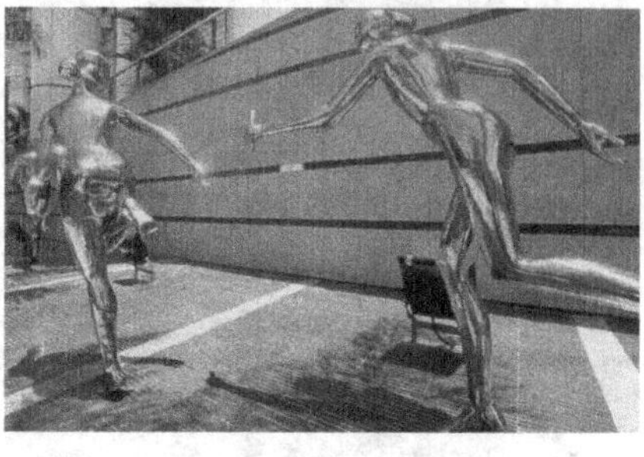

图4-26　不锈钢雕塑

（3）水泥　钢筋混凝土可浇筑成一种半永久性的雕塑，如图4-27所示。但其表面吸湿性较强，易被大气中的尘埃污染，故材质感稍差，色泽暗淡，无大理石和青铜雕塑那样引人注目的光彩。其只宜远看，以其质朴粗犷的庞大体积和生动影像取得一定的艺术效果，或与其他材料，如金属、镜面等形成强烈的质感对比效果。用白水泥可制作有一定石雕材质效果的仿石雕品，是一种较经济的石材代用材料。

（4）高分子材料　以环氧树脂作为胶料，并铺覆增强材料形成一种强度较好、形体稳定的物质，也称为玻璃钢。其特点是材料质轻而坚硬，富于现代感和装饰性，成形快速方便，可制作构图动势大而支撑面小的雕塑品。又因树脂无色透明，可制出透明度很高的玻璃体或添加供树脂用的各种色浆，可获得表面饱和度很高的各种鲜艳色彩的雕塑品。

玻璃钢雕塑制品的表面可以仿金属效果、青铜效果、石料效果等。在仿青铜效果时，一种是在胶中加入矿物颜料，另一种就是采取非金属优化镀铜工艺进行表面处理，如图 4-28 所示。

图 4-27　钢筋混凝土雕塑

图 4-28　玻璃钢雕塑

（5）陶瓷材料　陶瓷材料是指用陶土或瓷土烧成的硬质材料。因坯体在高温瓷化过程中变软、收缩，故在造型上有特殊要求，形体须相对均衡，重心点须在支撑面内，负荷部位要有一定的体量。由于陶瓷材料具有质硬、性脆、易碎的特点，工艺上要求与之适应，造型不宜过于琐碎。

（6）其他材料　现代城市公共艺术多元化的发展趋势，决定了作为载体之一的雕塑材料的广泛扩展，众多的设计家开始寻找和发掘各种原始材料或新科技成果带来的现代材料，使其直接成为造型要素，例如镜面、玻璃、马赛克等，大大丰富了雕塑的艺术表现形式。

本章小结

1）古建材料主要有砖瓦、彩绘、油漆材料几大类型。不同的建筑等级、不同的建筑形式，所选用的砖也不相同。屋顶用瓦分为琉璃瓦和青瓦两种。其中玻璃瓦分为瓦件类、脊件类、饰件类、特殊瓦件四大部分。彩画材料主要有黄胶、金箔、颜料等。

2）亭一般由台基、亭柱、亭顶三部分组成。亭的基础多为混凝土材料；亭柱的构造材料有钢筋混凝土、石料、砖、树干、木条、竹竿等；亭的屋顶梁架可用木材制成，也用钢筋混凝土或金属铁架等；屋面防水层有平屋面中的刚性或柔性防水层做法，或由坡屋面的瓦片、坡瓦等构件组成。

3）膜结构是以建筑织物，即膜材料为张拉主体，与支撑构件或拉索共同组成的结构体系。建筑膜材主要类型有 PVC 膜、PVDF 膜、PVF 膜、PTFE 膜四大类型。

4）室外雕塑的材料一般分为五大类：第一类是天然石材；第二类是金属材料；第三类是人造石材；第四类是高分子材料；第五类是陶瓷材料。

复习思考题

4-1 解释下列古建材料的用途及特点：望砖、滴水、折腰板瓦、通脊、平面当沟、披水砖、正吻、套兽。

4-2 古建宝顶的作用是什么？它由哪些部件构成？

4-3 现代亭建筑中，亭的基础、亭身、屋顶三大部分选择的材料有哪些？

4-4 张拉膜结构的建筑膜材有哪些类型？各有什么特点？

4-5 室外雕塑的材料有哪五大类型？各有什么优缺点？

第5章 园林水景工程材料的识别与应用

学习目标

通过本章的学习，掌握园林水景工程中水池、喷泉、驳岸、护坡构筑材料的识别。能根据园林水景工程中不同部位构造的要求合理选用构筑材料及材料的尺寸。了解园林水景工程中构筑材料的基本性能和技术要求。

5.1 水池材料

水池按构筑材料可以分为刚性结构水池、柔性结构水池和刚柔性结合水池。刚性结构水池是主要采用钢筋混凝土或砖石材料修建的水池。柔性结构水池是指采用柔性不渗水材料做水池夹层的水池。柔性不渗水材料主要包括玻璃纤维布、三元乙丙橡胶(EPDM)薄膜、橡胶薄膜、油毡防水层(二毡三油)等。

5.1.1 结构材料的识别与应用

水池的结构一般是由基础、防水层、池底、池壁、压顶等部分组成，如图5-1、图5-2所示。

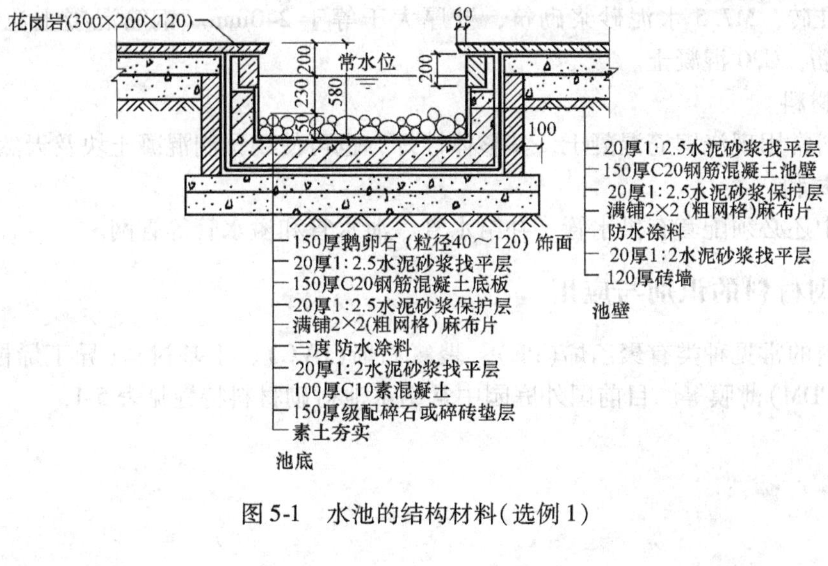

图5-1 水池的结构材料(选例1)

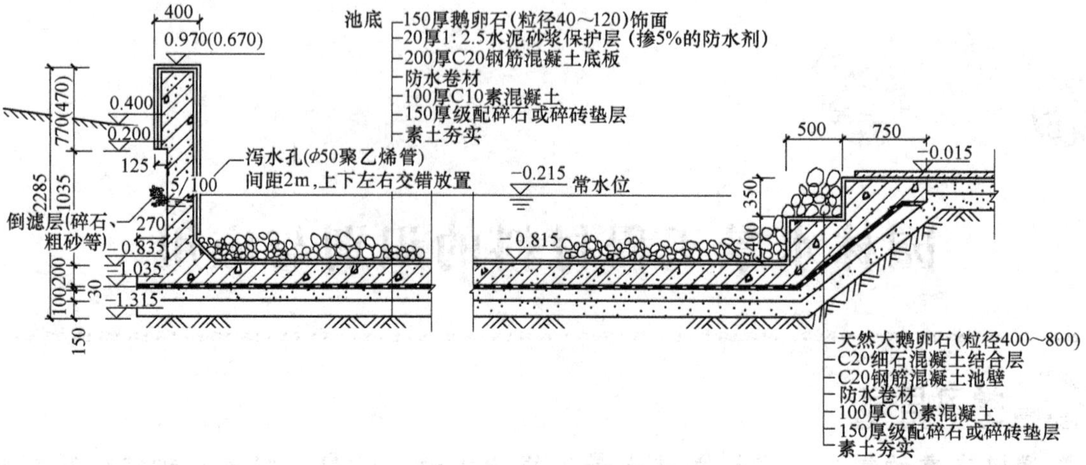

图 5-2 水池的结构材料(选例 2)

1. 基础材料

基础是水池的承重部分，由灰土(3∶7 灰土)和 C10 素混凝土层组成。

2. 防水层材料

目前，水池防水材料种类较多。按材料分，主要有沥青类、塑料类、橡胶类、金属类、砂浆、混凝土及有机复合材料等。

柔性结构水池和刚柔性结合水池通常在水池基础之上做防水夹层，采用柔性不渗水材料。刚性结构水池(钢筋混凝土水池)通常采用抹 5 层防水砂浆(水泥中加入防水粉)的做法。临时性水池则可将吹塑纸、塑料布、聚苯板组合使用，均有很好的防水效果。

3. 池底材料

水池池底多用现浇钢筋混凝土，厚度应大于 200mm，如果水池容积大，要配双层钢筋网。大型水池还应该考虑适当设止水带，用柔性防漏材料填塞。

4. 池壁材料

池壁一般有砖砌池壁、块石池壁和钢筋混凝土池壁三种。池壁厚视水池大小而定，砖砌池壁采用标准砖，M7.5 水泥砂浆砌筑，壁厚大于等于 240mm。钢筋混凝土池壁宜配直径 8～12mm 钢筋，C20 混凝土。

5. 压顶材料

压顶材料常用现浇钢筋混凝土，其整体性好，也可使用预制混凝土块及天然石材。

6. 管网材料

喷水池中还必须配套有供水管、补给水管、泄水管和溢水管等管网。

5.1.2 衬砌材料的识别与应用

衬砌材料的常见种类有聚乙烯(PE)、聚氯乙烯(PVC)、丁基衬料(异丁烯橡胶)、三元乙丙橡胶(EPDM)薄膜等。目前国外庭园中常用水池衬砌材料特性见表 5-1。

表 5-1　目前国外庭园中常用水池衬砌材料特性

种　类	价　格	持 久 性	是否易于安装	设计的灵活性	是否能修理	评　价
标准的聚乙烯衬料	便宜	不好	比较容易	好	难	
PVC 衬料	比较便宜	较好～好	容易	很好	可能（如还有弹性）	脆，容易破碎，难以钻洞
丁基衬料	适中	很好	容易	特别好	任何时候都有可能	
预塑水池法	适中～稍贵	一般～很好	一般	有限	大部分材料都有可能	表面光滑
标准浇筑法	适中～稍贵	不好～特别好	很难	好～很好	难	非常坚固，需要粘合
丁基浇面浇筑法	贵	很好	较难	好～很好	可能	非常坚固，不需要粘合
丁基夹层浇筑法	很贵	很好～特别好	难	好～很好	非常难，但是不太可能损坏	非常适合用于公共场合，需要粘合

5.1.3　预制模材料的识别与应用

预制模是现在国外较为常用的小型水池制造方法，通常用高强度塑料制成。预制模水池的材料有高密度聚乙烯塑料（HDPE）、ABS 工程塑料、玻璃纤维等。

1. 玻璃纤维（聚酯强化的玻璃纤维）

玻璃纤维可被浇铸成任意形状，用来建造规则或不规则水池。这种由几层玻璃纤维和聚酯树脂铸成的水池可以有各种不同的颜色，但需注意的是其造价较高。

2. 纤维混凝土

纤维混凝土由有机纤维、水泥，有时候再加少量的石棉混合组成，它比水泥要轻，但比玻璃纤维重。纤维混凝土和玻璃纤维一样可以被浇铸成各种形状，但用这种材料建造的水池的样式并不多。

3. 热塑性塑料胶

热塑性塑料胶外壳是各种化学原料制成的，如聚氯乙烯、聚丙乙烯，应用较广，但寿命有限。

4. 玻璃筋混凝土（GRC）

这种材料为玻璃纤维与水泥的混合，使其更为坚硬，它替代了以前用树脂与玻璃纤维或水泥与天然纤维混合来制造纤维玻璃外壳，是一种应用很广的新型建材，不仅可用以建自然式水池、流水道、预制瀑布等，而且还可用于人造岩石。浇铸成板石后，可用于支撑乙烯基的里衬。

5.1.4　水池表面装饰材料的识别与应用

1. 池底装饰（图 5-3）

池底通常采用干铺砂、砾石或卵石，或混凝土池底表面抹灰装饰处理，也可采用釉面砖、陶瓷锦砖等片材贴面处理等。

2. 池壁装饰

池壁表面装饰做法很多，常见的是水泥砂浆抹光面处理、斩假石面处理、水磨石面处理、豆石干贴饰面、水刷石饰面、釉面砖饰面、花岗岩饰面等。

图 5-3　水池池底装饰

5.1.5　阀门井材料的识别与应用

给水管道上有时要设置给水阀门井，根据给水需要可随时开启和关闭，便于操作。给水阀门井内安装截止阀，起控制作用。

1. 给水阀门井

给水阀门井一般为砖砌圆形结构，由井底、井身和井盖组成。井底一般采用 C10 混凝土垫层，井底内径不小于 1.2m，井身采用 MU10 红砖和 M5 水泥砂浆砌筑，井深不小于 1.8m，井壁应逐渐向上收拢，且一侧应为直壁，便于设置铁爬梯。井口圆形，直径为 600mm 或 700mm。井盖采用成品铸铁井盖。

2. 排水阀门井

排水阀门井专门用于泄水管和溢水管的交接，并通过排水阀门井排进下水管网。泄水管道要安装闸阀，溢水管接于阀后，确保其排水畅通。

排水阀门井的构造同给水阀门井，水通过阀门井后排进下水管网。泄水管道要安装闸阀，溢水管接于阀后，确保溢水管排水畅通。

5.2　喷泉材料

喷泉也称为喷水，是将压力水喷出后所形成的各种喷水姿态用于观赏的动态水景，起装饰点缀园景的作用。近年来随着电子工业的发展，新技术、新材料的广泛应用，喷泉设计更是丰富多彩，新型喷泉层出不穷，成为城市主要景观之一。

5.2.1　喷头的类型及选择

1. 常见喷头类型

（1）单射流喷头（图 5-4）　单射流喷头是喷泉中应用最广的一种喷头。它的一般垂直射程在 15m 以下，喷水线条清晰，可单独使用，也可组合造型。单射流喷头，当承托底部装有球状接头时，可作一定角度方向的调整，国内的产品一般有可调直流喷头、多分支直流喷头、可调式中心喷头等。

（2）喷雾喷头（图 5-5）　这种喷头的内部装有一个螺旋状导流板，使水具有圆周运动，水喷出后，形成细细水流弥漫的雾状水滴。每当天空晴朗，阳光灿烂，在太阳对水珠表面与人眼之间连线的夹角为 40°36′～42°18′时，明净清澈的喷水池水面上，就会伴随着蒙蒙的雾珠，呈现出

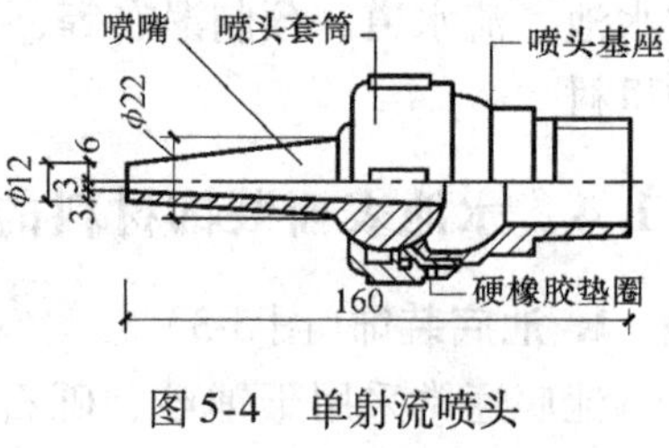

图 5-4　单射流喷头

色彩缤纷的虹。

图5-5　喷雾喷头

（3）环形喷头（图5-6）　这种喷头的出水口为环状断面，即外实中空，使水形成集中而不分散的环形水柱，以雄伟、粗犷的气势跃出，给人们带来一种向上激进的气氛。

（4）旋转喷头（图5-7）　这种喷头是利用压力将水送至喷头后，借助驱动孔的喷水，靠水的反推力或其他动力带动回转器转动，使喷头不断地转动而形成欢乐愉快的水姿，并形成各种扭曲的线型，飘逸荡漾，婀娜多姿。现在国内厂家生产有蟹爪喷头、旋转式礼花喷头、旋转舞蹈喷头及旋转凤凰喷头。

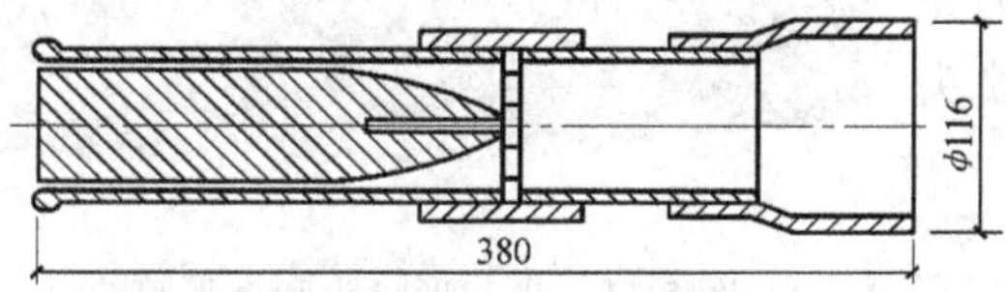

图5-6　环形喷头

图5-7　旋转喷头

（5）扇形喷头（图5-8）　这种喷头的外形很像扁扁的鸭嘴。它能喷出扇形的水膜或像孔雀开屏一样美丽的水花。

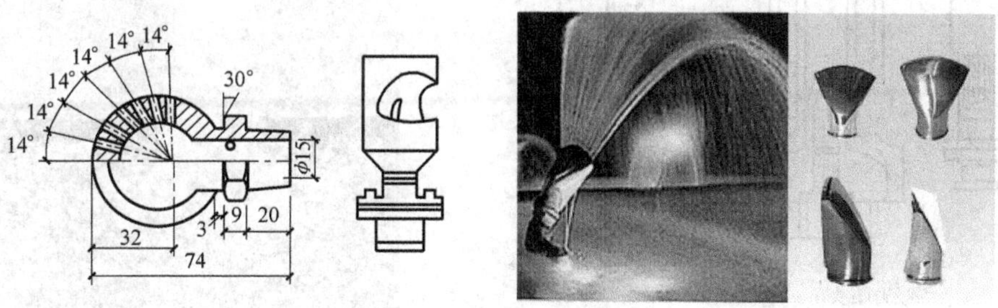

图5-8　扇形喷头

（6）多孔喷头（图5-9）　这种喷头可以由多个单射流喷嘴组成一个大喷头，也可以由平面、曲面或半球形的带有很多细小孔眼的壳体构成喷头，它们能喷射出造型各异的盛开的水花。

（7）变形喷头（图5-10、图5-11）　这种喷头的种类很多，它们的共同特点是在出水口的前面，有一个可以调节的形状各异的反射器，使射流通过反射器，起到使水花造型的作用，从而形成各式各样的、均匀的水膜，如牵牛花形、半球形、扶桑花形等。

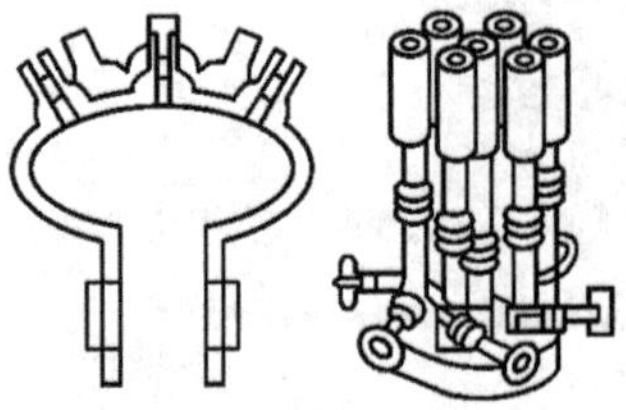

图 5-9　多孔喷头

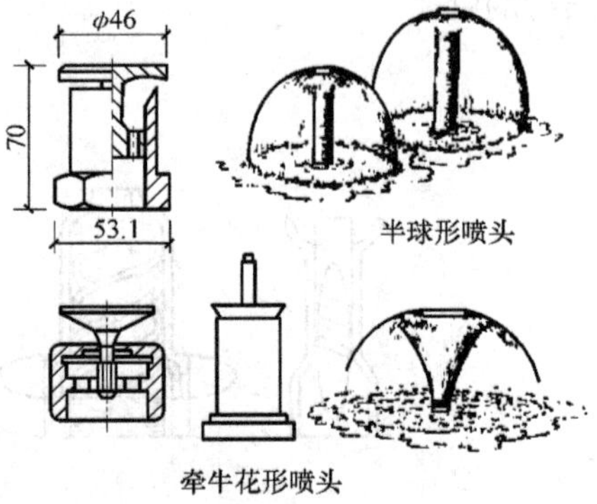

图 5-10　变形喷头

（8）吸力喷头（图 5-12）　这种喷头是利用压力水喷出时，在喷嘴的喷口附近形成负压区。由于压差的作用，它能把空气和水吸入喷嘴外的套筒内，与喷嘴内喷出的水混合后一并喷出，这时水柱的体积膨大，同时因为混入大量细小的空气泡，形成白色不透明的水柱。它能充分反射阳光，因此光彩艳丽，夜晚如有彩色灯光照明则更为光彩夺目。吸力喷头又可分为吸水喷头、加气喷头和吸水加气喷头。

图 5-11　半球形喷头和扇形喷头

目前国内吸水喷头主要有以下几种类型：

1）水松柏喷头：能喷出雄伟挺拔、气势壮观的巨大水柱。因喷头底部有可调机关，适用于不同角度喷射的需要。

图 5-12　吸力喷头

2）涌泉喷头：可应用于室内外喷水池，水声较大，因而气氛强烈。由于乳白色泡沫丰富，在阳光下反射强烈，抗风力强，但对水位有一定的要求。

3）加气水柱喷头：通过喷嘴口外高速水流形成的负压，吸入空气而产生白玉色的水柱，抗风力强，造型壮观，灯光配合效果好，可广泛用于各种室外喷泉中。

4）造浪喷头：这类喷头能产生一定形状的浪花，扁平流畅，在喷水池中安装一排此喷头，即能产生一大片浪花，从池中涌来，产生宏大声势。如经过组合，可形成各种造型，配合灯光效果更佳。另外在水浪中加气，泡沫丰富，在阳光下反光强烈，也可形成海浪一样的效果，音、形、色、势壮观，适用于广场公园及公共场所的各种喷水池中。

(9) 蒲公英喷头(图5-13)　这种喷头通过一个圆球形外壳安装多个同心放射状短喷管，并在每个管端安置半球形喷头，喷水时，能形成球状水花，如同蒲公英一样，美丽动人。此种喷头可单独、对称或高低错落组合使用，在自控或大型喷泉中应用，效果较好。喷水花样的连续程度可通过调节每个小喷盖而获得。该喷头对水质要求甚严，水源上应加装过滤网箱，主要适用于室外的各种喷水池中。同类还有半球形蒲公英喷头，也叫水晶绣球，喷水形状富丽典雅，优美文静，广泛应用于室内外喷水池中。

(10) 组合式喷头(图5-14)　组合式喷头也称为复合型喷头，是由两种或两种以上喷水型各异的喷嘴，按造型需要组合成一个大喷头。它能形成较为复杂、富于变化的花形。各种喷头经过艺术组合、有机搭配，能组成多种多样的组合变化。

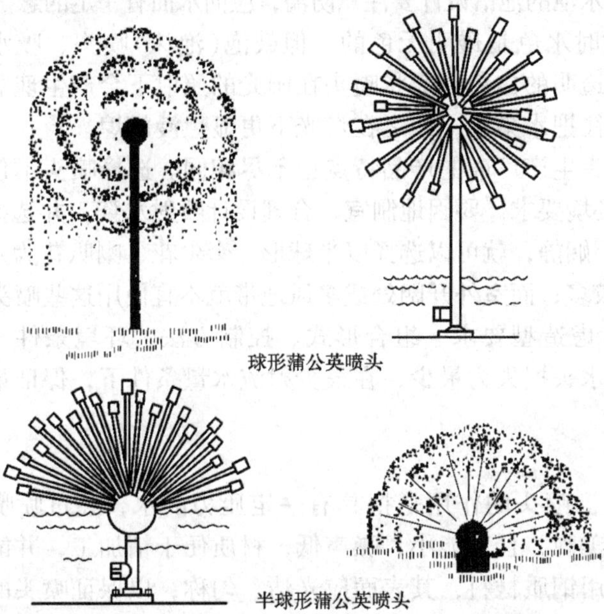

图5-13　蒲公英喷头

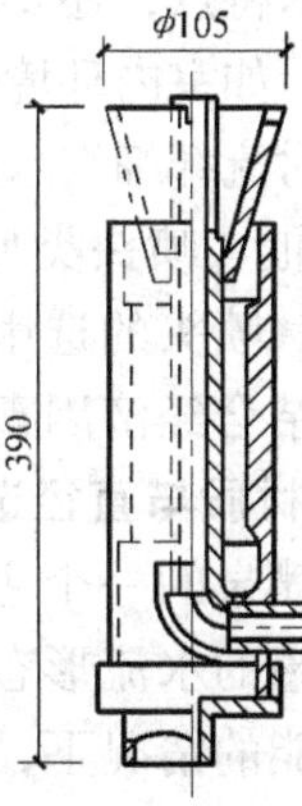

图5-14　组合式喷头

(11) 灯光喷头　这是一种较新的产品，是将水景照明灯如卤素灯结合于喷头中，在夜间突显出喷泉的效果。

2. 喷头选择要素

喷泉设计不仅仅只需考虑造型，还要进行喷头的选择，各种喷头的适用条件各有不同。

(1) 声音　有的喷头喷水噪声很大，如吸水喷头；而有的喷头却是有造型而无声，很安静，如喇叭喷头。要根据周围环境的要求选择，办公、住宅、校园等环境的喷水都应选用安静的喷头类型。

(2) 风力的干扰　有的喷头受外界风力影响很大，如球形喷头，此类喷头形成的水膜很薄，强风下几乎不能成形；有的则没什么影响，如水松柏喷头。所以选择喷水的形式时要考虑所设置的位置与环境之间的关系。

(3) 水质的影响　有的喷头的喷孔较细小，受水质的影响很大，如果水质不佳或硬度过高，容易发生堵塞，如蒲公英喷头，一旦堵塞局部，就会破坏整体造型；但有的影响很小，如涌泉喷头。

(4) 高度和压力　各种喷头都有其合理、效果较佳的喷射高度。要营建出较高的喷水，用环形喷头比用直流喷头好，因为环形水流的中部空气稀薄，四周空气裹紧水柱使之不易分散。而儿童戏水池等场合为安全起见，要选用低压喷头，以免孩子的眼睛被水的压力损伤。

(5) 水姿的动态　多数喷头是安装或调整后按固定方向喷射的，如直流喷头。还有一些喷头是动态的，如摇摆和旋转喷头，这类喷头在机械和水力的作用下，喷射时喷头是移动的，经过特殊设计的喷头还可按预定的轨迹前进。即使同一种喷头，通过不同的设计，也可以喷射出不同的高度，形成此起彼伏的效果。有的设计可使喷射轨迹呈曲线形状，甚至时断时续，使射流呈现出点、滴、串的不同水姿，如间歇喷头。多数喷头是安装在水面之上的，但是鼓泡(泡沫)喷头是安装在水面之下的，随着水面的波动，喷射的水姿会呈现出起伏动荡的变化。使用此类喷头，还要注意水面会有较大的波浪出现，所以水池的池沿设计要注意防溢，应向水面有一定的悬挑。

(6) 射流和水色　多数喷头喷射时水色是透明无色的，但鼓泡(泡沫)喷头、吸水喷头则由于空气和水的混合，射流呈现不透明的白色；雾状喷头在阳光的照射下会产生瑰丽的彩虹。水盆景、室内摆设一类水景，往往把水染色，使之在灯光下更显烂漫辉煌。

喷头的种类极其丰富，而且各喷头生产厂商的产品特点也不尽相同。选择喷头不仅要考虑造型、艺术特点，还要考虑技术及环境要求，要因地制宜、合理设计喷射水姿，并选择恰当的喷头类型。如室内环境风小、灰少、娴静，就可以选择以半球形、牵牛花、喇叭花为主要造型的喷头，射流纤细、水膜薄、变化较多；而室外开阔处或多风地带就不宜使用这些喷头。

(7) 其他　喷头类型的选择应考虑造型要求、组合形式、控制方法、环境条件、水质状况等因素。喷头的选用应使其造成水头损失为最少，在最少射流水量条件下，保证最佳造型效果，并结合经济因素确定。

3. 喷头材质与直径选择

喷头是喷泉的一个主要组成部分。喷头的作用是把具有一定压力的水，经过喷嘴的造型，喷出理想的水流形态。其外形需美观，且耗能小、噪声低，材质便于精加工，并能长期使用。在可能的情况下，喷头优先采用钢质材料，其表面应光洁、匀称，以保证喷头的造型效果。喷头还可采用不锈钢和铝合金材料，也有采用陶瓷和玻璃的，用于室内时也可采用工程塑料和尼龙等材料。尼龙(几内酰胺)材料主要用于低压喷头。

喷头的直径(DN)是指喷头进水口的直径，单位为mm。在选择喷头的直径时，必须与连接管的内径相配合，喷嘴前应有不少于20倍喷嘴口直径的直线管道长度或设整流装置，管径相接不能有急剧变化，以保证喷水的设计水姿造型。

5.2.2 调节及控制设备、管道材料与净化装置的识别与应用

1. 水泵

喷水景观工程中从水源到喷头射流过程中水的输送由水泵来完成(除小型喷泉外)，水泵是喷水工程给水系统的重要组成部分。

喷水景观工程系统中使用较多的是卧式或立式离心泵和潜水泵。小型的移动式喷水的供水系统可用管道泵、微型泵等。

（1）离心泵（图 5-15）　离心泵又分为单级离心泵、多级离心泵。其具有结构简单、体积小、效率高、运转平稳、送水高程可达百米等特点，在喷水工程供水系统中广泛应用。离心泵是通过利用叶片轮高速旋转时所产生的离心力作用，将轮中心水甩出而形成真空，使水在大气作用下自动进入水泵，并将水压向出水管。离心泵在使用时要先向泵体及吸水管内灌满水，排除空气，然后才可开泵抽水，在使用时也要防止漏气和堵塞。

（2）潜水泵　潜水泵是由水泵、密封体、电动机等三大部分组成。潜水泵分为立式（图 5-16）和卧式两种。潜水泵的泵体和电动机在工作时都浸入水中，水泵叶轮可制成离心式或螺旋式，这种水泵的电动机必须有良好的密封防水装置。潜水泵具有体积小、质量轻、移动方便、安装简便等特点。开泵时不需灌水，成本低廉，节省大量管材，不装底阀和单向阀，也不需另设泵房，效率高，机泵合一，既减少了机械损失，又减少了水力损失，提高了水泵效率。理想的是卧式潜水泵，因为它可使水池所需水深度降至最小值，节省成本。

图 5-15　离心泵

图 5-16　立式潜水泵

（3）管道泵（图 5-17）　管道泵可以用于移动式喷泉或小型喷泉，将泵体与循环水的管道直接相连。另外，还可以用自来水管路加压，以提高喷水的扬程。管道泵具有结构简单、质量轻、安装维修方便等特点。泵的入口和出口在一条直线上，能直接安装在管道之中，占地面积小，不需要安装基础。

2. 喷泉的控制

（1）手阀控制　手阀是最常见和最简单的控制方式，在喷泉的供水管上安装手控调节阀，用来调节各管段中水的压力和流量，形成固定的喷水姿。

（2）时间继电器控制　通常利用时间继电器（图 5-18）按照设计的时间程序控制水泵、电磁阀、彩色灯等的启闭，从而实现可以自动变换的喷水姿。

图 5-17　卧式管道离心泵

图 5-18　时间继电器

（3）音响控制　声控喷泉是用声音来控制喷泉喷水形变化的一种自控泉。它一般由以下几部分组成：声—电转换、放大装置，通常是由电子线路或数字电路、计算机等组成，使用电磁阀；动力，即水泵；其他设备，主要有管路、过滤器、喷头等。

3. 控制附件

控制附件用来调节水量、水压、关断水流或改变水流方向。在喷水景观工程管路中常用的控制附件主要有闸阀、截止阀、单向阀、电磁阀、电动阀、气动阀等。

（1）闸阀（图5-19）　作隔断水流，控制水流道路的启、闭。

（2）截止阀（图5-20）　起调节和隔断管中的水流的作用。

（3）单向阀（图5-21）　用来限制水流方向，以防止水的倒流。

（4）电磁阀（图5-22）　由电信号来控制管道通断的阀门，作为喷水工程的自控装置。另外，也可以选择电动阀、气动阀来控制管路的开闭。

图5-19　闸阀

图5-20　截止阀

图5-21　单向阀

图5-22　电磁阀

4. 管材与净化装置

对于室外喷水景观工程，我国常用的管材是镀锌钢管（白铁管）和非镀锌钢管（黑铁管）。一般埋地管道管径在70mm以上时用铸铁管。对于屋内工程和小型移动式水景，可采用塑料管（硬聚氯乙烯）。

在采用非镀锌钢管时，必须做防腐处理。防腐的方法，最简单的为刷油法，即先将管道表面除锈，刷防锈漆两遍（如红丹漆等），再刷银粉。如管道需要装饰或标志时，可刷调和漆打底，再加涂所需的色彩油漆。埋于地下的铸铁管，外管一律要刷沥青防腐，明露部分可刷红丹漆及银粉。

在喷泉的过滤系统中，一般在水泵底阀外设网式过滤器，并且在水泵进水口前装除污器。当水中混有泥沙时，用网式过滤器容易淤塞，这时采用砾料层式过滤器较为合适。

5.3　驳岸材料

驳岸是指在水体边缘与陆地交界处，为稳定岸壁，保护水体不被冲刷或水淹等因素破坏而设置的垂直构筑物。驳岸是挡土墙不同表现形式之一。园林驳岸的类型按结构形式可分为重力式驳岸、后倾式驳岸、板桩式驳岸和混合式驳岸等。重力式驳岸是依靠墙身自重来保证岸壁稳定，适用于大多数园林水体，多用混凝土或毛石材料砌筑而成。后倾式驳岸是重力式驳岸的特殊形式，墙身后倾。板桩式驳岸是采用钢筋混凝土（或木桩）做支墩，加插入的钢筋混凝土板（或木板）组成的驳岸形式。混合式驳岸有两种形式，其一是块石护坡(上部分)和后倾式驳岸(下部分)混合；其二是板桩式驳岸(下部分)和重力式驳岸(上部分)混合。

5.3.1　驳岸工程常用结构材料的选择

驳岸的结构一般由基础、墙身和压顶三部分组成，如图5-23所示。

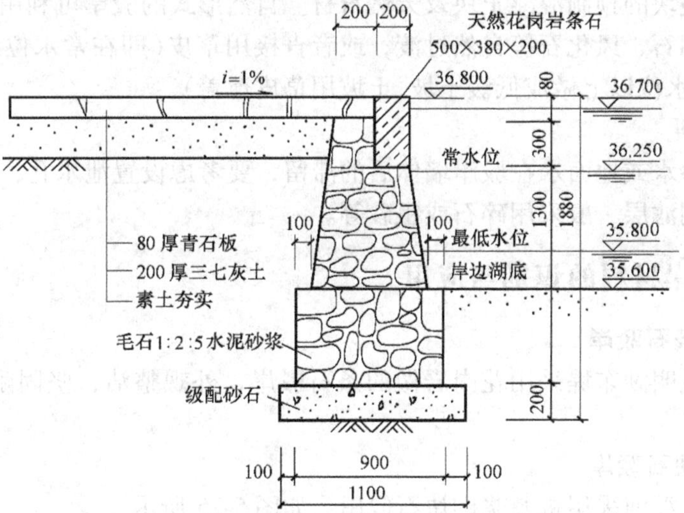

图5-23　驳岸的结构材料

1. 驳岸基础材料

(1) 混凝土基础材料　采用块石混凝土基础，浇注时将块石垒紧，不得列置于槽边缘。浇注M15或M20水泥砂浆，基础厚度为400~500mm，高度常为驳岸的0.6~0.8倍。灌浆必须饱满，要渗满石间空隙。混凝土强度一般要求C15。

(2) 块石基础材料　采用浆砌块石，块石长度一般为300~400mm，厚度为150mm，基础厚度为300~400mm，需做在河底自然倾斜线实土以下500mm处，否则易坍塌。

(3) 桩基材料　桩基材料有木桩、灰土桩、混凝土桩、石桩、板桩、竹桩等。

1) 木桩要求耐腐、耐湿、坚固、无虫蛀，可采用柏木、松木、橡树、榆树、杉木等。桩木的规格取决于驳岸的要求和地基的土质情况，一般直径为100~150mm，长1~2m，弯曲度(d/l)小于1%。

2) 灰土桩是采用先打孔后填灰土的桩基做法，适用于岸坡水淹频繁而木桩又容易腐蚀的地方。

3) 混凝土桩坚固耐久，但投资比木桩大。

4) 竹桩用于竹篱驳岸，基础上部临水面墙身由竹篱镶嵌而成，适用于临时性驳岸。其造价低廉，取材容易，如毛竹、大头竹、勒竹、撑篙竹均可采用。竹桩和竹篱要涂上一层柏油防腐，竹桩顶端由竹节处截断以防雨水积聚。

2. 驳岸墙体材料

园林中常见的驳岸墙体材料有钢筋混凝土；C10块石混凝土；M2.5水泥砂浆砌筑强度为MU20、直径在300mm以上的块石；MU7.5标准砖和M5水泥砂浆砌筑，岸壁临水面用

1∶3水泥砂浆抹面或用1∶2 水泥砂浆加3%防水粉做成防水抹面层；直径在300mm 以上块石；强度为 MU20 毛石，M2.5 混合砂浆砌筑并用 M2.5 水泥砂浆勾缝；480mm×240mm×130mm 大城砖；整形花岗石；自然青石、黄石；毛竹等。

3. 驳岸压顶材料

压顶材料常用预制混凝土块及天然石材，宽度一般不小于 300mm。规整形式的砌体驳岸压顶材料采用整块的预制混凝土块及天然石材。自然形式的驳岸可利用就地取材的山石材料，如黄石、太湖石、风化石等自然过渡，或者直接用草皮(即在常水位线以下采用干砌或浆砌块石驳岸,常水位以上做成低缓土坡,土坡用草皮覆盖)。

4. 倒滤层材料

为排除地面渗水或地面水在驳岸墙体后的滞留，要考虑设置泄水孔，在孔后宜设置倒滤层，以防阻塞。倒滤层一般采用碎石或粗砂等。

5.3.2 各类驳岸材料的识别与应用

1. 桩基整形条石驳岸

北京颐和园昆明湖东堤采用花岗岩做的条石驳岸，外观整洁，坚固耐用，但造价昂贵，如图 5-24 所示。

2. 桩基浆砌块石驳岸

北京颐和园后溪河采用桩基浆砌块石驳岸，如图 5-25 所示。

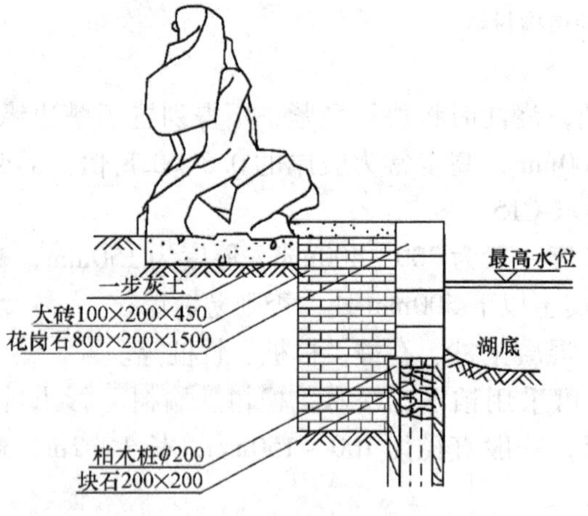

图 5-24 桩基整形条石驳岸

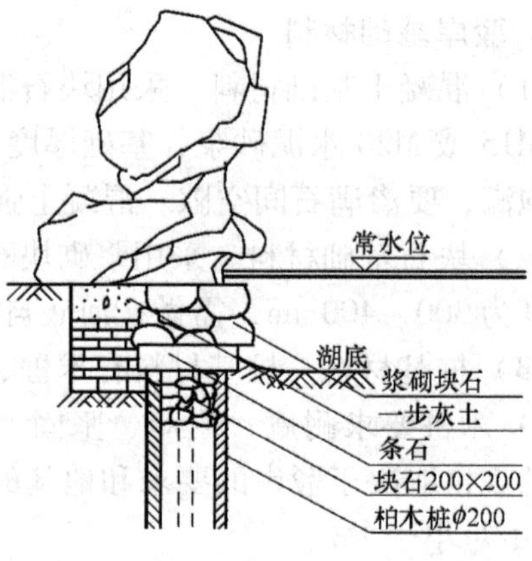

图 5-25 桩基浆砌块石驳岸

3. 浆砌块石驳岸

北京动物园驳岸为虎皮石驳岸(图 5-26)，造价较低且实用。上海虹口公园驳岸为浆砌块石驳岸(图 5-27)。

4. 竹桩驳岸(图 5-28)

毛竹平直、坚实且有韧性。以毛竹竿为桩柱，毛竹板材为板墙，构成竹篱挡墙，因地选材，造价经济且具有一定使用年限。盛产木材的地方也可做成木板桩驳岸或木桩驳岸。

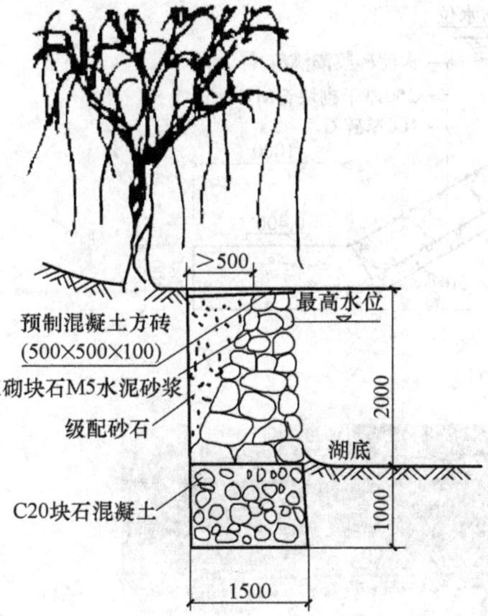

图 5-26　虎皮石驳岸

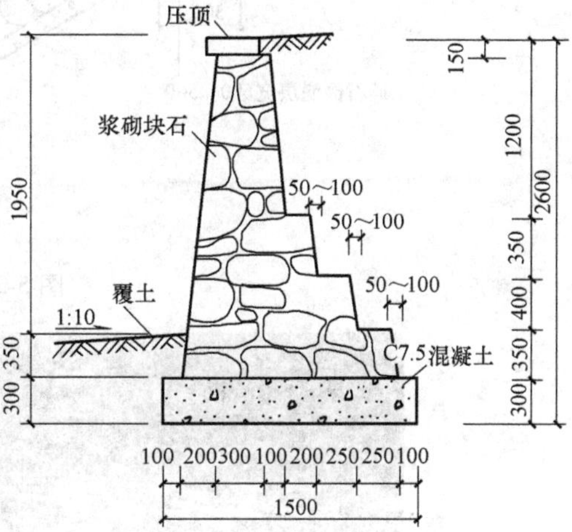

图 5-27　浆砌块石驳岸

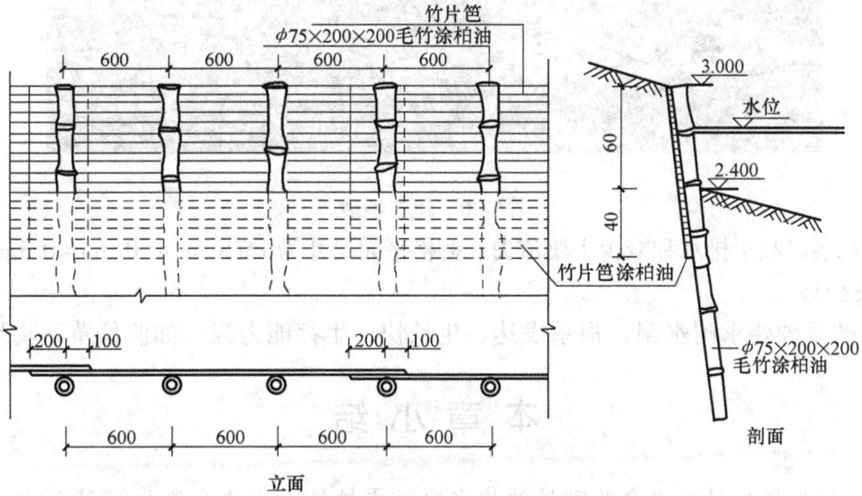

图 5-28　竹桩驳岸

5.4　护坡材料

在园林中常用的护坡材料有块石、柳条、草皮等。

1. 块石护坡(图 5-29、图 5-30)

护坡石料要求密度大(大于 2000kg/m^3)、吸水率小(不超过 1%)及较强的抗冻性，如花岗岩、砂岩、砾岩、板岩等石料。其中以块径 180 ~ 250mm、边长比 1∶2 的长方形石料最好。块石下面要设置碎石倒滤层。

2. 编柳抛石护坡

采用新截取的柳条十字交叉编织。编柳空格内抛填厚 0.2 ~ 0.4m 的块石，块石下设厚 100 ~

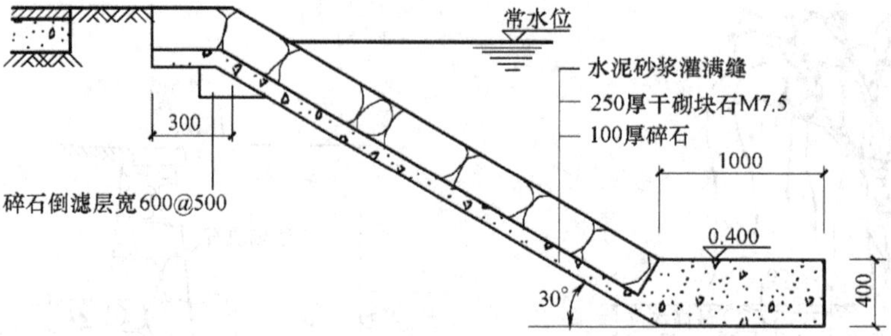

图 5-29　块石护坡

图 5-30　块石护坡

200mm 的砾石层以利于排水和减少土壤流失。柳格平面尺寸为 1m×1m 或 0.3m×0.3m。

3. 草皮护坡

护坡用的草种要求耐水湿，根系发达，生长快，生存能力强，如假俭草、狗牙根等。

本章小结

1）水池按构筑材料可以分为刚性结构水池、柔性结构水池和刚柔性结合水池。刚性结构水池是指采用钢筋混凝土或砖石材料修建的水池。柔性结构水池是指采用柔性不渗水材料做水池夹层的水池。柔性不渗水材料主要包括玻璃纤维布、三元乙丙橡胶(EPDM)薄膜、橡胶薄膜、油毡防水层(二毡三油)等。

2）常见喷头类型为单射流喷头、喷雾喷头、环形喷头、旋转喷头、扇形喷头、多孔喷头、变形喷头、吸力喷头、蒲公英喷头、组合式喷头、灯光喷头等。

3）喷水景观工程系统中使用较多的是卧式或立式离心泵和潜水泵。小型的移动式喷水的供水系统可用管道泵、微型泵等。

4）控制附件用来调节水量、水压、关断水流或改变水流方向。在喷水景观工程管路常用的控制附件主要有闸阀、截止阀、单向阀、电磁阀、电动阀、气动阀等。

5）园林驳岸的类型按结构形式可分为重力式驳岸、后倾式驳岸、板桩式驳岸和混合式驳岸等。重力式驳岸多用混凝土或毛石材料砌筑而成。后倾式驳岸是重力式驳岸的特殊形式，墙身后倾。板桩式驳岸是采用钢筋混凝土做支墩，加插入的钢筋混凝土板组成的驳岸形式。混合式驳岸是块石护坡和后倾式驳岸混合或是板桩式和重力式驳岸混合。

复习思考题

5-1　什么是刚性结构水池？什么是柔性结构水池？

5-2　水池的结构一般由哪几部分组成？各部分常用的材料有哪些？

5-3　喷泉的喷头有哪些类型？怎样合理选择喷泉喷头？

5-4　驳岸一般由哪几部分组成？各部分常用的材料有哪些？

第6章

园林给排水与喷灌工程材料的识别与应用

学习目标

通过本章的学习，掌握园林给排水与喷灌工程中构筑材料的识别。熟悉园林给排水与喷灌工程中构筑材料的合理选用。了解园林给排水与喷灌工程中构筑材料的基本性能和技术要求。

园林给水工程是由一系列构筑物和管道系统构成的，一般包括取水工程、净水工程和输配水工程三个部分。园林绿地给水工程既是城市给水工程的组成部分，又是一个独立的系统。园林排水工程一般包括雨水排水系统和污水排水系统。此外，在当今园林绿地中，实现灌溉用水的管道化和自动化及节约水资源很有必要，而园林喷灌系统就是自动供水的一种常用设施。园林喷灌工程已成为各种园林绿地工程必不可少的组成部分，是园林给水工程的一个重要组成部分。其喷灌系统由喷灌设备按照一定的方式安装连接而成。

6.1 管材和管件

6.1.1 给水管材、管件的识别与应用

给水工程中，管网投资约占工程费的50%~80%，而管道工程总投资中，管材费用至少在1/3以上。

管材对水质有影响，管材的抗压强度影响管网的使用寿命。管网属于地下永久性隐蔽工程设施，要求应具有很高的安全可靠性，管材的配件（包括阀门、接头等）均对管网有影响。目前常用的给水管材有下列几种：

1. 铸铁管

铸铁管分为灰铸铁管和球墨铸铁管（图6-1）。灰铸铁管具有经久耐用、耐腐蚀性强、使用寿命长的优点，但质地较脆，不耐震动和弯折，质量大；球墨铸铁管在抗压、抗震上有很大提高。灰铸铁管是以往使用最广泛的管材，主要用在 *DN*80 ~ 1000mm 的地方，但运用中易发生爆管，不适应城市的发展，在国外已被球墨铸铁

图6-1　球墨铸铁管

管代替。球墨铸铁管节省材料，现已在国内一些城市使用。

2. 钢管

钢管有焊接钢管和无缝钢管两种。焊接钢管又分为镀锌钢管(白铁管)和非镀锌钢管(黑铁管)。钢管有较好的机械强度，耐高压，耐震动，质量较小，单管长度长，接口方便，有较强的适应性，但耐腐蚀性差，防腐造价高。镀锌钢管是防腐处理后的钢管，其防腐、防锈、不使水质变坏，并延长了使用寿命，是室内生活用水的主要给水管材，如图 6-2 所示。

3. 钢筋混凝土管

钢筋混凝土管防腐能力强，不需任何防水处理，有较好的抗渗性和耐久性，但质量大，质地脆，装卸和搬运不便。其中自应力钢筋混凝土管后期会膨胀，使管疏松，使用于接口处，易爆管、漏水。为克服这个缺陷现采用预应力钢筒混凝土管(PCCP 管)，其利用钢筒和预应力钢筋混凝土管复合而成，具有抗震性好，使用寿命长，耐腐蚀，抗渗漏的特点，是较理想的大水量输水管材，如图 6-3 所示。

图 6-2　镀锌钢管

图 6-3　预应力钢筋混凝土输水管

4. 塑料管

塑料管表面光滑，不易结垢，水头损失小，耐腐蚀，质量小，加工连接方便，但管材强度低，性质脆，抗外压和冲击性差，多用于小口径，一般小于 *DN*200mm，同时不宜安装在车行道下。塑料管在国外新安装的管道中占 70% 左右，国内许多城市已大量应用，特别是绿地、农田的喷灌系统中。如图 6-4 所示为硬聚氯乙烯管。

图 6-4　硬聚氯乙烯管

5. 其他管材

其他管材还有玻璃钢管、石棉水泥管和陶瓷管等，其中玻璃钢管价格高，且刚刚发展起来。石棉水泥管和陶瓷管因易破碎，已逐渐被淘汰。

管材选用取决于承受的水压、价格、输送的水量、外部荷载、埋管条件、供应情况等，可参照表 6-1 中各种管材的特性。

表 6-1　管材选用

管径/mm	主 要 管 材
≤50	(1) 镀锌钢管
	(2) 硬聚氯乙烯等塑料管

（续）

管径/mm	主 要 管 材
50～200	（1）连续浇铸铸铁管，采用柔性接口
	（2）塑料管价低，耐腐蚀，使用可靠，但抗压较差
200～1200	（1）球墨铸铁管较为理想，但目前产量少，规格不多，价高
	（2）铸态球墨铸铁管价格较便宜，不易爆管，是当前可选用的管材
	（3）质量可靠的预应力和自应力钢筋混凝土管，价格便宜，可以选用
>1200	（1）薄型钢筋预应力混凝土管，性能好，价格适中，但目前产量较低
	（2）钢管性能可靠，价贵，在必要时使用，但要注意内外防腐
	（3）质量可靠的预应力钢筋混凝土管是较经济的管材

6. 管件

给水管的管件种类很多，不同的管材有些差异，但分类差不多，有接头、弯头、三通、四通、管堵以及活性接头等。每类又有很多种，如接头，分为内接头、外接头、内部接头、同径或异径接头等。如图 6-5 所示为部分钢管管件。

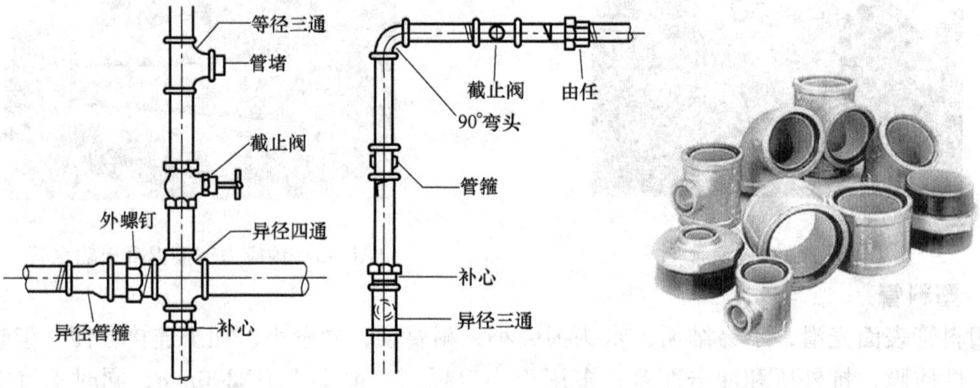

图 6-5　常用钢管管件

6.1.2　园林喷灌工程管材、管件的识别与应用

管材和管件在绿地喷灌系统中起着纽带的作用。它将喷头、闸阀、水泵等设备按照特定的方式连接在一起，构成喷灌管网系统，以保证喷灌的水量供给。

在喷灌工程中，聚氯乙烯(PVC)、聚乙烯(PE)和聚丙烯(PP)等塑料管逐渐取代其他材质的管道，成为喷灌系统主要采用的管材。聚氯乙烯(PVC)管、聚乙烯(PE)管和聚丙烯(PP)管的物理和化学性能不同，适用的场合和价格也不相同，规划设计中应各案分析、合理选用。

1. 选择管材的技术要求

在绿地喷灌系统规划设计中，应根据地形复杂程度、管道埋深和管网工作压力等条件选择管材，并遵循以下技术要求：

1）能承受设计要求的工作压力。管材允许工作压力应为管道最大正常工作压力的 1.4

倍。当管道可能产生较大水锤压力时，管材的允许工作压力应不小于最大水锤压力。

2）在设计埋深条件下，地埋管在车辆等外荷的作用下管材的径向变形率（即径向变形量与外径的比值）不得大于 5%。

3）具有一定的轴向韧性，能适当承受局限部沉陷应力。

4）管材尺寸要均匀一致，壁厚误差不大于 5%，管材和管件的配合公差应满足连接要求。

5）管内壁光滑，水流阻力小，输水性能好。

6）化学性能稳定，耐土壤化学物质的侵蚀，抗老化，使用寿命满足设计要求。

7）满足施工要求，连接方便，连接处应满足工作压力、抗弯折、抗渗漏、强度、刚度及防冻等方面的要求。

8）价格能适应社会消费的整体水平。

2. 聚氯乙烯（PVC）管

（1）管材　聚氯乙烯管材是将聚乙烯树脂、增塑剂、稳定剂、填充剂和其他外添加剂按照一定比例均匀混合，加热塑化后，挤出、冷却定形而成。根据管材外观的不同，可将其分为光滑管和波纹管。光滑管的生产厂家较多，承压规格有 0.20MPa、0.25MPa、0.32MPa、0.63MPa、1.00MPa 和 1.25MPa 几种，后三种规格的管材能够满足绿地喷灌系统的承压要求，常被采用。波纹管按承压等级分为 0.00MPa（不承压）、0.20MPa 和 0.40MPa 三个规格，由于其承压能力不能满足喷灌系统的要求，一般不采用。

聚氯乙烯管有硬质聚氯乙烯管和软质聚氯乙烯管之分，它们的性能见表 6-2。绿地喷灌系统主要使用硬质聚氯乙烯管。

表 6-2　聚氯乙烯管材性能

项　目	硬　质	软　质	项　目	硬　质	软　质
相对密度	1.4～1.45	1.16～1.35	冲击强度/（kJ/m^2）	25	
硬度	65～85（肖式 D）	50～100（肖式 A）	热传导率	0.11～0.14	
吸水率/（%）	0.04～0.4	0.15～0.75	软化温度/℃	86	
拉伸强度/MPa	50～55	15～35	燃烧性	自熄	自熄
抗弯强度/MPa	86		耐电压/（kV/mm）	40	
压缩强度/MPa	66		溶接温度/℃	175～180	150～160

根据国家和水利部标准，将绿地喷灌工程中常采用的硬质聚氯乙烯管材的公称外径、壁厚列于表 6-3。

表 6-3　硬质聚氯乙烯管材公称外径、壁厚

公称外径/mm	公称压力（0.63MPa）	公称压力（1.00MPa）	公称压力（1.25MPa）
	公称壁厚/mm	公称壁厚/mm	公称壁厚/mm
20	1.6	1.9	
25	1.6	1.9	
32	1.6	1.9	

（续）

公称外径/mm	公称压力(0.63MPa)	公称压力(1.00MPa)	公称压力(1.25MPa)
	公称壁厚/mm	公称壁厚/mm	公称壁厚/mm
40	1.6	1.9	2.4
50	1.6	2.4	3
63	2	3	3.8
75	2.3	3.6	4.5
90	2.8	4.3	5.4
110	3.4	5.3	6.6
125	3.9	6	7.4
140	4.3	6.7	8.3
160	4.9	7.7	9.5
180	5.5	8.6	
200	6.2	9.6	

注：1. 公称压力是管材在20℃下输送水的工作压力。

2. 0.63MPa、1.00MPa 系列参考《给水用硬聚氯乙烯管材》(GB 10002.1—1988)；1.25MPa 系列参考《喷灌用塑料管基本参数及技术条件——硬聚氯乙烯管》(SL/T 96.1—1994)。

3. 单根管材长度一般为4～6m。

（2）管件　绿地喷灌系统使用的硬质聚氯乙烯管件主要是给水系列的一次成形管件，包括胶合承插型(图6-6、图6-7)、弹性密封圈承插型(图6-8)和法兰连接型(图6-9)管件。给水用硬质聚氯乙烯管件可用于压力不大于1.0MPa的管道系统。绿地喷灌系统常用的硬质聚氯乙烯标准管件的类型与公称直径见表6-4。

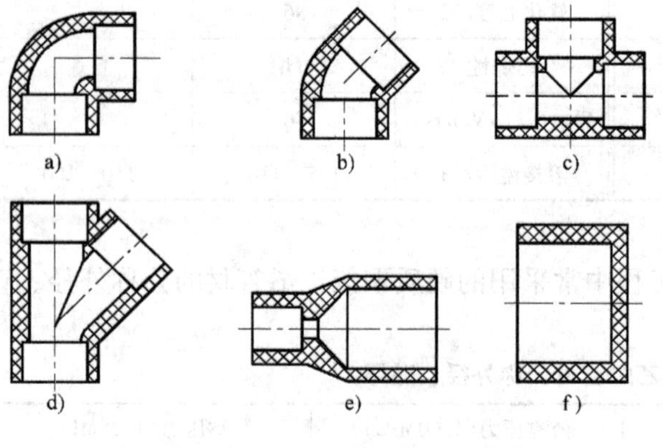

图6-6　胶合承插型管件

a）90°弯头　b）45°弯头　c）90°三通

d）45°三通　e）异径　f）堵头

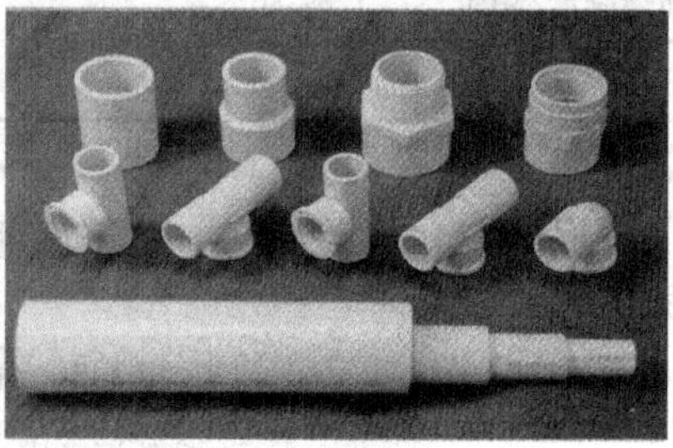

图6-7　管件

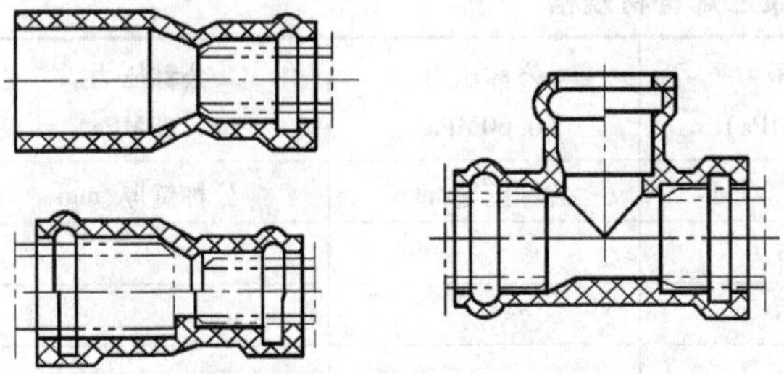

a)　　b)

图6-8 弹性密封圈承插型管件

a）异径 b）堵头

图6-9 法兰连接型管件

表6-4 聚氯乙烯标准管件的类型与公称直径

塑料管件类型			公称直径（连接管材的公称外径）/mm
胶合承插型	弯头	90°等径	20、25、32、40、50、63、75、90、110、125、140、160
		45°等径	20～160
	三通	90°等径	20～160
		45°等径	20～160
	套管		20～160
	变径管（长型）		25(20)～160(140)
	堵头		20～160
	活接头		20～63
弹性密封圈承插型	90°三通		63、75、90、110、125
	套管		63～125
	变径管		75(63)～125(110)
法兰连接型	法兰		63～160

3. 聚乙烯（PE）管

（1）管材（图6-10） 聚乙烯管材分为高密度聚乙烯（HDPE）和低密度聚乙烯（LDPE）管材。高密度聚乙烯管材具有较好的物理学性能，使用方便，耐久性好，但由于价格昂贵，在喷灌系统中很少采用。低密度聚乙烯管材材质较软，力学强度低，但抗冲击性好，适合在较复杂的地形敷设，是绿地喷灌系统中常使用的聚乙烯管材。

图6-10 PE给水管

低密度聚乙烯管材具有以下几方面的特性：

1）化学稳定性好，能够抵抗一定浓度及温度的酸、碱、盐类及有机溶剂的腐蚀作用。

2）具有良好的延伸性和力学性能。

3）无毒、素纯洁、加工性能好。

低密度聚乙烯，可以采用挤塑工艺生产各种管材，其规格见表6-5。

表 6-5　低密度聚乙烯管材规格

公称外径/mm	公称压力（0.25MPa）	公称压力（0.40MPa）	公称压力（0.60MPa）	公称压力（1.00MPa）
	公称壁厚/mm	公称壁厚/mm	公称壁厚/mm	公称壁厚/mm
6		0.5		
8		0.6		
10	0.5	0.8		
12	0.6	0.9		
16	0.8	1.2	2.3	2.7
20	1	1.5	2.3	3.4
25	1.2	1.9	2.8	4.2
32	1.6	2.4	3.6	5.4
40	1.9	3	4.5	6.7
50	2.4	3.7	5.6	8.3
63	3	4.7	7.1	10.5
75	3.6	5.5	8.4	12.5
90	4.3	6.6	10.1	15
110			12.3	18.3

注：1. 公称压力是管材在20℃下输送水的工作压力。

2. 0.25MPa、0.40MPa 系列参考《喷灌用塑料管基本参数及技术条件——低密度聚乙烯管》（SL/T 96.2—1994）；0.60MPa、1.00MPa 系列参考《喷灌用低密度聚乙烯管材》（GB/6674—1986）。

（2）管件　低密度聚乙烯管材材质较软，一般采用注塑成形的组合式管件进行连接。当管径较大时，可将锁紧螺母改为法兰盘，一般采用金属加工制成。

4. 聚丙烯（PP）管

（1）管材　聚丙烯管材的最大特点是耐热性优良。不管是聚氯乙烯管材，还是聚乙烯管材，一般使用温度均匀局限于60℃以下，但聚丙烯管材在短期内使用温度可达100℃以上，正常情况可在80℃条件下长时间使用，聚丙烯管材的这个特性，使其在某些特殊的场合被采用成为可能。如在移动或半移动喷灌系统的场合，由于太阳的直射，暴露在外的管道需要一定的耐热性。

目前采用乙丙共聚树脂生产管材，改善了聚丙烯树脂的低温脆化性能，扩大了它的应用范围。聚丙烯管材性能见表 6-6，其规格见表 6-7。

表 6-6　聚丙烯管材性能

相对密度	0.90～0.91	使用温度/℃	110～120
拉伸强度/MPa	25～36	脆化温度/℃	0 附近
弯曲强度/MPa	42～56	体积电阻率/Ω·cm	≥1016
压缩强度/MPa	39～55	介电强度/(kV/mm)	30

表 6-7　聚丙烯管材规格

公称外径 /mm	公称压力 (0.25MPa)	公称压力 (0.40MPa)	公称压力 (0.60MPa)	公称压力 (1.00MPa)	公称压力 (1.60MPa)
	公称壁厚/mm	公称壁厚/mm	公称壁厚/mm	公称壁厚/mm	公称壁厚/mm
16				1.8	2.2
20			1.8	1.9	2.8
25			1.8	2.3	3.5
32			1.9	2.9	4.4
40		1.8	2.4	3.7	5.5
50	1.8	2	3	4.6	6.9
63	1.8	2.4	3.8	5.8	8.6
75	1.9	2.9	4.5	6.8	10.3
90	2.2	3.5	5.4	8.2	12.3
110	2.7	4.2	6.6	10	15.1
125	3.1	4.8	7.4	11.4	17.1
140	3.5	5.4	8.3	12.7	19.2
160	4	6.2	9.5	14.6	21.9
180	4.4	6.9	10.7	16.4	24.6
200	4.9	7.7	11.9	18.2	27.3

注：公称压力是管材在 20℃下输送水的工作压力，管材长度每节 4 ~ 6m。

（2）管件　聚丙烯树脂是一种高结晶变聚合物，加工温度为 160 ~ 170℃，成形温度控制比较严格，一般采用甘油浴方式加工管材，制作管件。

6.1.3　排水管材及制品的识别与应用

排水管渠有暗沟和明渠之分。暗沟又有管道和沟渠之分，管道是指由预制管铺设而成的排水管渠，沟渠是指用土建材料在工程现场砌筑成的口径较大的暗沟。排水管一般用混凝土管，小型排水管用陶土管或砖砌沟。

1. 排水管渠材料的要求

排水管渠的材料必须满足一定要求，才能保证正常的排水功能。

1）具有足够的强度，承受外部的荷载和内部的水压。

2）具有抵抗污水中杂质的冲刷和磨损的作用，还应有抗腐蚀的性能。

3）必须不渗水，防止污水渗出或地下水渗入而污染或腐蚀其他管道、建筑物基础。

4）内壁要整齐光滑，使水流阻力尽量减小。

5）尽量就地取材，减少成本和运输费用。

2. 排水管渠材料种类

常用管道多是圆形管，大多数为非金属管材，具有抗腐蚀的性能，且价格便宜。

（1）混凝土管和钢筋混凝土管　混凝土管和钢筋混凝土管适用于排除雨水、污水，可在专门的工厂预制，也可在现场浇制，分混凝土管、轻型钢筋混凝土管、重型钢筋混凝土管

3 种。管口通常有承插式、企口式、平口式。混凝土管的管径一般小于 450mm，长度多为 1m，适用于管径较小的无压管。当管道埋深较大或敷设在土质条件不良的地段，为抗外压，当管径大于 400mm 时通常都采用钢筋混凝土管，其制作方便，价低，应用广泛，但抵抗酸碱侵蚀及抗渗性差，管节短，节口多，搬运不便。钢筋混凝土管如图 6-11 所示。

（2）塑料管(图 6-12、图 6-13)　塑料管内壁光滑，水流阻力小，抗腐蚀性能好，节长，接头少，抗压力不高。其用在建筑的排水系统中很多，多用于室外小管径排水管，主要有 PVC 波纹管、PE 波纹管等。

图 6-11　钢筋混凝土管

图 6-12　UPVC 管

（3）金属管　常用的铸铁管(图 6-14)和钢管强度高，抗渗性好，内壁光滑，水冲无噪声、防火性能好、抗压抗震性能强，节长，接头少，易于安装与维修，但价贵，耐酸碱腐蚀性差，常用在压力管理上。

图 6-13　HDPE 管

图 6-14　柔性铸铁排水管

（4）陶土管　陶土管是用低质黏土及瘠性料经成形、烧成的多孔性陶器，可以排输污水、废水、雨水、灌溉用水或排输酸性、碱性废水等其他腐蚀性介质。其内壁光滑，水阻力小，不透水性能好，抗腐蚀，但易碎，抗弯、拉强度低，节短，施工不方便，不宜用在松土和埋深较大之处。

6.2　管网附属设施

6.2.1　给水管网附属设施材料的识别与应用

1. 地下龙头

地下龙头一般用于绿地浇灌，它由阀门、弯头及直管等组成，通常用 *DN*20mm 或 *DN*25mm。一般把部件放在井中，埋深 300 ~ 500mm，周边用砖砌成井，大小根据管件多少而定，一般内径(或边长)300mm 左右。地下龙头的服务半径为 50m 左右，在井旁应设出水口，以免附近积水。

2. 阀门井

阀门用来调节管线中的流量和水压。主管和支管交接处的阀门常设在支管上。一般把阀门放在阀门井内，其平面尺寸由水管直径及附件种类和数量定，一般阀门井内径 1000～2800mm（管径 *DN*75～1000mm 时），井口 *DN*600～800mm，井深由水管埋深决定。

3. 排气阀井和排水阀井

排气阀装在管线的高起部位，用以排出管内空气。排水阀设在管线最低处，用以排除管道中沉淀物和检修时放空存水。两种阀门都放在阀门井内，井的内径为 1200～2400mm，井深由管道埋深确定。

4. 消火栓

消火栓分地上式和地下式，地上式易于寻找，使用方便，但易碰坏。地下式适于气温较低地区，一般安装在阀门井内。在城市，室外消火栓间距在 120m 以内，公园或风景区根据建筑情况而定。消火栓距建筑物在 5m 以上，距离车行道不大于 2m，便于消防车的连接。

5. 其他

给水管网附属设施较多，还有水泵站、泵房、水塔、水池等，由于在园林工程中很少应用，而多与市政供水连接，在此不详细说明。

6.2.2　排水管渠系统附属构筑物材料的识别与应用

为排除污水，除管渠本身之外，还有许多排水附属构筑物，这些构筑物较多，占排水管渠投资很大一部分，常见的有检查井、跌水井、雨水口、出水口等。

1. 检查井

检查井用来对管道进行检查和清理，同时也起连接管段的作用。检查井常设在管渠转弯、交汇、管渠尺寸和坡度改变处，在直线管段相隔一定距离也需设检查井。相邻检查井之间管渠应成一直线。直线管道上检查井最大间距见表 6-8。检查井分不下人的浅井和需要下人的深井。井口常为 600～700mm，构造如图 6-15 所示。

表 6-8　直线管道上检查井最大间距

管线或暗渠净高/mm	最大间距/m	
	污 水 管 道	雨 水 渠 道
200～400	30	40
500～700	50	60
800～1100	70	80
1100～1500	90	100
1500～2000	100	120

2. 跌水井

跌水井是设有消能设施的检查井。当遇到下列情况且跌差大于 1m 时需设跌水井：管道流速过大，需加以调节处；管道垂直于陡峭地形的等高线布置，按原坡度将露出地面处；接入较低的管道处；管道遇上地下障碍物，必须跌落通过处。常见的跌水井有竖管式、阶梯式、溢流堰式等，构造如图 6-16 所示。

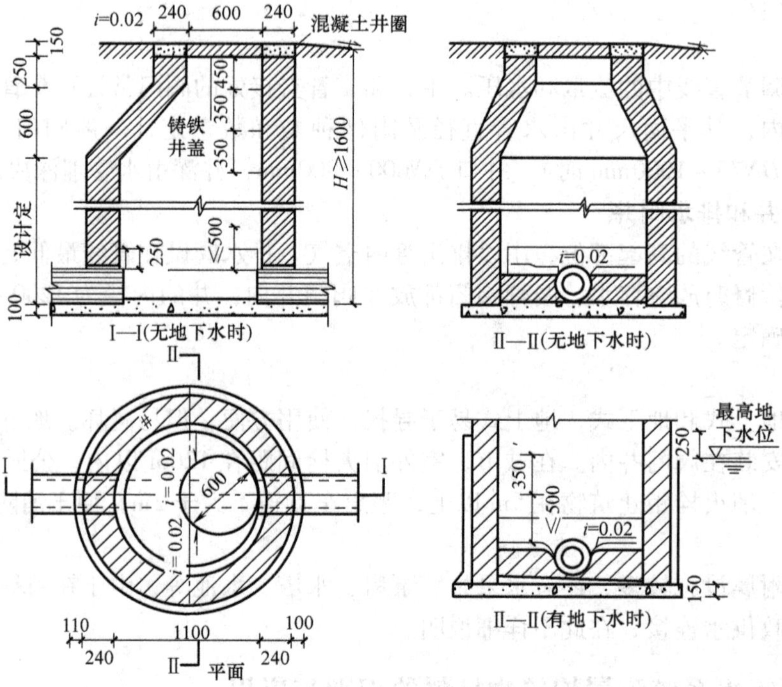

图 6-15　检查井构造

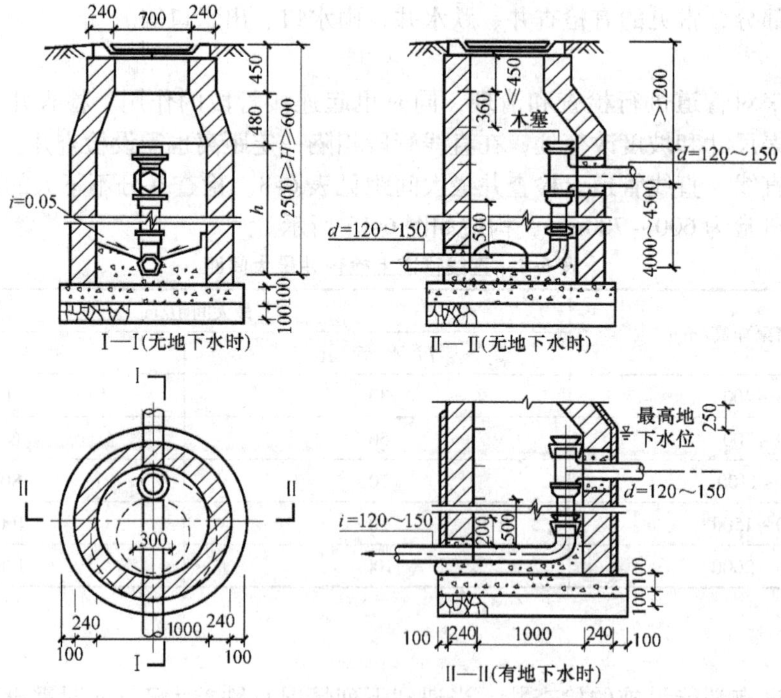

图 6-16　跌水井构造

3. 雨水口

雨水口是雨水管渠上收集雨水的构筑物。地表径流通过雨水口和连接管道流入检查井或排水管渠。雨水口常设在道路边沟、汇水点和截水点上。雨水口的间距一般为 25 ~ 60m。雨水口由进水管、井筒、连接管组成，雨水口按进水在道路上设置位置可分为边沟雨水口、侧石雨水口、联合式雨水口等。雨水口构造如图 6-17 所示。

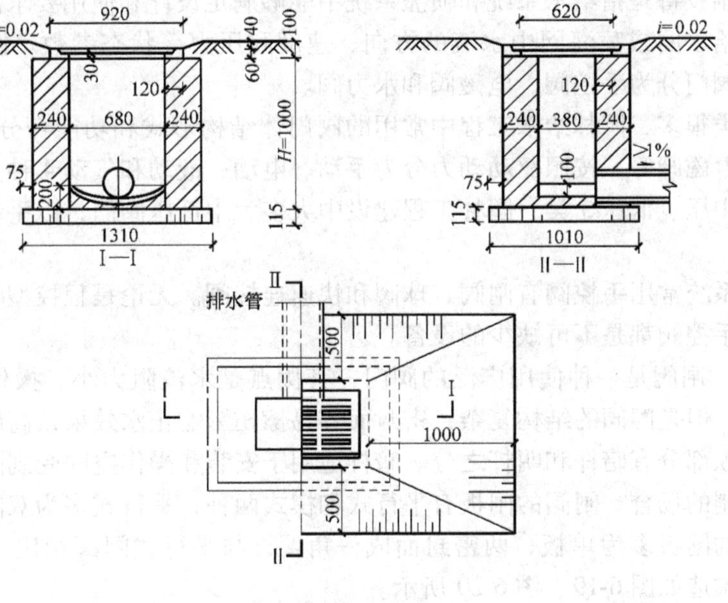

图 6-17　雨水口构造

4. 出水口

出水口的位置和形式，应根据水位、水流方向、驳岸形式等确定，雨水管出水口最好不要淹没在水中，管底标高在水位以上，以免水体倒灌。出水口与水体岸边连接处，一般做成护坡或挡土墙，以保护河岸及固定出水管渠与出水口。出水口构造如图 6-18 所示。

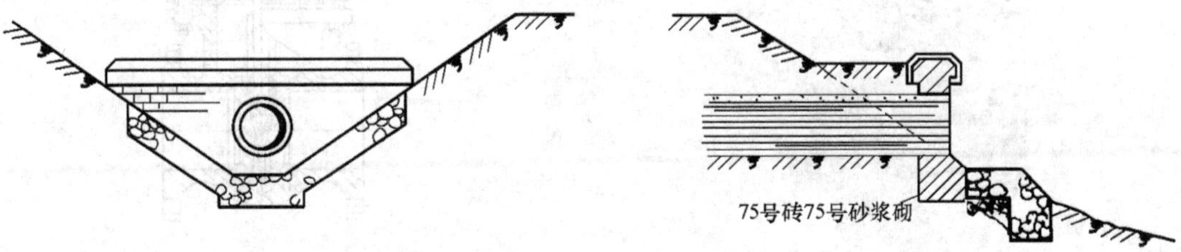

图 6-18　出水口构造

园林的雨水口、检查井、出水口，在满足构筑物本身的功能要求外，其外观应作为园景来考虑，可以运用各种艺术造型及工程处理手法来加以美化，使之成为一景。

6.3　给水管网和喷灌工程的控制设备

控制设备是绿地给水管网和喷灌工程的指挥体系。给水管网和喷灌工程的运行和管理依靠控制设备来完成，控制设备的技术含量和完备程度决定着给水管网和喷灌工程的自动化程度和技术水平。根据控制设备的功能和作用的不同，可将控制设备分为状态性控制设备、安全性控制设备和指令性控制设备。

6.3.1 状态性控制设备的识别与应用

状态性控制设备是指给水系统和喷灌系统中能够满足设计和使用要求的各类阀门，它们的作用是控制给水网或喷灌网中水流的方向、速度和压力等状态参数。按照控制方式的不同，可将这些阀门分为手控阀、电磁阀和水力阀。

阀门的种类很多，园林给水工程中常用的阀门体结构形式和功能可分为截止阀、闸阀、蝶阀、球阀、电磁阀等。按照驱动动力分为手动、电动、液动和气动 4 种方式，按照承受压力分为高压、中压、低压 3 类，园林工程建设中大多为中低压阀门，以手动为主。

1. 手控阀

绿地喷灌系统常用手控阀有闸阀、球阀和快速连接阀。无论是程控型喷灌系统还是手控型喷灌系统，手控阀都是不可缺少的设备。

（1）闸阀　闸阀是一种使用广泛的阀门，其优点是水流阻力小，操作省力，可有效地防止水锤发生。但是闸阀的结构复杂，密封面容易擦伤影响止水效果，高度尺寸较大。

闸阀的操纵部分有暗杆和明杆之分。暗杆适用于安装和操作空间受到限制的地方，明杆用于无空间限制的场合。闸阀的闸板有平行式和楔式两种，平行式多为双闸板，两密封面平行，楔式闸阀的闸板多为单板，两密封面成一角度，与平行式闸阀相比，有补偿磨损的作用。闸阀及其构造如图 6-19、图 6-20 所示。

图 6-19　闸阀

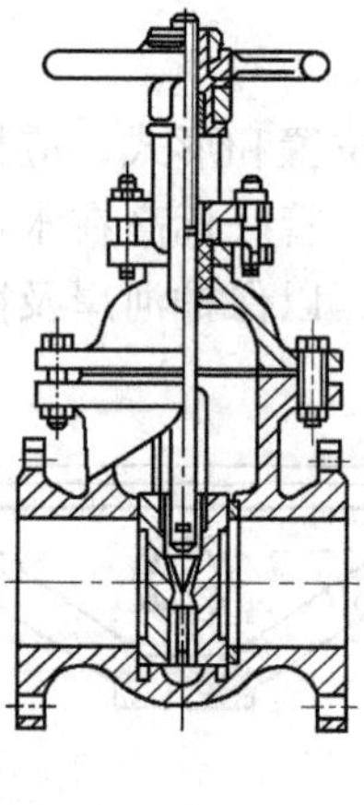

图 6-20　闸阀构造

闸阀在绿地喷灌系统中多与供水设备和过滤设备配套使用，也用在管网主干管或相邻两个轮灌区的连接管上。根据闸阀规格的不同，与管道的连接方式有法兰、螺纹、焊接和胶接等几处。

（2）球阀　球阀是绿地喷灌系统中使用最多的一种阀门。它的优点是密封性好，结构简单，体积小，质量轻，对水流阻力小。缺点是难以做到流量的微调节，启闭速度不易控制，容易在管道内产生较大的水锤压力。

球阀是用一个开有孔道的球体作为启闭机构，靠旋转球体达到开启或关闭水路的目的。球体形式有浮动球体和刚性支撑球体两种。浮动球体适用于小直径及低压管网系统；刚性支撑球体适用于大直径及高、中压管网系统。

在手控型喷灌系统中，球阀可直接用于轮灌区的运行控制；在程控型喷灌系统里，球阀一般与自控阀（电磁阀和水力阀）组合使用，以方便自控阀的维护和检修。当与自控阀组合使用时，应安装在自控阀的上游，并处于常开状态。小规格的球阀在喷灌系统中也可用于人工泄水，以满足冬季防冻的需要。

塑料球阀在绿地喷灌系统中的普遍采用，主要是因为便于与同类材质的管道和管件连接。塑料球阀的规格直径一般为15～100mm，启闭较大规格的球阀时一定要缓慢，以免引起水锤现象。塑料球阀与塑料管道的连接方式主要有螺纹和胶接两种。

（3）快速连接阀　快速连接阀由阀体和阀钥匙组成，材质一般为塑料或黄铜。阀体与地下管道通过铰接杆连接，其顶部与草坪根部平齐。不使用时阀体内的底阀在弹簧的作用下使阀处于关闭状态，使用时将接有软管的阀钥匙旋转插入，阀体打开，借助软管可对植物实施浇灌。

快速连接阀经常作为绿地喷灌系统的配套设施广泛使用。另外，单纯的喷灌方式难以满足多样化种植的灌水要求，必须保证在喷灌系统故障维修期间对植物有效灌水，适当地使用快速连接阀，有利于降低工程总造价。

快速连接阀作为一种方便的取水口，为绿地喷灌系统提供了有效的补充。根据快速连接阀是否独立于喷灌管网，可将喷灌系统分为合流制系统和分流制系统。

1）合流制系统：合流制系统指快速连接阀直接与喷灌管网连接。这种系统的工程造价低，但使用不太方便。因为当喷灌系统停止工作时，快速连接阀将无法供水。此外，快速连接阀在使用时对附近喷头的工作压力影响较大，甚至会影响喷头的喷洒效果。

2）分流制系统：分流制系统指快速连接阀自成独立的管网系统，直接与供水干管连接。无论喷灌系统是否工作，快速连接阀都具有供水能力。分流制系统的工程造价较高。

2. 电磁阀

电磁阀是自控型喷灌系统常用的状态性控制设备。它具有工作稳定、使用寿命长、对工作环境无苛刻要求等特点。了解电磁阀的构造和工作原理及性能特点，掌握其使用方法将有利于做好设备选型工作。

（1）构造及工作原理　电磁阀主要由阀体、阀盖、隔膜、电磁包、放水阀门和压力调节杆等部分构成，如图6-21所示。阀体上有一个被称为导入孔的细小通道，它连接着隔膜上、下室和电磁包底部的空间。电磁阀有常开型和常闭型两种，绿地喷灌系统使用的电磁阀大多属于常闭导入型，即电磁阀不工作时处于关闭状态，电磁阀工作时，安全电流通过电磁包，在电磁感应作用下电磁芯移动，从而开启导入孔；导入孔的开启意味着隔膜上、下室之间的压力平衡受到破坏，隔膜便在上游水压的作用下打开通道，阀门开启。

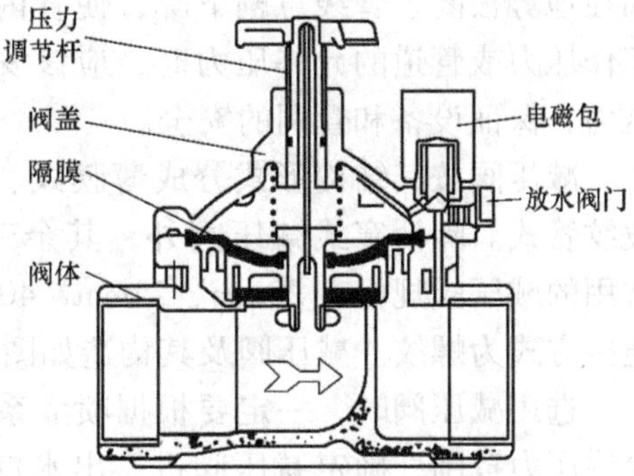

图6-21　电磁阀构造

电磁阀的阀体一般由工程塑料、强化尼龙或黄铜制成，隔膜通常由具有良好韧性的橡胶材料制成，弹簧则由不锈钢制成。这些材料都具有较好的化学稳定性和力学性能。

（2）类型及规格　电磁阀分直阀和角阀两类。直阀的进、出水口轴线的夹角成180°，角阀则成90°。直阀一般用在干管和支管都在同一平面的场合，角阀则多用于干管低于支管的场合。为了便于使用，一些生产厂家也为市场提供直阀—角阀组合结构。

绿地喷灌系统常用电磁阀的规格有20mm、25mm、32mm、40mm、50mm和75mm，与管道的连接有螺纹和承插方式。和手控阀不一样的是电磁阀的安装方向不可逆，安装时应加以注意。电磁阀的工作电压一般为24V/50Hz，启动电流为400mA左右，吸持电流为250mA左右。不同品牌产品的性能参数会有些差异，选用时应详细阅读产品说明书。

3. 水力阀(图6-22)

水力阀的作用与电磁阀基本相同，它的启闭是依靠液压的作用，而不是靠电磁作用。水力阀也有常开型、常闭型、直阀和角阀之分，常见的规格为50～200mm，连接方式为螺纹和法兰方式。绿地喷灌系统使用较多的是常闭阀。

图6-22　水力阀

水力阀是实现自动化控制和半自动化控制的远程控制阀门，配备电磁阀可与计算机联通实现自动化控制，配备手控阀可实现集中远程控制。水力阀的工作原理是利用隔膜将截面放大，从而将控制器给予的压力信号放大，使控制杆升降，完成阀门的启闭。

水力阀的特点是使用方便、准确、可靠、迅速(启闭只需几秒)，并在泵的开启与关闭时可以防止断电、通电所产生的回流。采用自动控制时，不需外加动力源。控制阀可以是二位三通电磁阀，也可以是二位三通旋塞阀。它可直接安装在水力阀上，也可通过控制管集中在一个地方控制。

由于液压传输不像电信传递那样方便，水力阀在绿地喷灌系统中使用不如电磁阀普遍。

6.3.2　安全性控制设备的识别与应用

安全性控制设备是指保证喷灌系统在设计条件下安全运行的各种控制设备，如减压阀、调压孔板、逆止阀、空气阀、水锤消除阀和自动泄水阀等。安全性控制设备的作用是保障喷灌系统的正常运行和管网安全。

1. 减压阀

减压阀的作用是在设备或管道内的水压超过其正常的工作压力时自动消除多余的压力。如在地势很陡、管线急剧下降，使管内水压上升超过了喷头的工作压力或管道的允许压力时，应该安装减压阀适当降低管道压力，保证设备和管网的安全。

图6-23　减压阀

减压阀按其结构形式分成薄膜式、弹簧薄膜式、活塞式和波纹管式。除活塞式减压阀外，其余三处均可用于喷灌系统。常用的减压阀规格有20mm、25mm、40mm和50mm，与管道的连接方式为螺纹。减压阀及其构造如图6-23、图6-24所示。

选用减压阀时，一定要根据喷灌系统运行时设备或管道的允许压力范围，确定减压阀进、出水口的具体数值。因为，不同的进、出水口压力需要配备的敏感器件的参数有所不同。

2. 调压孔板

调压孔板的工作原理是：在管道中设置带有孔口的孔板，对水流产生较大的局部阻力，从而达到消除水流剩余水头的目的。使用调压孔板比减压阀更经济、更方便。在绿地喷灌系统中，调压孔板常用于离水源较近的轮灌区入口处，或地势较大的场合。调压孔板的作用在于平衡管网压力，保证喷灌均匀度。

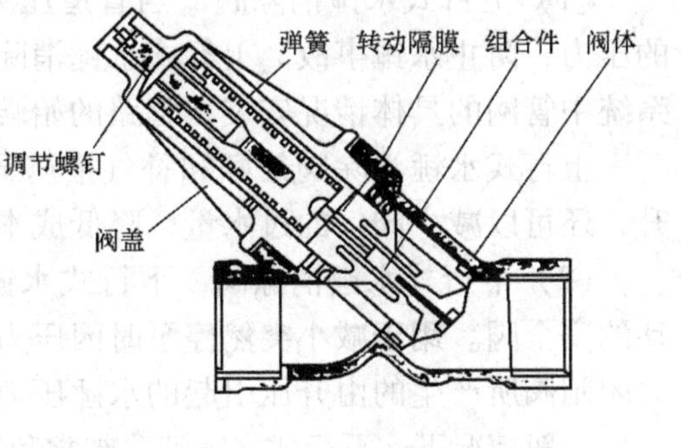

图 6-24　减压阀构造

3. 逆止阀

逆止阀也称为单向阀或止回阀，它是根据阀前和阀后的水压差而自动启闭的阀门，其作用是防止管中的水倒流。根据结构的不同，逆止阀可分为升降式、摆板式和立式升降式 3 种，如图 6-25、图 6-26 所示。

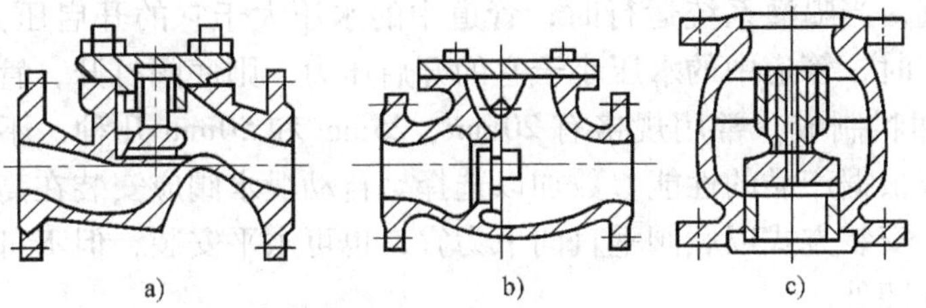

图 6-25　逆止阀

a）升降式　b）摆板式　c）立式升降式

图 6-26　法兰逆止阀

对于直接从市政或其他供水管网取水的自压型喷灌系统，需要在喷灌系统的入口处安装逆止阀。否则，当喷灌系统附近的供水管网出现故障检修时，喷灌系统管道中的非洁净水会因供水管网出现负压而倒灌，造成供水管网的水污染，影响正常的生活和生产。对于加压式喷灌系统，通常在水泵出口处安装逆止阀，用以避免突然停泵时引起直管道中的水倒流。

4. 空气阀

空气阀是喷灌系统中的重要附件之一，其作用是自动进、排空气，满足喷灌系统的运行要求。空气阀主要由阀体、浮块、气孔和密封件等部分构成，阀体一般是耐腐蚀性较强的工程塑料或金属材料。绿地喷灌系统常用空气阀的规格有 20mm、25mm 和 50mm，一般通过外螺纹与管道连接。规划设计中应根据空气阀的工作压力和使用场合正确选择。

空气阀在绿地喷灌系统中的主要作用如下：

1）当局部管道中存有空气时，使管道的过水断面减小，压力增加。空气阀可以自动排泄空气，保证管道正常的过水断面和喷头的工作压力，避免造成管道破裂。

2）喷灌管网冬季泄水时，通过空气阀向管道补充空气，保证管道中足够的泄水压力。避免因管道中的负压现象造成泄不畅，留下管道破裂的隐患。

规划设计时，应根据系统管网的敷设情况和水力条件在适当位置安装。

5. 水锤消除阀

水锤消除阀是一种当管道压力上升或下降到一定程度时自动开启的安全阀。根据水锤消除阀的启动压力与管道正常工作压力的关系，可将水锤消除阀分为上行式和下行式两种。

（1）上行式水锤消除阀　当管道压力上升至一定程度时自动开启，用于减少管道超额的压力，防止水锤事故。上行式水锤消除阀分为弹簧式和杠杆式。实际应用中，应根据喷灌系统中管网的具体情况安装在管路的始端，或在几处同时安装。

上行式水锤消除阀最好和补气措施同时采用，这不仅可避免因水锤引起的压力突然上升，还可以减少阀门的过水量，降低成本。

（2）下行式水锤消除阀　下行式水锤消除阀是当管道中的压力降至某一数值后自动启动的安全阀。用于减小突然停泵时因压力下降所产生的直接水锤压力，而对启动水泵或迅速关闭闸阀所产生的由升压引起的水锤压力则无能为力。

一般情况下，下行式水锤消除阀常和逆止阀配合使用。国产的下行式水锤消除阀只有用于小流量、高扬程、长管道和单机单管的场合时，其防护效果才比较理想。当事故停泵过程中初始阶段的最大压降值接近管道的正常工作水压时，不宜采用下行式水锤消除阀进行水锤防护。

6. 自动泄水阀

自动泄水阀在绿地喷灌系统中的作用是自动排泄管道中的水，以免冰冻对管道的危害。自动泄水阀的底部有一个弹性底阀，当喷灌系统运行时，管道中的水压大于它的开启压力，则底阀关闭；当喷灌系统停止工作时，管道中的水压小于它的开启压力，则底阀打开，管道中的水泄出。自动泄水阀通常由塑料制成，常用规格有20mm、25mm和50mm几种，不同规格的泄水速度不一样，使用时应根据产品的性能参数加以选择。自动泄水阀应安装在高程较低的管道上，一般为螺纹连接，安装方式以底阀垂直向下为宜，也可水平安装，但不可底阀向上安装。安装在管路系统的低凹处。

在绿地喷灌系统的规划设计和施工中，尽量考虑利用手动球阀来完成自动泄水阀的冬季泄水功能，理由如下：

1）自动泄水阀会在每次喷灌结束后放掉管道中的水，在非冰冻季节里，这样做不符合节约用水的要求。对于一个20000m^{2}的绿地喷灌系统，如果自动泄水阀的泄水率按30%计，一年至少也要浪费1000m^{3}喷灌用水。

2）自动泄水阀的泄水速度较慢，如果安装位置选择不当，则难以保证冬季泄水的安全。

6.4　给水管网和喷灌工程的加压设备

当使用地下水或地表水作为喷灌用水，或者当市政管网的水压不能满足喷灌的要求时，需要使用加压设备为喷灌系统供水，以保证喷头的工作压力。绿地喷灌系统常用的加压设备除各类水泵外，还有变频供水设备。变频供水设备则是水泵和变频高速器组成的供水装置，该装置能够根据喷灌系统对水量或水压的要求，实现恒压或变压供水，保证喷灌系统始终处于最佳的工作状况。

6.4.1　水泵的分类

水泵的种类很多，按其能量传递和转换方式的不同可分为叶片式和容积式两种。除上述两种类型外，还有水锤泵、射流泵等其他类型的水泵。在绿地喷灌系统中广泛使用的离心泵、井用泵和潜水泵，都属于叶片式水泵。

1. 离心泵

离心泵是叶片式水泵中利用叶轮旋转时产生的惯性离心力来抽水的。根据水流进水叶轮的方式不同，又可分为单进式(又称单吸式)和双进式(又称双吸式)两种。单吸式泵从叶轮的一侧进水，双吸式泵从叶轮的两侧进水。根据泵体内安装叶轮数目的多少，又可分为单级泵和多级泵两种。单级泵体内安装一个叶轮，多级泵的泵体内安装两个或两个以上叶轮。

(1) 单级吸式离心泵　它主要有IB型、IS型、B型和BA型四个系列，其中IB型、IS型泵是B型、BA型泵的更新换代产品，是ISO 2858国际标准设计研制的。图6-27和图6-28所示为IS型泵和BA型泵的外形。它们共同的特点是扬程高，流量较小，结构简单，使用方便。其中IS型泵的结构更加合理，使用可靠，其流量约为6.3～285m^3/h，扬程约为9.5～91m。

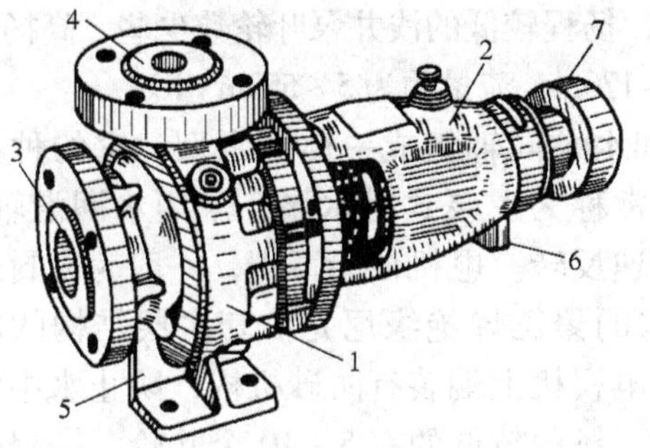

图6-27　单级单吸式离心泵-IS型
1—泵体　2—轴承体　3—进水口
4—出水口　5—泵座
6—支架　7—联轴器

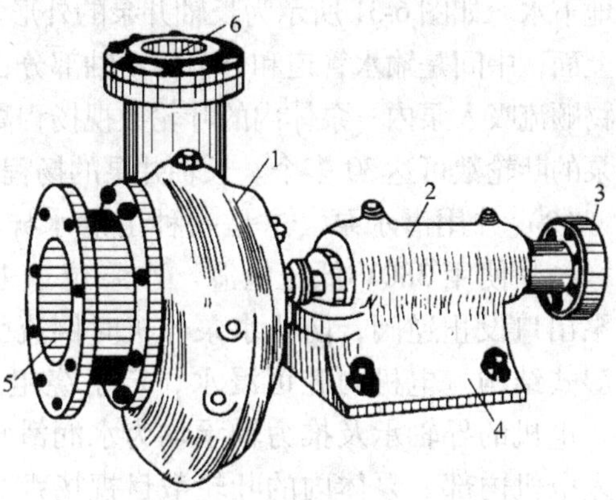

图6-28　单级单吸式离心泵-BA型
1—泵体　2—轴承盒　3—联轴器
4—泵座　5—吸水口　6—出水口

(2) 单级双吸式离心泵　这种泵主要有S型泵和Sh型泵两个系列，泵体均为水平中开式接缝，进水口与出水口均在泵轴线下方的泵座部分，成水平直线方向，与泵轴线垂直，检修起来特别方便，不需拆卸旁边的电机和管线。如图6-29所示为S(Sh)型泵的外形，这类泵共同的特点是扬程较高，流量比同口径单吸泵大，其流量约为20～1100m^3/h，扬程约为10～125m。该泵型体积较大，比较笨重。

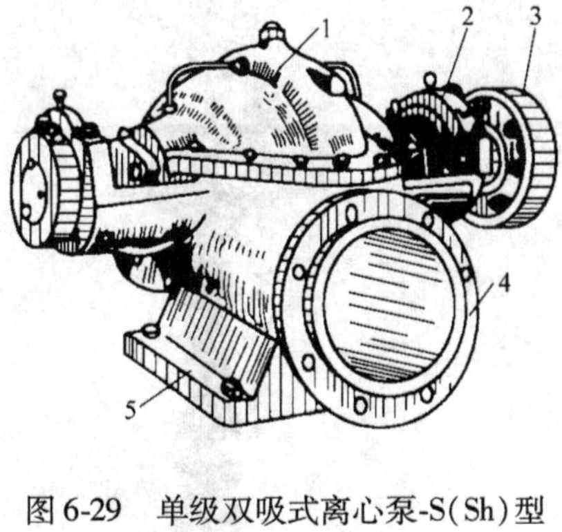

图6-29　单级双吸式离心泵-S(Sh)型
1—泵盖　2—轴承盒　3—联轴器
4—吸水口　5—泵座

(3) 多级离心泵　它主要有D型泵和DG型泵两个系列，其中D型泵系列更适合于大面积绿地喷灌，如图6-30所示为D型泵的外形。它的进水口为水平方向，出水口为垂直方向。其特点是扬程高，流量小，结构比单级泵复杂。多级离心泵的流量约为18～288m^3/h，扬程约为17～405m。

2. 井用泵

井用泵是专门从井中提水的一种叶片泵。井用泵有长轴井泵和井用潜水泵两个系列，长轴井泵的动力机安装在井口地面上，靠一根很长的分节传动轴带动淹没在井水中的叶轮旋转；而井用潜水泵是将长轴井泵的长轴去掉，电动机与水泵连成一体，工作时机泵一起潜入水中，在地面通过电缆将电源与电机接通，驱动水泵叶轮旋转的一种井用泵。

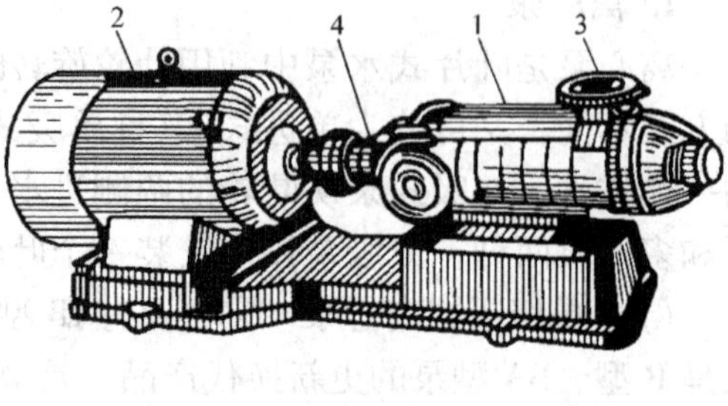

图 6-30　多级离心泵-D 型

1—泵体　2—电动机　3—出水口　4—进水口

（1）长轴井泵　这种泵的种类较多，按扬程高低可分为浅井泵和深井泵两种。浅井泵扬程约在 6m 以下，适用于井径较大的机井或大口径水井，多用于提取浅层地下水。深井泵的扬程约在 60 ~ 300m 之间，专用于井径较小的深井，主要提取深层地下水。如图 6-31 所示为长轴井泵的外形。整台机组由三个部分组成，即动力机部分，装在井口上面；中间是输水管道和分节传动轴部分；下端为泵体部分，泵体末端设置滤水管，防止井中杂物顺流吸入泵内。泵体内的叶轮数视扬程高低而异，扬程较低的浅井泵叶轮数少些，高扬程深井泵的叶轮数可达 30 多个。长轴井泵的扬程约为 15 ~ 170m，流量约为 5 ~ 550m^3/h。

（2）井用潜水泵　这是一种由潜水异步电机和水泵同轴组成一体的泵型。它的种类较多，统一使用 380V 低压电源。水泵位于上端，通常称为上泵式潜水泵，采用水润滑轴承，水泵出口设止逆阀，防止水泵停机时倒流引起的超速反转。电机位于下端，一般为密封式充水湿式结构。电机内腔可浸水，定子绕组采用防水的聚乙烯绝缘尼龙护套多层结构的电磁线。电机的导轴承及推力轴承均为水润滑轴承。在电视机上端装有防砂机构，防止水中泥沙进入电机内部。泵体内的叶轮数目视扬程高低而定，扬程较低的有 5 ~ 10 个叶轮，扬程高的可达 40 多个叶轮。井用潜水泵的流量约为 5 ~ 500m^3/h，扬程约为 10 ~ 350m，常被用于地下水作为水源的喷灌系统。井用潜水泵及其构造如图 6-32、图 6-33 所示。

图 6-31　长轴井泵

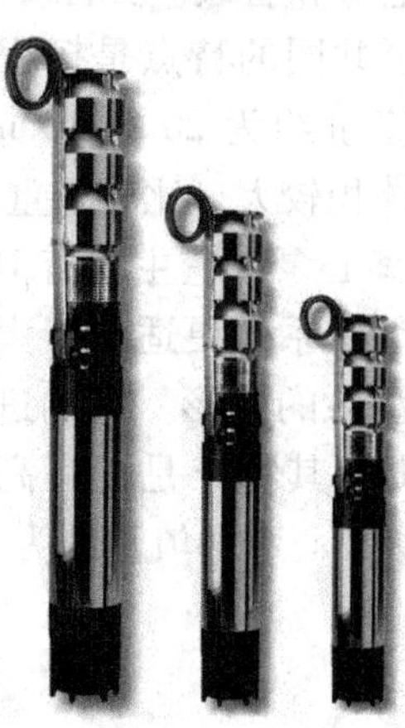

图 6-32　井用潜水泵

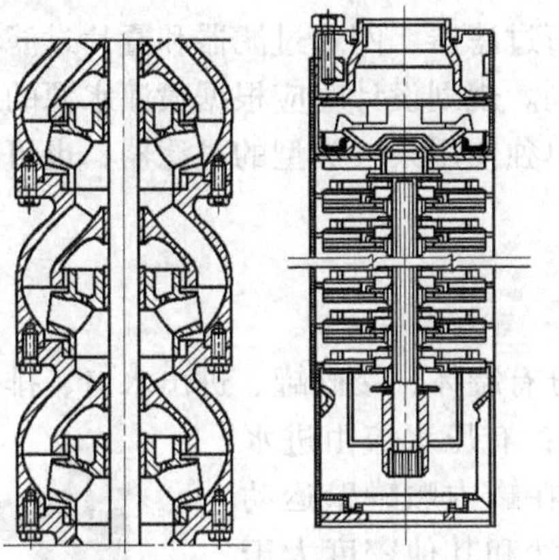

图6-33 井用潜水泵构造

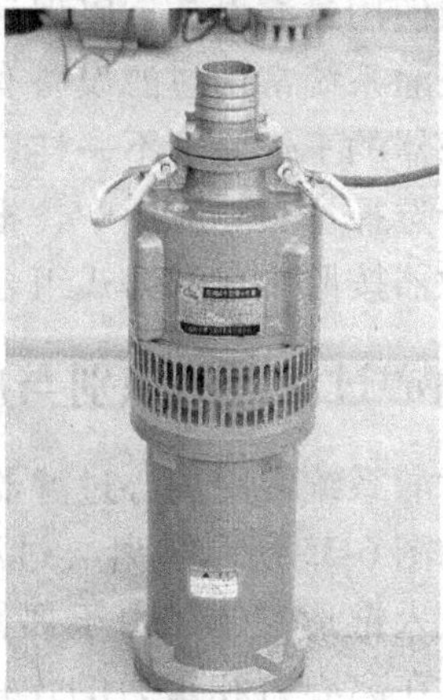

图6-34 小型潜水泵

3. 小型潜水泵(图6-34)

小型潜水泵也是一种机泵合一的泵型，与井用潜水泵相比，它具有体积小，质量轻，使用、维修方便和运行可靠等优点。它的电机有使用三相电源和单相电源之分。根据电机内部可否充填油、水，也可分为干式、充油式和充水式3种。小型潜水泵广泛用于无管网水源或管网水源压力不足的绿地喷灌系统。

需要注意的是，水泵在水中的深度不能超过规定，因为在超水深运行时，泵外水压大，时间一长会使电机绝缘加速损坏，容易引发事故。此外，也不能在无水或泥浆水中运行，因为在这种环境中工作，电机得不到良好冷却，或者由于泥浆水密度大，导致电泵轴功率加大而温升过高发生事故。小型潜水泵的流量约为3～180m^3/h，扬程约为3～65m。

6.4.2 水泵的应用

合理地选用水泵是建立在对水泵性能充分了解的基础之上。水泵的性能主要包括扬程、流量、功率和效率等，只有掌握不同类型水泵的性能，才能根据水源条件和喷灌系统对水量、水压的要求，针对具体情况作出选择。

合理选择水泵是保证喷灌系统正常供水的先决条件。选择水泵时，必须保证做到以下几点：

1）水泵的流量应同喷灌系统最大单区流量相等或接近，以满足喷灌系统的设计要求。

2）应保证水泵能长期在高效工作范围内运行，这时供水设备的效率高、能耗低、运行费用相对较少。

3）如有几种水泵可供选择时，更应进行技术经济比较，求得最佳方案。

4）所选泵型要便于安装施工，为操作运行和管理维修提供方便。

5）当与原有水泵串联在一起时，应使其流量与原有水泵的流量相等或接近，以保证供水系统中所有的水泵都在最佳状态下工作。

6.5 给水管网和喷灌工程的过滤设备

当水中含有泥沙、固体悬浮物和有机物等杂质时，为了防止喷灌系统管道、阀门和喷头堵塞，必须使用过滤设备，以保证喷灌系统能够在设计条件下运行。

绿地喷灌系统常用过滤设备有离心过滤器、砂石过滤器、网式过滤器和叠片过滤器。不同类型过滤器的工作原理不一样，适用场合各不相同。规划设计时应根据喷灌水源的水质条件进行综合选择。实际应用中，根据水质情况可以单独使用某一类型的过滤器，也可将不同类型的过滤器按照一定的方式组合使用。

6.5.1 离心过滤器的识别与应用

绿地喷灌系统常用离心过滤器的构造，主要部分有罐体、接砂罐、进出水口、排砂口和冲洗口，如图6-35所示。离心过滤器的工作原理是：有压水流由进水口沿切向进入锥形罐体，由于惯性力的作用，水流在罐内顺罐壁运动形成旋流；在离心力和重力的作用下，水流中的泥沙和其他密度大于水的固定颗粒向管壁靠近，逐渐沉积，最后进入底部的接砂罐；清水则从过滤器顶部的出水口择出，水砂分离完成。

离心过滤器主要用于含砂水的初级过滤，可分离水中的砂粒和碎石。在稳定流状态下，对60~150目的砂石有较好的分离效果。由于启、停泵阶段的水流属于非稳定流态，砂石在罐内得不到很好的分离，这时的过滤效果难以满足要求。因此，建议将离心过滤器与网式过滤器同时使用。

图6-35 离心过滤器

离心过滤器的规格一般用进水口口径表示。绿地喷灌系统常用离心过滤器的规格和建议工作水量见表6-9。离心过滤器可单台使用，也可多台组合使用。多台组合的方法有并联和串联两种，并联组合使用可以增加出水量，串联组合使用可以提高出水质量。

表6-9 离心过滤器的规格和工作水量

规格(*DN*)/mm	20	25	50	60	100
工作水量/(m^3/h)	1.0~3.0	1.5~7.0	5.0~20	10~40	30~70

为了获得较好的过滤效果，进水管应有足够的直段长度，以保证水流以稳定流状态进入罐内。一般要求进水直管的长度大于进水口径的10倍。另外，使用离心过滤器时，应根据来水水质情况定期排砂，保证理想的出水质量。

6.5.2 砂石过滤器的识别与应用

砂石过滤是给水工程中常见的净化水的方法。当使用湖、塘、河、渠等地表水作为喷灌用水时，常采用砂石过滤器去除水中的藻类和漂浮物等较轻的杂物。砂石过滤器一般呈圆柱状，主要由滤罐和砂石组成，如图6-36所示。滤罐内的砂石是按照一定的粒径级配方式分层填充。水从过滤器上部的进水口流入，通过砂石过滤器上部的进水口，通过砂石层中的孔隙向下渗漏，在这个过程中，杂质被滞留在砂石表层，经过滤后洁净水由底部

图6-36 砂石过滤器

的排水口排出。

绿地喷灌系统常用砂石过滤器的规格和建议工作水量见表 6-10。

表 6-10　砂石过滤器的规格和工作水量

规格（DN）/mm	50	80	100
工作水量/（m^3/h）	5.0 ~ 18	10 ~ 35	20 ~ 70

使用砂石过滤器时，应注意以下几点：

1）严格控制过滤器的工作流量，使其保持在设计流量的范围内。过滤器的工作流量过大，会造成“砂床流产”，导致过滤效果下降。

2）在过滤器进、出水口分别安装压力表。根据进、出水口之间压差的大小，定期进行反冲洗，以保证出水水质。

3）对于沉积在砂滤层表面的污染物，应定期用干净颗粒代替。视出水水质情况，一年应处理 1 ~ 4 次。

4）砂石过滤器可作为单级过滤，也可与网式过滤器或叠片过滤器组合使用。

6.5.3　网式过滤器的识别与应用

网式过滤器主要用于水源水质较好的场合，也可与其他类型的过滤器组合使用，作为末级过滤设备。网式过滤器主要由罐体和过滤网组成，如图 6-37 所示。水由进水口流入罐内，经过滤网水流向出水口，大于滤网孔径的杂质被截留在滤网的外表面，从而达到净化水质的目的。网式过滤器结构简单，价格低廉，使用方便。

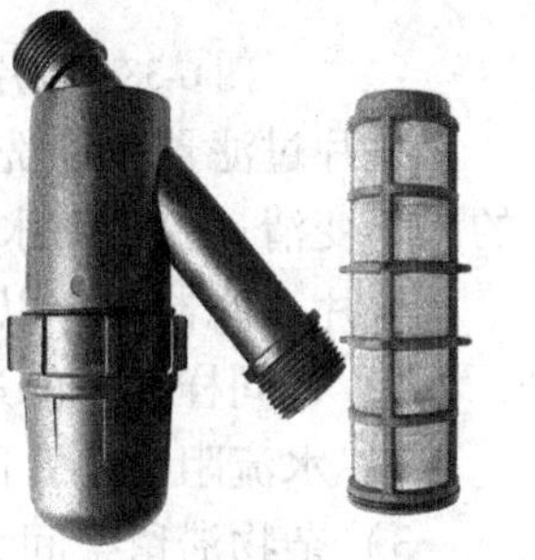

图 6-37　网式过滤器

绿地喷灌系统常用网式过滤器的规格和建议工作水量见表 6-11。

表 6-11　网式过滤器的规格和工作水量

规格（DN）/mm	50	80	100
工作水量/（m^3/h）	5.0 ~ 20	10 ~ 35	30 ~ 70

使用网式过滤器时应注意以下几点：

1）在过滤器进、出水口分别安装压力表。当过滤网上积聚了污物后，过滤器进、出水口之间的压差会急剧增加，根据压差大小定期将滤网拆下清洗，保证出水水质能够满足喷灌系统的用水要求。

2）网式过滤器的水流方向一般是从滤网的外表面指向内表面。应按照设备上标明的水流方向安装使用，不可逆转。

3）如发现滤网、密封圈损坏，必须及时更换，否则将失去过滤作用。

6.5.4　叠片过滤器的识别与应用

叠片过滤器主要由罐壳、叠片、进出水口和排污口构成，如图 6-38、图 6-39 所示。碟片的一面是一条连续的径向肋，另一面是一组同心环向肋；同样规格碟片按照相同的方式紧压组装，构成一个具有巨大过滤表面积的圆柱体。过滤器工作时，水流从进水口进入罐体，由碟片的外环经肋间隙流向内环，水中杂质被截留在碟片间的杂物滞留区，净化水通过碟片内环汇流至出水口。

使用叠片过滤器时，应该在进、出水口分别安装压力表，以便通过进、出水口的压差来判断碟片间隙的堵塞程度和出水水质情况。如果进、出水口的压差超过规定的数值，应反复冲洗。

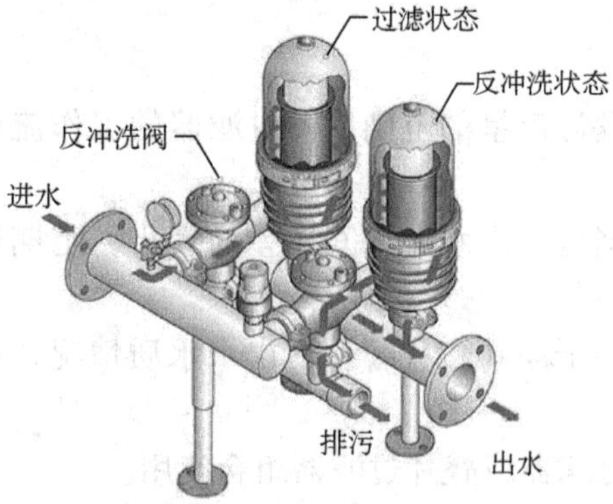

图 6-38　叠片过滤器构造

图 6-39　叠片过滤器

叠片过滤器反冲洗的步骤为：打排污阀；关闭出水阀；往复转动罐壳，直至排污阀排出的水不变清；打开出水阀，关闭排污阀。

叠片过滤器具有以下特点：

1）在同样体积的过滤器设备中，叠片过滤器具有较大的过滤表面积。

2）水流阻力小，因而运费较低。

3）杂物滞留空间大，这意味着反冲洗频率低。

4）反冲洗时只需要轻轻转动几下罐体，无需拆卸，几十秒即可完成。

叠片过滤器对水中杂质的过滤程度取决于环内向肋的高度，生产厂家通常利用碟片的颜色来区别其过滤精度，规划设计时应根据水质条件和喷灌系统的要求合理选用。

6.6　园林喷灌工程材料——喷头

喷头是喷灌系统的末端设备，也是最重要的设备。喷头的质量与性能不但直接影响到喷灌系统的喷灌强度、喷灌均匀度和水滴打击强度等技术要素，也影响着喷灌系统前期的工程造价和后期的运行费用。所以，了解喷头的喷洒原理，掌握其性能和特点，不仅有益于在规划设计中满足喷灌系统的技术要求，而且也便于对不同的方案进行工程造价和运行费用的综合分析和比较，进而选择最佳方案。

6.6.1　喷头的分类

能够用于喷灌的喷头种类很多，一般根据喷头在非工作时的状态、工作时的状态，以及喷洒射程进行分类。

1. 按非工作状态分类

（1）外露式喷头（图 6-40）　它是指非工作状态下暴露在地面以上的喷头。这类喷头的材质一般为工程塑料、铝锌合金、锌铜合金或全铜，喷洒方式有单向出水和双向出水两种。早期的绿地喷灌系统多采用这类喷头，其原因是它的构造简单、价格便宜、使用方便。另外，这类喷头对喷灌系统的供水压力要求不高，给实际应用带来一些方便。

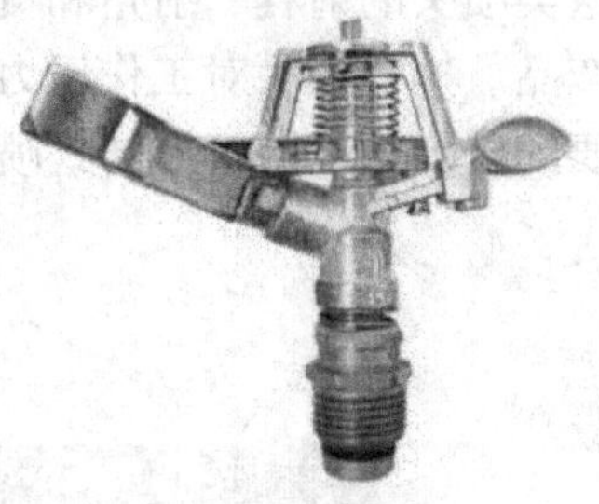

图 6-40　外露式喷头

外露式喷头在非工作状态下暴露在地面以上，不便于绿地的养护和管理，并有碍园林景观；特别是在体育运动场草坪场地，这种喷头的使用更是受到限制。另外，这类喷头的射程、射角及覆盖角度不便调节，难以实现专业化喷灌。外露式喷头一般用在资金不足或喷灌技术要求不高的场合。

（2）地埋式喷头（图 6-41、图 6-42）　它是指非工作状态下埋藏在地面以下的喷头。工作时，这类喷头的轴芯（以下简称“喷芯”）部分在水压的作用下伸出地面，然后按照一定的方式喷洒；关闭水源，水压消失，喷芯在弹簧的作用下又缩回地面。

图 6-41　地埋式喷头

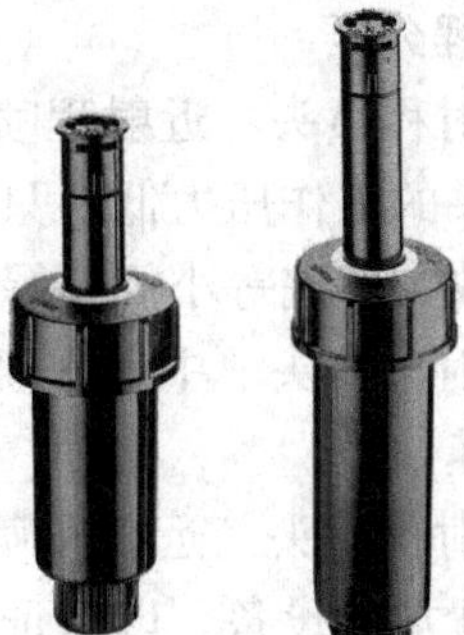

图 6-42　地埋式喷头

地埋式喷头的最大优点是不影响园林景观效果，不妨碍人们的活动，便于绿地养护管理。这类喷头的射程、射角和覆盖角度等喷洒性能易于调节，雾化效果好，适合于不规则区域的喷灌，能够更好地满足园林绿地和运动场地草坪的专业化喷灌要求。

地埋式喷头的结构复杂、工作压力较高，对喷灌系统规划设计和绿地管理水平要求较高。

2. 按工作状态分类

（1）固定式喷头　它是指工作时喷芯处于静止状态的喷头。这种喷头也称为散射式喷头，工作时有压水流从预设的线状孔口喷出，同时覆盖整个喷洒区域。

固定式喷头的结构简单、工作可靠、使用方便；另外，它的工作压力低、喷洒半径小和雾化程度高等特点，使它成为庭院和小规模绿化喷灌系统的首选产品。这类喷头在喷洒时能够产生美妙的景观效果，给园林喷灌系统增添了新的功能。

（2）旋转式喷头　它是指工作时边喷洒边旋转的喷头。这类喷头在喷洒时，水流从一个或两个方向（成 180°夹角）的孔口喷出，由于紊动混合重力作用，水流在空中分裂成细小的水滴洒落在绿地上。旋转式喷头一般集多项专利技术，具有较高的技术含量。多数情况下这类喷头的射程、射角和覆盖角度可以调节，是大面积园林绿地和运动场地草坪喷灌的理想产品。这类喷头对工作压力的要求较高、喷洒半径较大。采用旋转式喷头的喷灌系统有时需要配置加压设备。旋转式喷头喷灌效果如图6-43所示。

图6-43 旋转式喷头喷灌效果

3. 按射程分类

（1）近射程喷头　近射程喷头是指射程小于8m的喷头。固定式喷头大多属于近射程喷头，这类喷头的工作压力低，只要设计合理，市政管网压力就能满足其工作要求。近射程喷头适用于市政、庭院等小规模绿地的喷灌。

（2）中射程喷头　中射程喷头是指射程为8～20m的喷头。这类喷头适合于较大面积园林绿地的喷灌。

（3）远射程喷头　远射程喷头是指射程大于20m的喷头。这类喷头的工作压力较高，一般需要配置加压设备，以保证正常的工作压力和雾化效果。远射程喷头多用于大面积观赏绿地和运动场草坪的喷灌。

6.6.2 地埋式喷头的构造

喷头一般由喷体、喷芯、喷嘴、滤网、弹簧和止溢阀等部分组成，旋转式喷头除以上部分外还有传动装置。

1. 喷体

喷体是喷头的外壳部分，其作用是支撑喷头的部件结构。喷体一般由工程塑料制成，底部有标准内螺纹，用于和管道连接。螺纹规格与喷头的射程有关，常见的有20mm、25mm和40mm等。喷体总高度随喷芯的伸缩高度而变，当喷体总高度较大时，喷体自带侧向进口，这样会便于施工和满足冬季泄水的安装要求。侧向进口的内螺纹规格通常与底部相同。

2. 喷芯

喷芯是喷头的伸缩部分，为喷嘴、滤网、止溢阀、弹簧和传动装置（在旋转喷头的场合）提供结构支撑。水流从芯内部经过，自下而上流向喷嘴。喷芯的材质一般为工程塑料或不锈钢。喷芯的伸缩高度通常为5cm、10cm、15cm和30cm，可根据植物的种植高度合理选择。

3. 喷嘴

喷嘴是水流完成压力流动进入大气的最后部分，是喷头的重要部件之一。在一定的工作压力下，喷嘴的形状和内径决定了喷头的水量分布和雾化效果，对喷洒效果有着举足轻重的影响。

（1）固定式喷头 固定式喷头多为线状喷嘴，喷嘴与喷芯以螺纹连接，便于施工人员根据设计要求现场调换；个别情况下，喷嘴与喷芯是连为一体的，不可调换，设计选型和材料准备时应加以注意。

固定式喷头的喷洒覆盖区域一般呈扇形或矩形。当呈扇形时，可使用专用工具从喷头顶部调节扇形的角度。扇形角度的调节方式有两种：一种是单区调节方式；另一种是多区调节方式。单区调节喷嘴的覆盖区域在0°~360°范围内连续变化，当圆心角为0°时，喷嘴完全关闭，当圆心角为360°时，喷洒覆盖区域呈圆形，称为全圆喷洒。多区调节喷嘴将全圆分成几个区域，每个区域的喷洒范围可根据需要单独调节。工作时它的喷洒水形可以是连续的，也可以是间断的，主要取决于绿地形状。多区调节喷嘴能够更好地满足不规则地形的喷灌要求，有利于降低工程造价。

为了便于使用，喷头的生产厂家通常为一个型号的喷头提供几个不同规格的喷嘴与其配套，以满足不同射程的要求。每种喷嘴由不同颜色区别，便于调用。

固定式喷嘴顶部的螺钉通常具有调节射程的作用，一般可将正常射程缩短25%左右。

（2）旋转式喷头 旋转式喷头一般采用单孔或多孔的置换喷嘴。所谓置换式喷嘴是一组由喷头的生产厂家提供的不同仰角和孔径的孔口喷嘴，它们与喷头配套，以满足不同的水源、气象和地形条件对喷灌的要求。不同孔径的喷嘴通常用颜色来加以区别，以方便使用。

由于喷嘴孔口局部阻力的作用，水流的出口压力会有所降低。喷嘴孔口越小，对水流的局部阻力越大，水流的出口压力则越小。在喷头的喷洒效果方面，这种影响还会表现为：喷头的射程减小；出水量减小；喷灌强度减小。

规划设计时必须根据当地在喷灌季节的平均风速和水源、地形条件，合理选择喷嘴的射角和规格，从喷头选型上首先满足设计要求。

置换式喷嘴安装后应旋下顶部螺钉，对喷嘴加以固定。

置换式喷嘴的安装不太方便，在满足射程和射角的要求方面有时也显得不能十分如意。作为对这种缺憾的弥补，非置换式喷嘴在这方面起到了一定的作用。所谓非置换式喷嘴，是一种与喷头固定在一起的喷嘴。使用时根据现场距离和风力情况，通过调节喷头顶部的螺钉，就可以达到改变射程或射角的目的。使用这种喷嘴不但节省了置换喷嘴的琐碎工作，同时还能实现射程和射角的连续变化，更好地满足不规则地形喷灌要求。

4. 滤网

滤网的作用是截留水中的杂质，以免堵塞喷嘴。按照安装位置的不同，滤网可分为上置式和下置式。上置式滤网安装在喷嘴的底部，多见于固定式喷头中的喷嘴和喷芯为分体结构的场合，这种滤网在使用时便于拆装清洗。下置式滤网安装在喷芯底部，多见于喷嘴和喷芯为连体结构的固定式喷头和各种旋转式喷头；下置式滤网的过水面积比上置式滤网大，在同样的水质条件下，清洗的次数要少一些。滤网一般由抗老化性能较好的尼龙材料制成。

5. 弹簧

弹簧由不锈钢制成，其作用是当喷灌系统关闭后使喷芯复位。弹簧的承压能力决定着启动喷头工作的最小水压。

6. 止溢阀

止溢阀位于喷芯的底部，一般属于选择部件。其作用是防止喷灌系统关闭后，管道中的水从地势较低处的喷头顶部外溢，造成地表径流、局部积水或土壤侵蚀。止溢阀的止溢水头一般为2.0～5.0m，应根据实际地形的高差选用。

7. 传动装置

传动装置的作用是驱使喷芯在喷洒过程中沿喷头轴线旋转。地埋式喷头最普遍的传动方式是齿轮传动。它的工作原理是：安装在传动装置底部的叶片受到水流的轴向冲击后绕喷头轴线旋转，然后借助一组齿轮将这种旋转向上传递，带动喷芯顶部的喷嘴部分，使其按照一定的方式匀速旋转。喷头工作时的旋转角度可以预先设置。设置方法有从喷头顶部通过工具调节，也有借助侧向调节环徒手调节。喷头的旋转动力传动除了齿轮传动方式外，还有其他传动方式，如球传动方式等。无论采用什么方式，都有一个基本的要求，那就是在喷洒过程中喷嘴应该匀速转动。

6.6.3 地埋式喷头的性能

喷头的性能参数包括工作压力、射程、射角、出水量和喷灌强度等。它们是规划设计中喷头选型和布置的依据，直接影响着喷灌系统的质量。

1. 工作压力

工作压力是指保证喷头的设计远程和雾化强度时喷头进口处的水压，以 kgf/cm^2、kPa 和 mH_2O(水柱)表示。不同的压力单位之间存在以下换算关系，即 $1kgf/cm^2 = 98.07kPa = 10mH_2O$。

工作压力是喷头的重要性能参数，因为它直接影响到喷头的射程和喷灌均匀度。在正常的工作压力下，喷头的水量分布近似地呈三角形，因为，对于水量分布呈三角形的喷头，如果喷头的布置间距正好等于它在设计工作压力下的射程，就可以获得最佳的喷灌均匀度。实际中的情况往往有所不同，主要原因除来自喷头的性能和风的影响外，还有喷头实际工作压力的因素。喷头的工作压力过大或过小，单喷头喷洒水量沿径向的分布形式都会发生变化。这两种分布形式都不利于得到较好的组合喷灌均匀度。所以，在喷灌系统的规划设计中应保证管网的压力均衡，使系统中所有的喷头都在额定的压力范围内工作，以求得最高的组合喷洒均匀度。

工作压力是喷头和加压设备选型的重要依据。低压喷头多用于自然型喷灌系统。在加压喷灌系统中，低压喷头有利于降低系统中的运行费用。

2. 射程

喷头的射程是指在无风情况下，从喷头到某一特定喷灌强度处的距离，以 m 计算。国家标准《灌溉试验规范》(SL13—2004)中规定：喷头的射程是指雨量筒中收集的水量为 0.3mm/h(喷头流量小于 $0.25m^3/h$ 时为 0.15mm/h)的那一点到喷头中心的距离。

喷头的射程受工作压力的影响，在相同的工作压力下，射程往往成为喷头布置间距的依据。

喷头的射程对工程造价有一定的影响。虽然近射程喷头的单价较低，但是由于喷头的密度较大，管材数量增加，一般情况下会使工程造价增加。规划设计时如果需要，应根据喷头射程制定不同的设计方案，分析比较后加以确定。

3. 射角

喷头的射角是指喷嘴处水流轴线与水平线的夹角。理想情况下45°射角的喷洒距离最大。但是受到空气阻力和风力的影响，实际的喷头射角往往比理想的值多。常见的喷头射角如下：

1）低射角：小于20°，具有良好的抗风能力，但以损失射程为代价，常用于多风地区的喷灌系统。

2）标准射角：20°~30°，广泛用于一般气象条件和地形条件下的绿地喷灌系统。

3）高射角：大于30°，抗风能力较差，多用于陡坡地形和其他特殊要求的喷灌系统。在同样压力下，高射角喷嘴的射程较大。

4. 出水量

喷头的出水量是指单位时间喷头的喷洒水量，以 m^3/h 计。在同样的射程下，出水量大表示喷灌强度大，出水量小表示喷灌强度小。出水量也间接地反映了水滴打击强度的大小，在其他条件不变的情况下，出水量大表明水滴打击强度大，反之，出水量小表明水滴打击强度小。

喷头的出水量对工程造价的影响较明显，这种影响主要表现在管径与工程造价的关系上。

5. 喷灌强度

喷灌强度是指单位时间喷洒在单位面积上的水量，或单位时间喷洒在灌溉区域上的水深，用mm/h表示。一般情况下，当涉及喷头的喷灌强度时，总是有些附加条件。这些附加条件可能是“某特指区域”，也可能是“喷洒区域内的平均值”。这一点在喷头选型时应加以注意。

6.6.4 地埋式喷头的规格

喷头的规格是指喷头的静态高度、伸缩高度、暴露直径、接口规格和喷洒范围等，这些参数与设备安装有直接的关系。所以，在喷灌系统的规划设计时，必须对各种喷头的规格有足够的了解，以便合理选择。

1. 静态高度

喷头的静态高度是指喷头在非工作状态下的高度。这个高度一般取决于喷头的伸缩高度，它决定了喷灌系统末端管网的最小埋深。

2. 伸缩高度

喷头的伸缩高度是指工作状态下喷芯升起的高度。绿地喷灌常用喷头的伸缩高度有0cm、5.0cm、7.5cm、10.0cm、15cm和30cm等几种，规划设计时可根据植物的高度进行选择。在灌木丛中设置喷头，可利用立管来抬高喷头，以满足使用要求。

3. 暴露直径

喷头的暴露直径是指喷头顶部的投影直径。喷头的这个参数决定了它是否能被用于激烈运动草坪的喷灌系统。

4. 接口规格

接口规格是指喷头与管道接口的规格。喷头与管道一般采用螺纹连接，常见的规格有1/2″、3/4″、1″和1.5″等几种。地埋式喷头节点图如图6-44所示。

5. 喷洒范围

喷洒范围是指无风状态下，喷头喷洒在绿地上形成的湿润范围。喷洒范围通常有扇形和矩形两种，全圆是扇形的特例。扇形的角度是否可以调节，取决于喷头的性能。有些喷头的喷洒范围可以调节，使用时根据需要设置；有些喷头的覆盖角度是固定的特殊值，如45°、90°、180°、270°和360°等。在喷洒范围为矩形的场合，有单向喷洒和双向喷洒之分。地埋式喷头如图6-45所示。

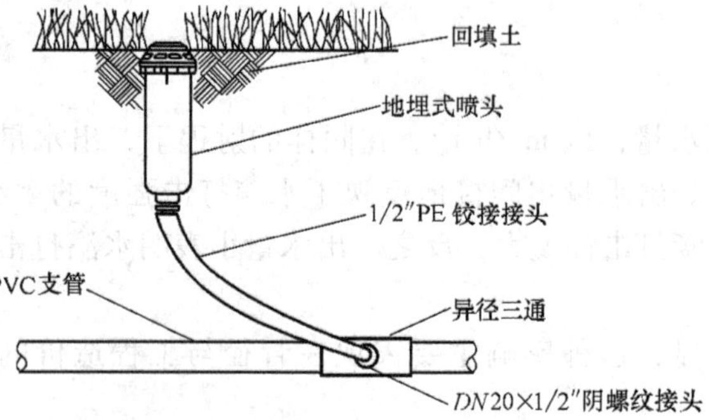

图6-44　地埋式喷头节点图

图6-45　地埋式喷头

6.6.5　地埋式喷头的主要特点

地埋式喷头在园林绿地和运动场草坪喷灌中应用日益广泛，其特点在于：

1）在非工作状态下，无任何部分暴露在地面以上，既不妨碍园林绿地的养护工作，也不影响整体的景观效果，在一定程度上还可以免遭人为损坏。

2）射程、射角和覆盖角度的调节性好，能更好地满足不规则地形、不同的种植条件对喷灌的要求，便于实现专业化喷灌。

3）具有较稳定的压力—射程—流量关系，便于控制喷灌强度和喷洒均匀度等喷灌技术要素。

4）产品的规格齐全，选择范围广，能满足不同类型绿地对喷灌的专业化要求。

5）使用工程塑料和不锈钢材质，不但降低了对应用环境的要求，也大大延长了其使用寿命。

6）自带过滤装置，对喷灌水源的水质无苛刻要求，使推广应用更为容易。

7）运动场草坪专用喷头顶部的柔性护盖或防护草坪，能有效地保护运动员免受伤害。

8）止溢阀结构可以有效地防止系统停止运行后，管道中的水从地势较低处的喷头溢出，避免形成地表径流或积水。

固定式喷头和旋转式喷头的比较见表6-12。

表6-12　固定式喷头和旋转式喷头的比较

喷头类型	射　程	工作压力	雾化效果	适用场合
固定式	近	小	好	庭院、温室、其他小规模绿地、景观需要
旋转式	远	大	较好	市政、园林、运动场地、大面积绿地及观赏草坪

本章小结

1）在给水工程中，管材费用占管网投资很大的比重。目前常用的给水管材有铸铁管、钢管、钢筋混凝土管、塑料管、玻璃钢管等。管材选用取决于承受的水压、价格、输送的水量、外部荷载、埋管条件、供应情况等。

2）在喷灌工程中，主要采用的管材是塑料管。塑料管主要种类有聚氯乙烯（PVC）管、聚乙烯（PE）管和聚丙烯（PP）管等。

3）排水管渠有暗沟和明渠之分。暗沟又有管道和沟渠之分，管道是指由预制管铺设而成的排水管渠，沟渠是指用土建材料在工程现场砌筑成的口径较大的暗沟。排水管渠常用管道多是圆形管，大多数为非金属管材，常用类型有混凝土管、钢筋混凝土管、陶土管、塑料管等。

4）给水管网附属设施有地下龙头、阀门井、排气阀井和排水阀井、消火栓等；排水管渠系统附属构筑物主要有检查井、跌水井、雨水口、出水口等。

5）控制设备是绿地给水系统和喷灌系统的指挥体系。根据功能和作用的不同，可将控制设备分为状态性控制设备、安全性控制设备和指令性控制设备。

6）状态性控制设备是指给水系统和喷灌系统中能够满足设计和使用要求的各类阀门，园林给水工程中常用的阀门体结构形式和功能可分为截止阀、闸阀、蝶阀、球阀、电磁阀等。园林工程建设中大多为中低压阀门，以手动为主。

7）安全性控制设备是指各种保证喷灌系统在设计条件下安全运行的各种控制设备，有减压阀、调压孔板、逆止阀、空气阀、水锤消除阀和自动泄水阀等。

8）绿地喷灌系统常用的加压设备是各类水泵。水泵按其能量传递和转换方式的不同可分为叶片式和容积式两种。在绿地喷灌系统中广泛使用的离心泵、井用泵和潜水泵，都属于叶片式水泵。

9）绿地喷灌系统常用过滤设备有离心过滤器、砂石过滤器、网式过滤器和叠片过滤器。喷头是喷灌系统的末端设备，按非工作状态分类分为外露式喷头和地埋式喷头；按工作状态分为固定式喷头和旋转式喷头。

10）地埋式喷头一般由喷体、喷芯、喷嘴、滤网、弹簧和止溢阀等部分组成。其优点是不影响园林景观效果、不妨碍人们的活动和便于绿地养护管理；喷头的射程、射角和覆盖角度等喷洒性能易于调节，雾化效果好，适合于不规则区域的喷灌，能够更好地满足园林绿地和运动场地草坪的专业化喷灌要求。

复习思考题

6-1　园林给排水与喷灌工程中常用的给水管材有哪些类型？各有什么特点？适用什么范围？

6-2　在喷灌工程中喷灌系统主要采用的管材有哪些？各有什么特点？

6-3　选择排水管渠材料有什么要求？

6-4　在给水系统和喷灌系统中，状态性控制设备是指什么？可以分为哪些类型？

6-5　在绿地喷灌系统中广泛使用水泵有哪些类型？

6-6　在绿地喷灌系统中，地埋式喷头是什么？有什么特点？

第7章

园林供电工程材料的识别与应用

学习目标

通过本章的学习，掌握室外景观照明的光源和灯具类型的识别。熟悉园林供电工程中的光源、灯具、电缆电线的合理选用。了解园林供电工程中基本配电设备及供电线缆、光源及灯具的基本技术性能。

7.1 照明材料

园林照明是创造园林景观的手段之一，选择电光源时，应考虑各种电光源的显色性，尽量采用高效节能的新型电光源材料，充分利用其色彩特性创造一个优美的视觉环境。

7.1.1 变压器的应用

园林供电可选用的几种变压器的有关技术数据见表7-1。其中，型号栏内“SJ—10/6”的意义如下：S表示是三相，J表示是油浸自冷式，10是容量为10kV·A，6指变压器高压一侧的额定电压为6kV·A；其余类推。变压器的型号一般在其铭牌上都有说明。变压器如图7-1所示。

图7-1 变压器

表7-1 园林供电可选用的配电变压器

型　号	额定容量/kV·A	额定电压/kV		效率($\cos\varphi_2=1$)/(%)	
		高压	低压	额定负荷时	额定负荷1/2时
SJ—10/6	10	6.0	0.4	95.79	96.36
SJ—10/10	10	10.0	0.4	95.47	95.69
SJ—20/6	20	6.0	0.4	96.25	96.81
SJ—20/10	20	10.0	0.4	96.06	96.43
SJ—30/6	30	6.3	0.4	96.46	97.01
SJ—30/10	30	10.0	0.4	96.31	96.70
SJ—50/6	50	6.3	0.4	96.75	97.32
SJ—50/10	50	10.0	0.4	96.59	97.01

7.1.2　室外照明光源和灯具的识别与应用

1. 室外照明的光源

人工电力光源依照发光原理的不同，主要分为热辐射光源和气体放电光源。热辐射光源是以电流通过金属灯丝，加热至白热化发光。气体放电则借助两电极间气体激发而发光，又可分为低压与高压气体放电，前者主要为荧光灯与冷极管(包括霓虹)，后者即为高强度放电灯，包括汞灯、金属卤化物灯及高压钠灯。近年来逐渐朝无电极光源发展，包括感应灯、硫磺灯等。电光源类型见表7-2。

表7-2　电光源类型

<table>
<tr><td rowspan="4">热辐射光源</td><td rowspan="3">白炽灯</td><td colspan="2">真空灯</td></tr>
<tr><td rowspan="2">充气灯</td><td>非卤钨灯</td></tr>
<tr><td>卤钨灯</td></tr>
<tr><td colspan="3">半导体发光器件(LED)</td></tr>
<tr><td rowspan="6">气体放电光源</td><td rowspan="5">弧光放电灯</td><td rowspan="2">低气压灯</td><td>荧光灯</td></tr>
<tr><td>低压钠灯</td></tr>
<tr><td rowspan="3">高气压灯(HID)</td><td>高压汞灯</td></tr>
<tr><td>高压钠灯</td></tr>
<tr><td>金属卤化物灯</td></tr>
<tr><td>辉光放电灯</td><td colspan="2">霓虹灯</td></tr>
</table>

注：低气压指的是灯内气压为1%标准大气压左右；高气压指的是灯内气压为1~5个大气压。

(1) 白炽灯　普通白炽灯具有构造简单、使用方便、能瞬间点亮、无频闪现象、价格便宜等特点；可以用在超低电压的电源上；可即开即关，为动感照明效果提供了可能性；可以调光，所发出的光以长波辐射为主，呈红色，与天然光有些差别；其发光效率比较低，仅6.5~19lm/W，只有2%~3%的电能转化为光，灯泡的平均寿命为1000h左右。白炽灯及其品种如图7-2、图7-3所示。

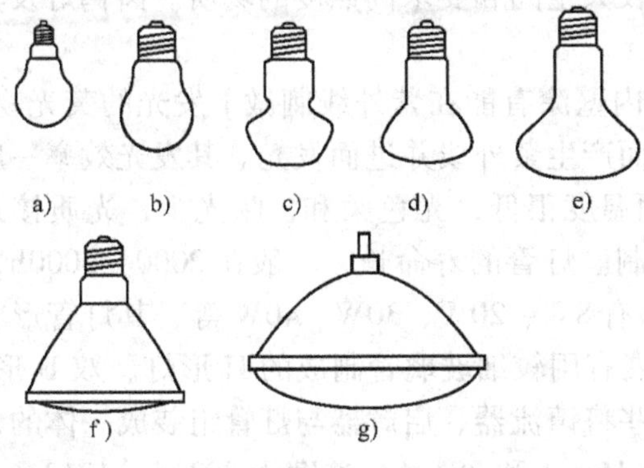

图7-2　白炽灯品种

a) 装饰型白炽灯　b) 普通型白炽灯　c) 蘑菇形柔光泡壳反射型白炽灯

d) 椭圆形泡壳反射型白炽灯　e) 抛物线形泡壳反射型白炽灯

f) PAR38反射型白炽灯　g) PAR56反射型白炽灯

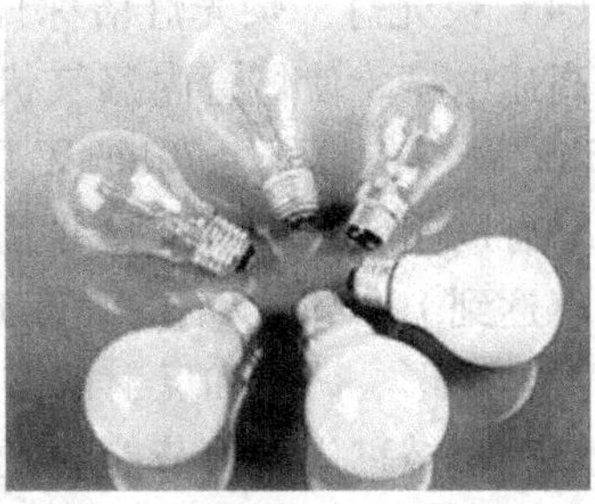

图7-3　白炽灯

1）普通型：透明玻璃壳灯泡，功率有10W、15W、20W、25W、40～1000W等多种规格。40W以下是真空灯泡，40W以上则充以惰性气体，如氩、氮气体或氩氮的混合气体。

2）反射型：在灯泡玻璃壳内的上部涂以反射膜，使光线向一定方向投射，光线的方向性较强；功率常见有40～500W。最常使用的几种灯是MR灯（低电压型卤钨灯的代表）、PAR灯（压制泡壳反射型白炽灯）、R灯，都是通过内置反射器提供不同的光输出。

3）漫射型：采用乳白玻璃壳或在玻璃壳内表面涂以扩散性良好的白色无机粉末，使灯光具有柔和的漫射特性，常见有25～250W等多种规格。

4）装饰型：用彩色玻璃壳或在玻璃壳上涂以各种颜色，使灯光成为不同颜色的色光，其功率一般为15～40W。

5）水下型：水下灯泡一般用特殊的彩色玻璃壳制成，在水下能承受25atm（2533125Pa），功率为1000W和1500W。这种灯泡主要用在涌泉、喷泉、瀑布水池中作水下灯光造景。

（2）微型白炽灯　这类光源虽属于白炽灯系列，但由于它功率小、所用电压低，因而照明效果不好，在园林中主要是作为图案、文字等艺术装饰使用，如可塑霓虹灯、美耐灯、带灯、满天星灯等。微型灯泡的寿命一般在5000～10000h以上，其常见的规格有6.5V/0.46W、13V/0.48W、28V/0.84W等几种，体积最小的其直径只有3mm，高度只有7mm。

1）一般微型灯泡：这种灯泡主要是体积小、功耗小，只起普通发光装饰作用。

2）断丝自动通路微型灯泡：这种灯泡可以在多灯串联电路中某一个灯泡的灯丝烧断后，自动接通灯泡两端电路，从而使串联电路上的其他灯泡能够继续发光。

3）定时亮灭微型灯泡：灯泡能够在一定时间中自动发光，又能在一定时间中自动熄灭。这种灯泡一般不单独使用，而是在多灯泡串联的电路中，使用一个定时亮灭微型灯泡来控制整个灯泡组的定时亮灭。

（3）卤钨灯　卤钨灯是白炽灯的改进产品，光色发白，较白炽灯有所改良，其发光效率约为221lm/W，平均寿命约1500h，其规格有500W、1000W、1500W、2000W四种。管形卤钨灯需水平安装，倾角不得大于4°，在点亮时灯管温度达600℃左右，故不能与易燃物接近。卤钨灯有管形和泡形两种形状，具有体积小、功率大、可调光，显色性好、能瞬间点燃、无频闪效应、发光效率高等特点，多用于较大空间和要求高照度的场所。卤钨灯及其品种如图7-4、图7-5所示。

（4）荧光灯　荧光灯俗称日光灯，其灯管内壁涂有能在紫外线刺激下发光的荧光物质，依靠高速电子，使灯管内蒸气状的汞原子电离而产生紫外线并进而发光。其发光效率一般可达45lm/W，有的可达70lm/W以上。灯管表面温度很低，光色柔和，眩光少，光质接近天然光，有助于颜色的辨别，并且光色还可以控制。灯管的寿命长，一般在2000～3000h，国外也有达到10000h以上的。荧光灯的常见规格有8W、20W、30W、40W等，其灯管形状有直管形、环形、U形和反射形等，近年来还发展有用较细玻璃管制成的H形灯、双D形灯、双曲灯等，被称为高效节能日光灯；其中还有些将镇流器、启辉器与灯管组装成一体的，可以直接代替白炽灯使用。普通日光灯的直径为16mm和38mm、长度为302.4～1213.6mm。彩色日光灯，管尺寸与普通日光灯相似，有蓝、绿、白、黄、淡红等色，是很好的装饰兼照明用的光源。荧光灯及其品种如图7-6、图7-7所示。

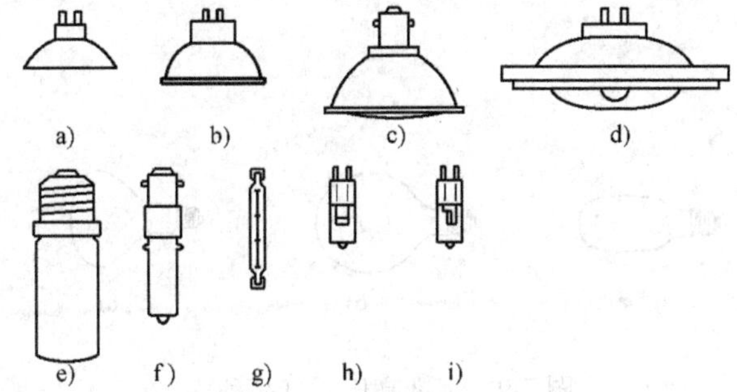

图 7-4　卤钨灯品种

a）铝反射器的双插脚灯头低压卤钨灯
b）冷光杯反射器的双插脚灯头低压卤钨灯
c）插口式灯头的铝反射器卤钨灯　d）功率增强型铝反射器卤钨灯
e）标准电压卤钨灯　f）插口式灯头的卤钨灯　g）双端卤钨灯
h）横向灯丝的低压卤钨灯　i）轴向灯丝的低压卤钨灯

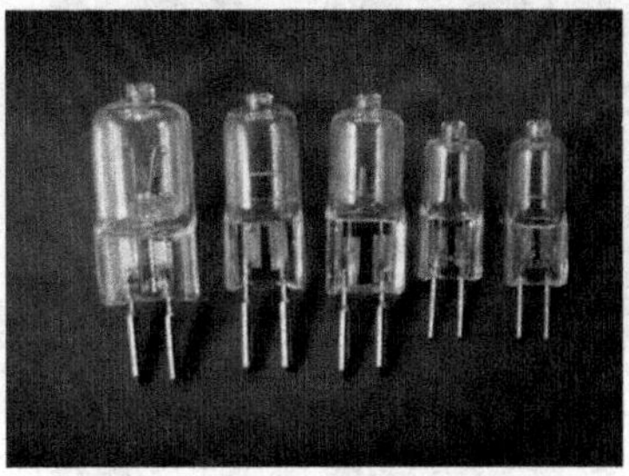

图 7-5　卤钨灯

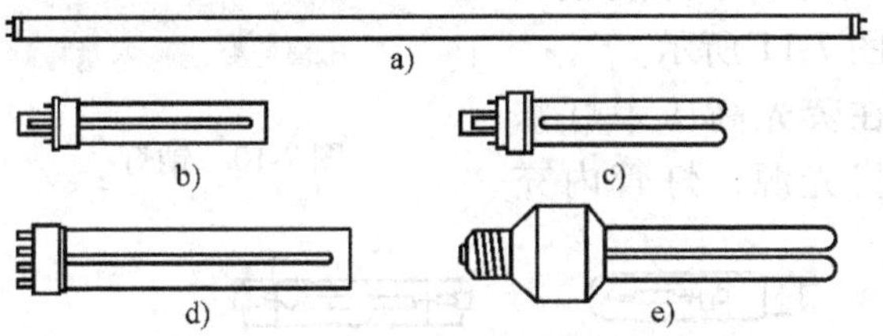

图 7-6　荧光灯品种

a）标准 36WT8 荧光灯　b）G24 灯头 TC　c）G24 灯头 TC-D
d）2G11 灯头 TC-L　e）E27 灯头 TC-DEL

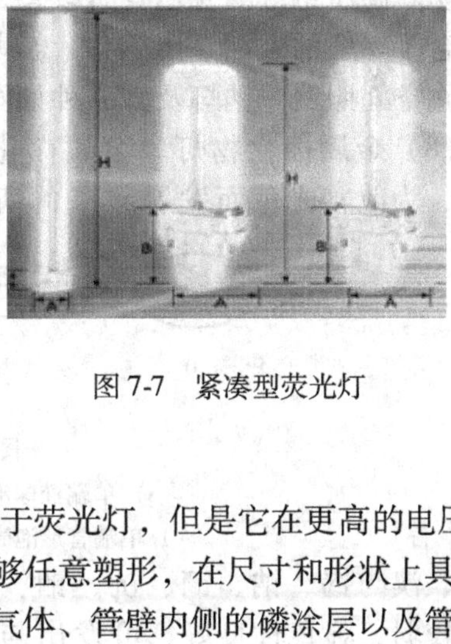

图 7-7　紧凑型荧光灯

（5）冷阴极管（包括霓虹灯）　冷阴极管发光原理类似于荧光灯，但是它在更高的电压（通常在 9000 ~ 15000V 之间）下运行，光效更低。其优点是能够任意塑形，在尺寸和形状上具有灵活性，还能产生各种强烈鲜艳的色彩，取决于管中使用的气体、管壁内侧的磷涂层以及管壁玻璃的颜色，主要用于标识牌、光雕塑、建筑物轮廓照明等。

（6）高压汞灯　高压汞灯发光原理与荧光灯相同，有外镇流荧光高压汞灯和自镇流荧光高压汞灯两种基本形式。自镇流荧光高压汞灯利用自身的钨丝代作镇流器，可以直接接入 220V、50Hz 的交流电路，不用镇流器。荧光灯高压汞灯的发光效率一般可达 50lm/W，灯泡的寿命可达 5000h，具有耐震、耐热的特点。普通荧光高压汞灯的功率为 50 ~ 1000W，自镇流荧光高压汞灯的功率则常见为 160W、250W 和 450W 三种。高压汞灯的再启动时间长达 5 ~ 10s，不能瞬间点亮，因此不能用于事故照明和要求迅速点亮的场所。这种光源的光色差，呈蓝紫色，在光下不能正确分辨被照射物体的颜色，故一般只用作园林广场、停车场、通车主园路等不需要仔细辨别颜色的大面积照明场所。高压汞灯及其品种如图 7-8、图 7-9 所示。

图 7-8　高压汞灯

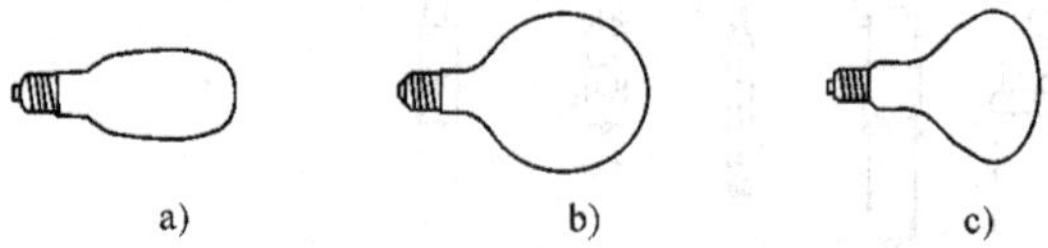

图 7-9　标准高压汞灯品种

a）椭球泡壳型 HME　b）球形泡壳型 HMG

c）内置反射器型 HST70W

（7）钠灯　钠灯是利用在高压或低压钠蒸气中，放电时发出可见光的特性制成。其发光效率高，一般在 110lm/W 以上；寿命长，一般在 3000h 左右；其规格从 70～400W 的都有。低压钠灯的显色性差，但透雾性强，很少用在室内，主要用于园路照明。高压钠灯的光色有所改善，呈金白色，透雾性能良好，故适合于一般的园路、出入口、广场、停车场等要求照度较大的广阔空间照明。钠灯及其品种如图 7-10、图 7-11 所示。

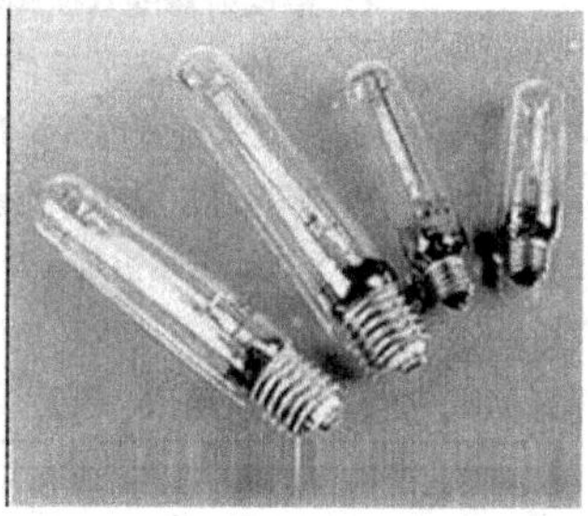

图 7-10　钠灯

（8）金属卤化物灯　金属卤化物灯是在荧光高压汞灯基础上，为改善光色而发展起来的所谓第三代光源，灯管内充

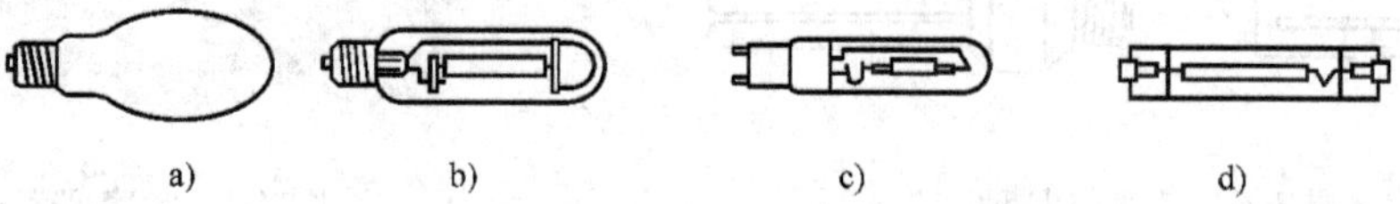

图 7-11　标准高压钠灯品种

a）单端椭球泡壳型 HSE　b）单端管形泡壳型 HST70W

c）单端管形泡壳型 HST700W　d）双端管形泡壳型 HST-DE

有碘、溴与锡、钠、镝、钪、铟、铊等金属的卤化物，紫外线辐射较弱，显色性良好，可发出与天然光相近似的可见光，发光效率可达到 70～100lm/W；其规格则有 250W、400W、1000W 和 3500W 等。金属卤化物灯尺寸小、功率大、光效高、光色好，启动所需电流低、抗电压波动的稳定性比较高，因而是一种比较理想的公共场所照明光源；但它也有寿命较短的不足，一般 1000h 左右，3500W 的金属卤化物灯则只有 500h 左右。金属卤化物灯及其品种如图 7-12、图 7-13 所示。

图 7-12　金属卤化物灯

（9）氙灯　氙灯具有耐高温、耐低温、耐震、工作稳定、功率大等特点，并且其发光光谱与太阳光极其近似，因此被称为“人造小太阳”，可广泛应用于城市中心广场、立交桥广场、车站、公园出入口、公园游乐场等面积广大的照明场所。氙灯的显色性良好，平均显色指数达 90～94；其光照中紫外线强烈，因此安装高度不得小于 20m。不足之处是氙灯的寿命较短，一般在 500～1000h 之间。

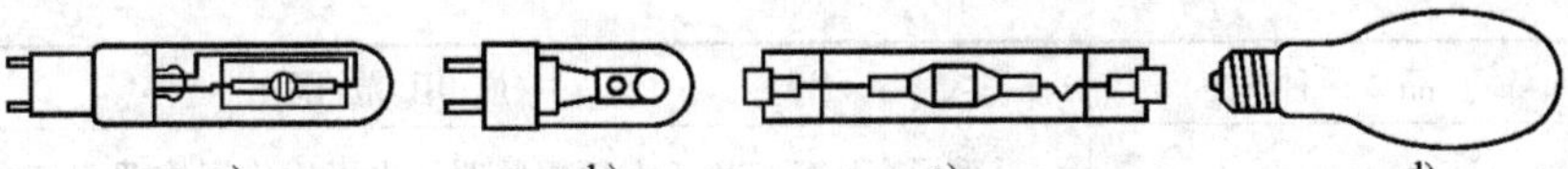

图 7-13　标准金属卤素灯品种

a）单端 HIT-TC-CE　b）单端 HIT-CE　c）双端 HIT-DE　d）椭球泡壳型 HIE

（10）发光二极管（LED）　LED 是一种固态的半导体器件，发光原理属于场致发光。LED 为一块小型晶片封装在环氧树脂里，所以体积小、重量轻。LED 典型用途是显示屏及指示灯，现已大量用于景观装饰中，如标识牌、光雕塑、LED 美耐灯等。

园林照明的常用光源在电工特性方面的比较见表 7-3。常用光源在装饰照明中的应用见表 7-4。

表 7-3　常用照明光源特性比较

项目	普通白炽灯	卤钨灯	荧光灯	荧光高压汞灯	管形氙灯	高压钠灯	金属卤化物灯
额定功率/W	10 ~ 1000	500 ~ 2000	6 ~ 125	50 ~ 1000	1500 ~ 100000	250 ~ 400	400 ~ 1000
光效/(lm/W)	6.5 ~ 19	19.5 ~ 21	25 ~ 67	30 ~ 50	20 ~ 37	90 ~ 100	60 ~ 80
平均寿命/h	1000	1500	2000 ~ 3000	2500 ~ 5000	500 ~ 1000	3000	2000
显色指数/Ra	95 ~ 99	95 ~ 99	70 ~ 80	30 ~ 40	90 ~ 94	20 ~ 25	65 ~ 85
启动稳定时间	瞬时	瞬时	1 ~ 3s	3 ~ 4min	1 ~ 2s	4 ~ 8min	4 ~ 8min
频闪效应	不明显	不明显	明显	明显	明显	明显	明显
耐震性能	较差	差	较好	好	好	较好	好
所需附件	无	无	镇流器、启辉器	镇流器	镇流器、触发器	镇流器	镇流器、触发器

表 7-4　各类光源的应用

类　型		品　种	应 用 范 围
热辐射光源		一般照明用灯泡	装饰带照明，组成发光图案，轮廓边照明，花坛的下照明
		球形镀银灯泡	使用在特使设计的灯具中进行装饰投光照明
		密封光束灯泡（PAR 灯）	装饰投光照明，局部照明，非常适用于照射纪念物和艺术品
		软玻璃反射泡	局部照明，可对较小目标投射
		超低压灯泡	严格的聚光照明，小范围的投射光，以及特别需要用电安全的场所
		卤钨灯	管状卤钨灯用于泛光照明，单端卤钨灯可作聚光照明
气体放电光源	低压	标准型荧光灯	直线形状的灯管适用于照亮被照物的轮廓、栏杆和其他相似的地方；彩色荧光灯管以不同色彩可以得到装饰效果
		低压钠灯	特殊作用的投光照明（黄色）
		紧凑型荧光灯	装饰带照明，花彩的投光照明
	高压	高压汞灯	用于投光照明，宜用于广场照明、建筑物立面投光照明及对树木植物的投光照明
		高压钠灯	大面积照明，特别宜用于褐色、红色或黄色建筑物的投光照明

（续）

类型		品种	应用范围
气体放电光源	高压	氙灯	直管形高压氙灯用于大面积照明，也可用作屋檐照明灯，球形超高压氙灯可用于聚光照明
		冷阴极灯泡	建筑物发光的轮廓、发光的装饰图案、动态照明
		金属卤化物灯	用于显色要求较高的聚光灯照明
		紫外灯	产生动态装饰照明效果

2. 室外灯具

（1）室外灯具特性要求　室外灯具由于要经受日晒、雨淋、刮风、下雪，必须具备防水、防喷、防滴等性能，其灯具的电器部分应该防潮，灯具外壳的表面处理要求比较高。防水型灯具的类型见表7-5。

表7-5　防水型灯具的类型

类别	WT 防浸泡型	RP 防雨型	DP 防滴水型	JP 防喷流型	MP 防潮型
用途	游泳池旁边、水淹没的地方	室外、房屋的侧面	地下室、地下道、房屋的侧面、屋檐下、不淋雨的地方	隧道、洗车场、定期用水冲洗的地方	浴室、厨房、有水蒸气的地方

（2）室外照明灯具类型

1）门灯。庭院出入口与园林建筑的门上安装的灯具为门灯，包括在矮墙上安装的灯具。门灯还可以分为门顶灯、门壁灯、门前灯、座灯等。

① 门顶灯（图7-14）：门顶灯竖立在门框或门柱顶上，灯具本身并不高。但与门柱等混成一体就显得比较高大雄伟，使人们在踏进大门时，抬头望灯，会感到建筑物的气派非凡。

② 门壁灯（图7-15）：门壁灯分为枝式壁灯与吸壁灯两种。枝式壁灯的造型类似室内壁灯，只是灯具总体尺寸比室内壁灯大。室外吸壁灯的造型也相似于室内吸壁灯，安装在门柱（或门框）上时往往采取半嵌入式。

图7-14　门顶灯

图7-15　门壁灯

③ 门前座灯：门前座灯立于正门两侧(或一侧)，高约2～4m，其造型必须与建筑物风格相一致。

2）路灯。道路灯具可分为功能性道路灯具与装饰性道路灯具。

① 功能性道路灯具(图7-16)：具有良好的配光，使灯具发出的大部分光能比较均匀地投射在道路上。功能性道路灯具可分为横装灯式与直装灯式两种。横装灯式反射面设计比较合理，光分布情况良好。在外形的造型方面有方盒形、流线形、琵琶形等。直装灯式路灯又可分为老式与新式两种，老式直装灯式造型很简单，多数用玻璃罩、搪瓷罩或铁皮涂漆罩加上一只灯座，因其配光不合理，直射下的路面很亮，而道路中央及周围反而显得暗，这种灯已被逐渐淘汰。新式直装灯式道路灯具有设计合理的反光罩，能使灯光有良好的分布。由于直装灯式道路灯具换灯泡方便，且高压汞灯、高压钠灯等在直立状态下工作情况比较好，因此，新式直装灯式道路灯具发展迅速。但这种灯的反射器设计比较复杂，加工比较困难。

② 装饰性道路灯具(图7-17)：安装在园内主要建筑物前与道路广场上，灯具的造型讲究，风格与周围建筑物相称。这种道路灯具不强调配光，主要以外表的造型艺术美来美化环境。

图7-16　功能性道路灯具

图7-17　装饰性道路灯具

③ 路灯灯架：有杆式和柱式两种。杆式可采用镀锌钢管作电杆，底部管径160～180mm，顶部管径可略小于底部，高度为5～8m，悬伸臂长度可为1～2m。柱式以石柱、砖柱、混凝土柱、钢管柱等作为灯柱，柱较矮，高为0.9～2.5m。在隔墙边的园路路灯，也可以利用墙柱作为灯柱。

3）广场照明灯具(图7-18、图7-19)。广场照明灯具是一种大功率投光类灯具，具有镜面抛光的反光罩，采用高强度气体，电光源，光效高，照射面大。灯具都装有转动装置，能调节灯具照射方向。灯具采用全封闭结构，玻璃与壳体间用橡胶密封。这类灯配有触发器与镇流器，由于灯管启动电压很高，达数千伏，有的甚至上万伏，因此灯具电气部分的绝缘性能要好。

① 旋转对称反射面广场照明灯具：灯具采用旋转对称反射器，因而照射出去的光斑呈

图 7-18　广场照明灯具

图 7-19　广场照明灯具

现为圆形。灯具造型比较简单，价格比较低。缺点是用这种灯斜照时(从广场边向广场中央照射)，照度不均匀。此种灯具用于停车场以及广场中电杆较多的地方。

② 竖面反射面广场照明灯具：高强度气体放电光源大多是一发光柱，要使照射光比较均匀地分布，特别是在一些需要灯具斜照向工作面的场所(如体育比赛场地等,中间不能竖电杆,灯具是从场地四周向中间照射)，就必须选用竖面反射面广场照明灯具。这类灯具装有竖面反射器，反射器经过抛光处理，反射效率很高，能比较准确地把光均匀地投射到需要照射的区域。竖面反射面广场照明灯具适宜于体育场及广场中不能竖电杆的场合。

4）庭园灯(图 7-20、图 7-21)。庭园灯用在庭院、公园与大型建筑物的周围，既是照明器材，又是艺术欣赏品。灯具功率不大，使庭园显得幽静舒适。造型有西欧风格的，有日本式风格的，也有中国民族风格的。选择庭园灯时必须注意灯具与周围建筑物相和谐，高度为3.5～4m 或 2.5m 左右。为人群活动提供一定的水平照度和垂直照度。

5）草坪灯(图 7-22)。草坪灯放置在草坪边。草坪灯一般都比较矮，一般高为40～70cm，最高不超过 1m。出光方式多为侧向出光，为步行空间提供较低的水平照度和垂直照度。灯具外形应尽可能艺术化，有的像大理石雕塑，有的像亭子，有的小巧玲珑，讨人喜爱。

6）水池灯(图 7-23)。水池灯具有十分好的水密性，灯具中的光源一般选用卤钨灯，这是因为卤钨灯的光谱呈连续性，光照效果很好。当灯具放光时，光经过水的折射，会产生色彩艳丽的光线。

7）地埋灯(图 7-24)。地埋灯部分属于小型投光灯具，光源为卤钨灯、金属卤钨灯或节能灯，可以用于照射墙壁、雕塑、树木、灌木、花篱、地面等；另外一些起装饰和警示作用，光源以 LED 等小型冷光源为主，灯具表面温度低，可用于广场铺地，起引导作用，也可用于水边等有高差的位置，起边界警示作用。地埋灯要求有很高的防护等级，高抗撞击强度，耐压强度、玻璃表面温度低于 75℃ 为宜。

8）霓虹灯具(图 7-25)。霓虹灯具的工作电压与启动电压都比较高，电器箱内电压高达数千伏(启动时)，必须注意安全。霓虹灯的优点是寿命长(可达 15000h 以上)、能瞬时启动、

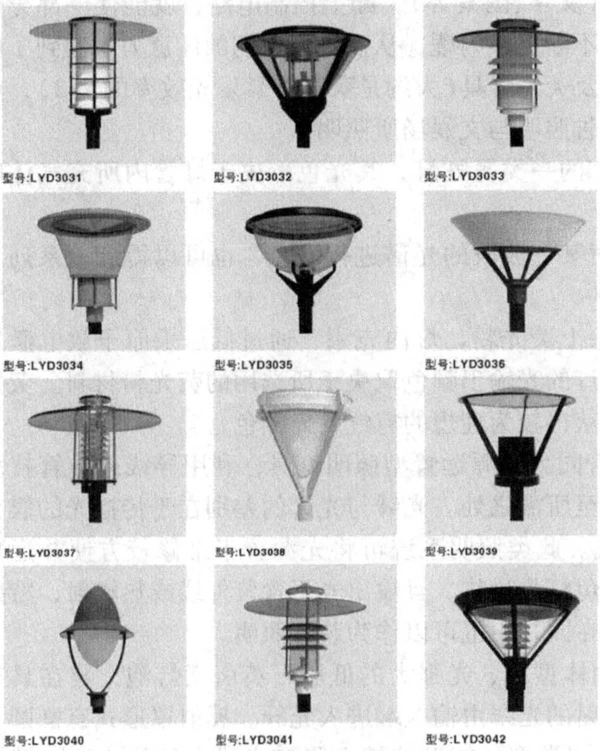

图 7-20　庭园灯

图 7-21　庭园灯

图 7-22　草坪灯

图 7-23　草坪灯和水池灯

图 7-24　地埋灯

图 7-25　霓虹灯具

光输出可以调节、灯管可以做成各种形状(文字、图案等)；配上控制电路，就能使一部分灯管放光的同时，另一部分灯管熄灭，图案不断更换闪耀，从而吸引人们的注意力，起到了明显的广告宣传作用。其缺点是发光效率不及荧光灯具(大约是荧光灯具发光效率的2/3)，电极损耗也较大。霓虹灯已被广泛应用于广告照明与文娱场所照明。

① 透明玻璃管霓虹灯：这是应用很广的一类霓虹灯，其光色取决于灯管内所充气体的成分(电流的大小也会影响光色)。

② 彩色玻璃霓虹灯：利用彩色玻璃对某一波段的光谱进行滤色，也可以得到一系列不同色彩光输出的霓虹灯。

③ 荧光粉管霓虹灯：在霓虹灯管上涂上荧光粉，灯内充汞，通过低压汞原子放电激发荧光粉发光，就制成了荧光粉管霓虹灯。灯的光输出颜色取决于所选用的荧光粉材料。荧光粉管霓虹灯不充汞，而充惰性气味，也能获得较为理想的霓虹发光颜色。

9) 光源远置型照明灯具。光纤与光管同为光源远置型照明灯具，利用导线或导管技术使光在其内进行多次完全内部反射，传导至所需之处。光纤与光管的差别在于传播光的媒介前者为实体(玻璃或塑胶)，后者则为空气。此类照明系统可将光源置于维修较方便并远离一般视线的地点，光输出端远离光源可避免灯具过热，且输出光不含紫外线或热辐射，特别适合于对光害敏感、易褪色的艺术珍品，在园林中也可以作为装饰照明。

① 光纤(图7-26、图7-27)：光源使用体型小、光强大的低压石英卤素灯泡，装在具有反射罩、透镜及滤镜的灯盒中，使光源发射的光线由输入端进入光纤。反射罩形式有椭圆状及复合型抛物状等，以前者效率最佳。不同类型的辅助滤镜可隔离光线中的热或消除紫外线，也可营造色彩效果。光在光纤中行进的过程中，部分光会散失或被光纤吸收，致使长度受限。光纤最早用于通信系统，因其导光性良好，近年来逐渐成为室内照明系统甚至室外装饰照明的替代方案之一。其可满足近距离、无高热的投光需要。其发光形式有两种：端头发光型(在远端以小光束形式发光)、侧边发光型(管壁透光,可取代霓虹,有一转弯半径限制,最小值通常为管径的4倍)。

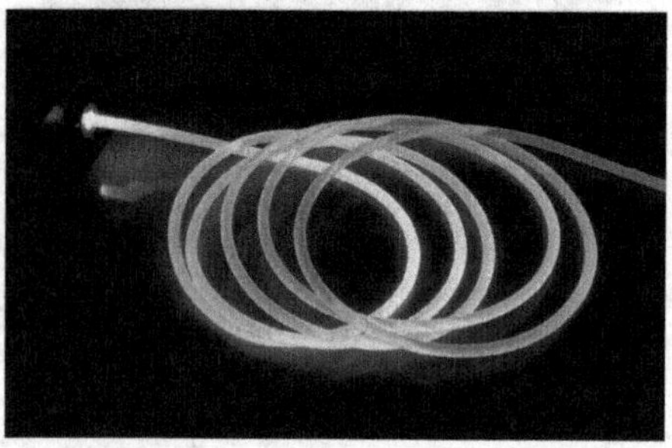

图7-26 光纤

图7-27 光纤

② 光管：光管为棱面光管系统的简称，系由厚0.5mm的特殊光学薄膜卷起而成。所使用的光源为接近点光源的卤素灯泡，并配合焦点精确的反射罩。光管有三种形式：基本光管(运用光学薄膜传导光线)、线型光管(具高反射率的白色边反射膜,使光在沿管内行进的同时也能经外表透明棱面结构散射于外,致使整支管具漫射光)、扁平灯箱(使用层层叠起的光学薄膜及漫反射膜,使线型漫射源由侧边照亮整个灯箱)。

7.1.3　庭园及水景照明材料的识别与应用

1. 庭园明视照明材料

这是以园路为中心进行活动或工作所需要的照明，一般多采用5~12m高的杆头式汞灯照明器。庭园中使用的光源及特征见表7-6。

表7-6　庭园中使用的光源及特征

光源种类	特征
汞灯	使树木和草坪的绿色鲜艳，是最适合的光源，寿命长
金属卤化物灯	效率高、显色性好，没有低瓦数的灯使用范围有限
高压钠灯	效率高，但不能反映绿色
荧光灯	效率好、寿命长，在温度低的地方效率降低
白炽灯和卤钨灯	小型、便于使用，能使红、黄色显目，适合作庭园照明和投光照明，但寿命短

2. 水景照明材料

（1）光源与灯具的选择　光源的类型使用最多的为白炽灯泡（特别适宜开关控制和调光）。但当喷水高度很高而且常常预先开关时，可以使用汞灯和金属卤化物灯等。水景照明灯具的选择注意事项为：灯具选择与放置条件（是在水中还是在水上），水景的类型、范围，与音乐、环境、灯具的色调（不同的颜色表现不同的气氛）等。

（2）灯具类型

1）简易型灯具：灯的颈部电线进口部分备有防水结构，使用的灯泡限定为反射型灯泡，而且设置地点也只限于人不能进入的场所。其特点是小型灯具，容易安装。

2）密闭型灯具：有多种光源的类型，而且每种灯具限定了所使用的灯。例如，有防护式柱形灯、反射型灯、汞灯、金属卤化物灯等光源的照明灯具等。国内目前生产的密封型灯有12V及220V两种，功率均是300W。12V的适用于游泳池，220V的用于一般喷水池。

3）色彩照明灯具：滤色片有固定式和变换式两种，固定式调光型照明器是将滤色片固定在前面的玻璃处；变换式调光型照明器的滤色片可以旋转，由一盏灯使光色自动依次变化。水景照明中一般使用固定式滤色片的方式。

国产的封闭式灯具用无色的灯泡装入金属外壳，外罩采用不同颜色的耐热玻璃，而耐热玻璃与灯具间用密封橡胶圈密封，调换滤色玻璃片，可以得到红、黄（琥珀）、绿、蓝、无色透明五种色彩效果。

7.2　供电电线电缆材料

7.2.1　电缆的构造

室外配电线路应选用铜芯电缆或导线。电缆主要由缆芯、绝缘层和保护层构成，如图7-28所示。

1. 缆芯

缆芯是导电的主芯线，用以导通电流传递电信号。通常采用高电导率的铜材料制成，以此减小电能损耗和发热量。电缆的缆芯形状多为圆形，有单股和多股之分。

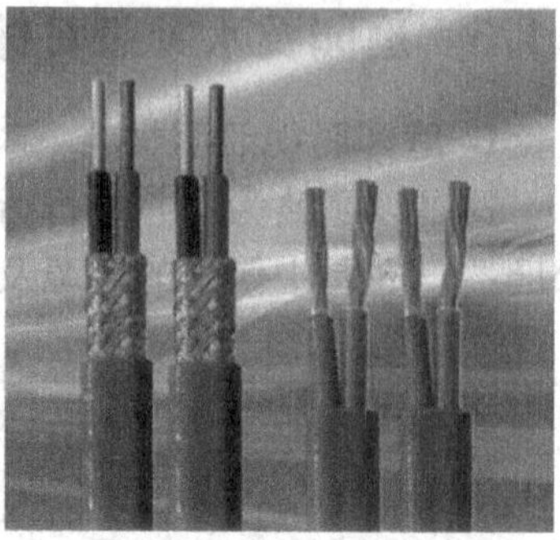

图 7-28　电缆

2. 绝缘层

绝缘层使缆芯与缆芯之间以及缆芯与大地之间保持绝缘，保证了电缆在长期工作条件下不降低原有的信号强度。绝缘层通常采用橡胶或聚氯乙烯等材料制成。绝缘层有分相绝缘层和统包绝缘层两种。包绕在裸体线芯上的绝缘层称为分相绝缘层，为了便于区别相位，各缆芯的绝缘层分别为不同的颜色，各缆芯绞合后外面再包上绝缘层，称为统包绝缘层。

3. 保护层

保护层又称为护套，用以保护缆芯及绝缘不受机械拉力和外界机械损伤，一般采用塑料或橡胶制成。保护层也有内护层和外护层两部分，内护层的工作是防止电缆的内部受潮以及轻度的机械损伤，而外护层则是保护内护层的，用以防止内护层受到机械损伤或强烈的化学腐蚀。

7.2.2　电缆的分类

电缆的种类很多，根据绝缘材料的不同可将电缆分为塑料绝缘电缆和橡胶绝缘电缆。塑料绝缘电缆又可分为聚氯乙烯绝缘电缆、聚乙烯绝缘电缆和交联聚乙烯绝缘电缆。橡胶绝缘电缆则可分为橡胶绝缘型电缆和合成橡胶绝缘型电缆。

根据护套不同可分为铠装电缆、塑料护套电缆和橡胶护套电缆。根据铠装形式的不同，铠装电缆又可分为钢带铠装和钢丝铠装两类。

7.2.3　电缆的选型

1. 影响因素

选择控制电缆时，应主要考虑以下因素：

1）根据使用要求和技术经济指标来选择电缆的绝缘结构。

2）根据敷设方式和敷设环境选择电缆的保护层结构。

3）根据电磁阀的数量选择控制电缆的芯数。

4）在上述三项选择完成之后，根据电缆敷设长度选择电缆的导体截面，以确定电缆的规格。

2. 绝缘材料、护套及电缆防护结构的选择

1）聚氯乙烯绝缘电缆由于制造工艺简单，价格便宜，重量轻，耐酸碱，不延燃等优点，适用于一般工程。

2）交联聚乙烯绝缘电缆是结构简单、允许温度高、载流量大、重量轻的新产品，宜优先选用。

3）直埋电缆宜选用能承受机械张力的钢丝或钢带铠装电缆。

4）室内电缆沟、电缆桥架、隧道、穿管敷设等，宜选用带外护套不带铠装的电缆。

5）空气中敷设的电缆，有防鼠害、蚁害要求的场所，应选用铠装电缆。

3. 选择电缆的线芯截面方法

（1）按持续工作电流选择电缆

$$I_{xu} \geqslant I_{js} \tag{7-1}$$

式中　I_{xu}——电缆按发热条件允许的长期工作电流，单位为 A，电缆允许的长期工作电流按其允许电流量，乘以敷设条件所确定的校正系数求得；

I_{js}——通过电缆的半小时最大计算电流，单位为 A。

（2）按经济电流密度选择电缆

$$S_n = I_{js}/I_n \tag{7-2}$$

式中　S_n——电缆的经济截面，单位为 mm^2；

I_{js}——通过电缆的半小时最大计算电流，单位为 A；

I_n——经济电流密度，单位为 A/mm^2（表 7-7）。

表 7-7　经济电流密度　　（单位：A/mm^2）

年利用时间/h		3000 以下	3000 ~ 5000	5000 以下
导体材料	铜芯电缆	2.5	2.25	2.0
	铝芯电缆	1.92	1.73	1.54

根据式(7-2)计算所得的经济截面 S_n，选择最接近的标准截面。通常情况下应选择较大的标准截面。

（3）按敷设长度选择电缆

$$S = 0.0175L/R \tag{7-3}$$

式中　S——电缆线芯的截面，单位为 mm^2；

L——电缆的敷设长度，单位为 m；

R——电缆的最大允许电阻，单位为 Ω。

本 章 小 结

1）人工电力光源依照发光原理的不同，主要分为热辐射光源和气体放电光源。热辐射光源包括白炽灯、卤钨灯；气体放电光源包括荧光灯、荧光高压汞灯、钠灯、金属卤化物灯、氙灯等。室外照明灯具类型主要有门灯、路灯、广场灯、庭园灯、草坪灯、水池灯、霓虹灯、光纤等。

2）庭园照明是以园路为中心进行活动或工作所需要的照明，一般多采用汞灯照明器。水景照明光源使用最多的为白炽灯，当喷水高度很高而且常常预先开关时可使用汞灯和金属卤化物灯等。

3）电缆根据绝缘材料的不同可分为塑料绝缘电缆和橡胶绝缘电缆，根据护套不同可分为铠装电缆、塑料护套电缆和橡胶护套电缆。电缆主要由缆芯、绝缘层和保护层构成。

复习思考题

7-1　人工电力光源依照发光原理的不同可分为哪两大类？各举出两种光源种类。

7-2　常用照明光源有哪些？各有什么特性？

7-3　室外照明灯具类型有哪些？

7-4　庭园中使用的光源有哪些？各有什么特征？

7-5　电缆根据绝缘材料的不同可分为哪些类型？根据护套不同又可分为哪些类型？

参考文献

[1] 孟兆桢，等. 园林工程[M]. 北京：中国林业出版社，1996.
[2] 唐来春. 园林工程与施工[M]. 北京：中国建筑工业出版社，1999.
[3] 周景斌. 园林工程建设材料与施工[M]. 北京：化学工业出版社，2005.
[4] 田永复. 中国园林建筑构造设计[M]. 北京：中国建筑工业出版社，2004.
[5] 褚智勇. 建筑设计的材料语言[M]. 北京：中国电力出版社，2006.
[6] 田原，等. 装饰材料设计与应用[M]. 北京：中国建筑工业出版社，2006.
[7] 李嘉乐. 园林绿化小百科[M]. 北京：中国建筑工业出版社，1998.
[8] 潘雷. 景观设计 CAD 图块资料 1[M]. 北京：中国电力出版社，2005.
[9] 董晓明. 城市景观雕塑与景观小品[M]. 大连：大连理工大学出版社，2007.
[10] 香港日翰国际文化有限公司. 景观设计绿皮书-建筑小品·景观小品[M]. 北京：中国林业出版社，2006.
[11] 张昕，等. 景观照明工程[M]. 北京：中国建筑工业出版社，2006.
[12] 王勇. 室内装饰材料与应用[M]. 北京：中国电力出版社，2007.
[13] 毛培琳. 园林铺地设计[M]. 北京：中国林业出版社，2003.
[14] 孙以栋，等. 景观铺地工程[M]. 北京：中国建筑工业出版社，2006.
[15] 宋岩丽. 建筑与装饰材料[M]. 北京：中国建筑工业出版社，2005.
[16] 丁文铎. 城市绿地喷灌[M]. 北京：中国林业出版社，2001.
[17] 张建林. 园林工程[M]. 北京：中国农业出版社，2002.